普通高等院校城乡规划专业系列规划教材

居住区规划设计

Residential Area Planning and Design

主　编　刘莉文　孙昌盛　邹　芳
副主编　杨　坤　曾　艳

中国建材工业出版社

图书在版编目（CIP）数据

居住区规划设计/刘莉文，孙昌盛，邹芳主编．--北京：中国建材工业出版社，2023.3（2024.12重印）
普通高等院校城乡规划专业系列规划教材
ISBN 978-7-5160-3510-8

Ⅰ.①居…　Ⅱ.①刘…　②孙…　③邹…　Ⅲ.①居住区—城市规划—设计—高等学校—教材　Ⅳ.①TU984.12

中国版本图书馆CIP数据核字（2022）第095724号

内容简介

本书全面阐述了居住区规划设计的基本理论和方法，内容涉及居住区规划概述（基本设计语言符号，居住区用地分级、选址、规划设计基本原则）、居住区规划理论演进、规划结构与布局、住宅用地规划设计、配套设施用地规划、道路及停车设施规划设计、绿地与景观环境设计等几个方面。

本书面向所有涉及居住区规划的学生和教师，可作为城市规划、土木工程、建筑学、房地产管理等专业的教材，也适合相关的设计和政府管理人员参考阅读。

居住区规划设计
Juzhuqu Guihua Sheji
主　编　刘莉文　孙昌盛　邹　芳
副主编　杨　坤　曾　艳

出版发行：中国建材工业出版社
地　　址：北京市西城区白纸坊东街2号院6号楼
邮　　编：100054
经　　销：全国各地新华书店
印　　刷：北京印刷集团有限责任公司
开　　本：787mm×1092mm　1/16
印　　张：13.5
字　　数：300千字
版　　次：2023年3月第1版
印　　次：2024年12月第2次
定　　价：48.00元

本社网址：www.jskjcbs.com，微信公众号：zgjskjcbs
请选用正版图书，采购、销售盗版图书属违法行为

本书编委会

主　编　刘莉文（江西师范大学）

　　　　孙昌盛（桂林理工大学）

　　　　邹　芳（长沙理工大学）

副主编　杨　坤（江西师范大学）

　　　　曾　艳（江西师范大学）

前　言

PREFACE

居住区规划是以城市总体规划、分区规划或控制性详细规划为依据，用以指导各建筑、工程设施的设计和施工的规划设计，是城市详细规划的重要组成部分。当前，我国经济发展进入调整期，经济发展速度放缓，经济向质量更高、效应更好、更可持续的新发展阶段转型，人们越来越重视城市环境品质。

《中共中央 国务院关于进一步加强城市规划建设管理工作的若干意见》提出“创新规划理念，改进规划方法，把以人为本、尊重自然、传承历史、绿色低碳等理念融入城市规划全过程”。国家对城市建设提出了新要求，其中，以人民为中心的绿色发展和创建宜居环境成为重中之重，经济调整期的居住区规划应具有高品质、生态、宜居的特点。党的十九大将“高质量发展、高品质生活”作为新时代发展的目标。党的二十大报告中将“城乡人居环境明显改善，美丽中国建设成效显著”作为未来五年的主要目标任务之一，并且详细阐述要“提高城市规划、建设、治理水平，加快转变超大特大城市发展方式，实施城市更新行动，加强城市基础设施建设，打造宜居、韧性、智慧城市”。

2018年，最新版《城市居住区规划设计标准》(GB 50180—2018) 颁布实施。本书正是新版《城市居住区规划设计标准》颁布后，在居住区规划教材缺乏的情况下编写的。针对当今社会主要矛盾，即人民日益增长的美好生活需要和不平衡不充分的发展之间的矛盾，在国家相关政策文件的指引下，结合《城市居住区规划设计标准》(GB 50180—2018) 的要求，本书本着“系统、全面，好懂、易读”的编写理念，全面阐述了居住区规划设计的基本理论和方法，内容涉及居住区规划概述（基本设计语言符号，居住区用地分级、选址、规划设计基本原则）、居住区规划理论演进、规划结构与布局、住宅用地规划设计、配套设施用地规划、道路及停车设施规划设计、绿地与景观环境设计等几个方面。

本书采用“概念—理论—方法—案例”论述层次，先系统总述居住区规划和理论，再细述居住区四类用地，即住宅用地、配套设施、道路、绿地景观的规划设计方法，利用了思维导图技术，图文并茂地阐述居住区规划设计理论和方法。

本书由刘莉文、孙昌盛、邹芳主编，杨坤、曾艳任副主编。全书共7章，编写分工如下：第1章、第2章由刘莉文编写；第3章由刘莉文、孙昌盛编写；第4章、第5章由杨坤编写；第6章由曾艳编写；第7章由刘莉文、邹芳编写；全书由刘莉文统稿。本书在编写过程中，得到领导和业界同仁的大力支持和帮助，罗景元、麻龙、黄建霞、朱鹏辉、冯玉婷、郑璐瑶等同学参加了本书的图纸绘制工作，还有给予帮助的其他人，这里无法一一列举，在此一并表示衷心的感谢！

本书得到2021年江西省高等学校教学改革研究课题——“城乡规划‘四模块三融合三提升’应用型复合型人才培养模式改革与实践”（JXJG-21-2-9）的经费支持；在编写过程中借鉴了同行专家的经验和成果，参考了行业相关资料，在此对所有机构和作者表示感谢！

本书面向所有涉及居住区规划的学生和教师，可作为城市规划、土木工程、建筑学、房地产管理等专业的教材，也适合相关的设计和政府管理人员参考阅读。

刘莉文

2022年11月

目 录

CONTENTS

1 居住区规划设计概述

一个城市中，居住用地的比重占城市建设用地的25%～40%。城市居住区是城市中住宅建筑相对集中布局的地区，现以居民的步行时间作为设施级别配套，包括15分钟生活圈居住区、10分钟生活圈居住区、5分钟生活圈居住区和居住街坊。

美国城市设计理论家凯文·林奇提出的道路、边缘、区域、节点、地标五要素可作为居住区的建造单元。居住区的选址和规划设计应满足人的需求，重视景观形象的塑造要求，遵循创新、协调、绿色、开放、共享的新发展理念，营造安全、卫生、方便、舒适、美丽、和谐以及多样化的居住生活环境。

1.1 基本设计语言符号

为了进行概念性的思考并向业主、同行和公众形象地传达想法，设计师需要开发出一种简明形象的语言。这种语言既可以代表设计的不同要素，又可以形象地描述一块场地的功能关系。

图纸需要同时具有说明性和信息性，每条线都有具体含义。代表社区建筑单元的图形符号是设计语言。

凯文·林奇在《城市意象》中提到，道路、边缘、区域、节点、地标作为居住区的建造单元，我们必须赋予它们图像、符号。每种符号都应该反映其内在的含义并且是简单的、易理解的，通过符号以一般化的方式反映设计要素的基本信息。通过简单的图形符号表达复杂的模式、土地利用性质以及开发行为。这些符号通常容易绘制且便于理解（图1-1、图1-2）。

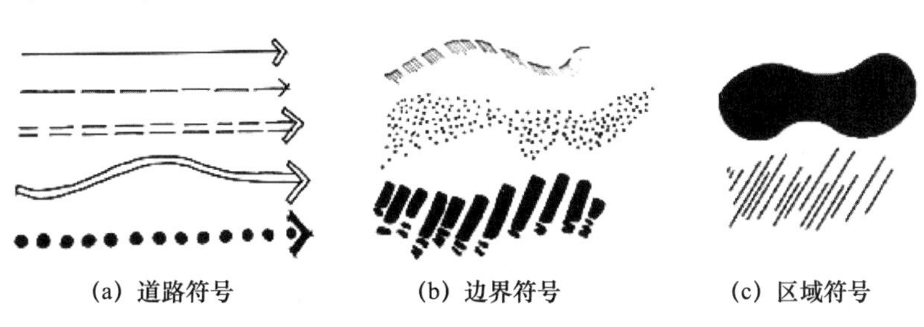

(a) 道路符号　　(b) 边界符号　　(c) 区域符号

图1-1　设计符号（一）

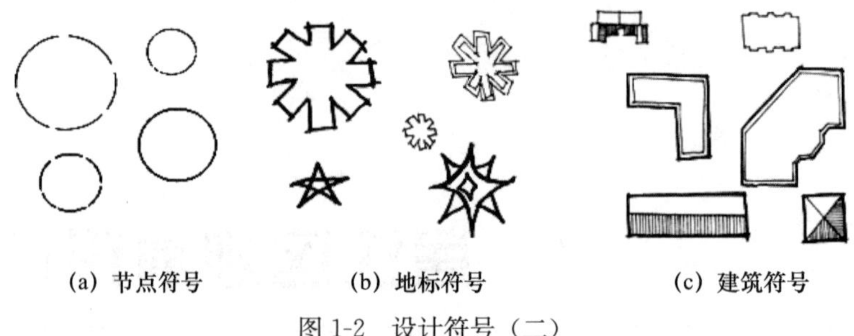

图 1-2　设计符号（二）

1.1.1　道路

道路是城市意象感知的主体要素，在通常情况下，一个陌生人到一座新的城市首先要找参照物或辨认方向及道路。道路经常与人的方向感联系在一起，“那些沿街的特殊用途和活动的聚集处会在观察者心目中留下极深刻的印象”。凯文·林奇说：“人们习惯于去了解道路的终点和起点，想知道它从哪里来并通向哪里。起点和终点都清晰而且知名的道路具有更强的可识别性，能将城市连成一个整体，使观察者无论在何时经过都能清楚自己的方位。”道路作为城市物化环境的景观元素，使景观获得“联系和连续的关系”“道路只要可以识别，就一定是有连续性的”。道路作为“线形连续”因方式不同而各有特色。凯文·林奇十分强调城市道路的方向性、可达性和网状空间体系。他认为，任何城市的道路必然具有网状关系，在道路上行走的人需要有明确的方向，或者说在道路上行走的人本身就是在选择方向和目标。在这一过程中，对道路的长度和距离，人们是通过道路两旁的要素比较而有所感知的。

道路是线性的要素，并代表了机动车和行人的运动。它们的形式很自由，可以是用箭头表示方向的直线、破折线或点，也可以是主干道或邻里胡同、城市道路或不确定的林间小路。每一条道路都应该标明唯一的使用等级并且清晰地标明大小和级别。

1.1.2　边界

边界是除道路以外的线性要素。城市的边界构成要素既有自然的界线，如山、沟壑、河湖、森林等，也有人工界线，如高速公路、铁路线、桥梁、港口和约定俗成的人造标志物等。城市边界不仅在某些时候形成“心理界标”，而且有时还会使人形成不同的文化心理结构。

和道路一样，边界也是线性的，因为它们代表了柔和的或强硬的、真实的或感觉上的边界，它是重要的组织型因素。它可以用各种方式来表达，包括破折线、点、填充、点画线。

1.1.3　区域

区域是观察者能够想象的相对大一些的城市范围，具有一些普遍意义的特征。在人们的经验中经常会获得这样的感知：你生活在城市的哪个区？城市的存在，必然要分为不同的功能区域，正因为有不同的功能，区域性的存在一向是人们对城市感知的重要源泉。当人们走进某一区域时，会感受到强烈的“场域效应”，形成不同的城市意象。

区域包括有共性的地区。虽然缺乏确定性，但是区域应是连续的、可变的、形象上作为焦点性积极因素的背景。

1.1.4 节点

城市节点是城市结构空间及主要要素的联结点，也在不同程度上表现为人们城市意象的会聚点、浓缩点，有的节点更有可能是城市与区域的中心及意义上的核心。节点往往成为城市占主导地位的特征，凯文·林奇把节点视为不同结构的连接处与转换处，是观察者可以进入的焦点，典型的如道路的连接点和某些特征的集中点。相较于其他城市意象要素而言，城市节点是一个相对较广泛的概念，节点可能是一个广场，也可能是一个城市中心区，城市节点可被视为城市结构与功能的转换处。

节点是特殊的辨认点。它们是预定的目标点，通常是一个区域的角落或中心，或是两个区域之间的过渡地带。它与道路的关系密切，其画法如图 1-2（a）所示。

1.1.5 城市标志物

城市标志物是点状参照物，是观察者的外部观察参照点，有可能是在尺度上变化多端的简单元素。它作为一种地标，在人们对城市意象的形成过程中经常被用来确定建筑身份和结构，当一个城市的某一建筑物被公认为城市标志性建筑时，这个标志就已成为一个空间结构系统，它与其他要素“在有规律的相互作用或相互依赖中构成一个集合体”。另外，城市标志物最重要的特点是“在某些方面具有唯一性”，在整个环境中“令人难忘”。

城市标志物是重要的参考点，是注意力的集中点，并且应该在图形上体现这一特殊地位。星形、星号以及其他明显含有“注意我”的符号都可以，如图 1-2（b）所示。

1.1.6 其他符号

①可以是几何形式的建筑物，但不要到处都用，要保证单一性。

②树木或自然的缓冲设施，用圆、自由曲线，或随意的连续性直线。

③自然或人工的矮墙，可以用齿状或栅栏护桩式的线表示。

④水体，无论是小溪还是湖的边缘，可以用表示水域的一般性可识别标识符来表示，它一般是破折线和 3 个点，水体表面通常以间距很近的水平线表示。

⑤地形，可以用两种方法来表示：现有的和规划的。现有地形用短的破折线表示，每 5 根有 1 根略微加长加粗；规划地形用连续的直线与同样高程的线状轮廓相连。一般情况下，轮廓线并不交叉，除非要说明重要的部分。

⑥产权线用连续的长直线表示，在规则的缝隙中有两个断点。

⑦公共设施线可以画成连续的直线，中间标明表示设施性质的第一个字母。

⑧景观，无论是有利的还是不利的，可以用同一点画出并在尾端用有箭头的线表示。两根线可以围成一个弧形。

凯文·林奇提出了城市形象的 3 个条件：识别性（Identity）、结构（Structure）和意义（Meaning）。其中“识别性”指物体的外形特征或特点；“结构”主要指物体所处的空间关系和视觉条件；“意义”主要指对观察者在使用和功能上的重要性。此 3 点在居住区设计中同样适用。凯文·林奇还提出了构成人们心理形象的 5 种基本元素：路径（Path）、边缘（Edge）、区域（District）、节点（Node）、地标（Landmark）。我们运用林奇的理论能增加理解城市空间环境的深度。当研究主体变为居住区时，此 5 种基本元素并没有改变。

1.2 居住区用地分级与构成

根据城市居民的出行能力、设施需求频率及其服务半径、服务水平的不同，划分出不同的居民日常生活空间，并据此进行公共服务、公共资源（包括公共绿地等）的配置，从而形成“生活圈”。“生活圈居住区”是指一定空间范围内，由城市道路或用地边界线所围合，住宅建筑相对集中的居住功能区域；通常根据居住人口规模、行政管理分区等情况划定明确的居住空间边界，界内与居住功能不直接相关或是服务范围远大于本居住区的各类设施用地不计入居住区用地。

1.2.1 居住区分级

居住区按照居民在合理的步行距离内满足基本生活需求的原则，可分为 15 分钟生活圈居住区、10 分钟生活圈居住区、5 分钟生活圈居住区及居住街坊四级，其分级控制规模应符合表 1-1 的规定。15 分钟生活圈居住区的用地面积规模为 130～200hm^2，10 分钟生活圈居住区的用地面积规模为 32～50hm^2，5 分钟生活圈居住区的用地面积规模为 8～18hm^2。

表 1-1 居住区分级控制规模

距离与规模	15 分钟生活圈居住区	10 分钟生活圈居住区	5 分钟生活圈居住区	居住街坊
步行距离（m）	800～1000	500	300	—
居住人口（人）	50000～100000	15000～25000	5000～12000	1000～3000
住宅数量（套）	17000～32000	5000～8000	1500～4000	300～1000

居住街坊是居住区构成的基本单元；结合居民的出行规律，在步行 5 分钟、10 分钟、15 分钟可分别满足其日常生活的基本需求，因此形成了居住街坊及三个等级的生活圈居住区；通常 3～4 个居住街坊可组成 1 个 5 分钟生活圈居住区，可对接社区服务；3～4 个 5 分钟生活圈居住区可组成 1 个 10 分钟生活圈居住区；3～4 个 10 分钟生活圈居住区可组成 1 个 15 分钟生活圈居住区；1～2 个 15 分钟生活圈居住区，可对接 1 个街道办事处。城市社区可根据社区的实际居住人口规模对应的居住区分级，实施管理与服务。

（1）15 分钟生活圈居住区

指以居民步行 15 分钟可满足其物质与生活文化需求为原则划分的居住区范围；一般由城市干路或用地边界线所围合，居住人口规模为 50000～100000 人（17000～32000 套住宅），是配套设施完善的地区。

（2）10 分钟生活圈居住区

指以居民步行 10 分钟可满足其基本物质与生活文化需求为原则划分的居住区范围；一般由城市干路、支路或用地边界线所围合，居住人口规模为 15000～25000 人（5000～8000 套住宅），是配套设施齐全的地区。

（3）5 分钟生活圈居住区

指以居民步行 5 分钟可满足其基本生活需求为原则划分的居住区范围；一般由支路及以上级城市道路或用地边界线所围合，居住人口规模为 5000～12000 人（1500～4000 套住宅），配建有社区服务设施。

(4) 居住街坊

指由支路等城市道路或用地边界线围合的住宅用地，是住宅建筑组合形成的居住基本单元；居住人口规模在1000～3000人（300～1000套住宅），并配建有便民服务设施。

1.2.2 城市生活圈建设案例

(1) 韩国首尔市的生活圈层次

首尔市的生活圈规划包括5个圈域（大生活圈，50万～300万人）和140个地区（小生活圈，5万～10万人）。其中，圈域的划分综合考虑区域的发展过程、用地功能及土地使用特点、行政区划、教育学区、居住地与居住人口特点、相关规划等因素。圈域的重点任务在于促进地区均衡发展和职住平衡等宏观问题。地区的划分综合考虑商业、商务、居住、公共服务、公园与绿地等，布局在用地功能相近、居民联系密切以及设施需求存在共性的邻近地区。

(2) 日本熊本市的生活圈空间

日本熊本市生活圈的层次由高到低依次为定居圈、定住圈和邻里生活圈，其中高层次的生活圈均由若干下一层次的生活圈组成。定居圈层面，以中心商业区为核心，提供高等级的商业、艺术文化、休闲、交流等城市服务；定住圈层面，以地域生活网点为核心，提供必要的商业、行政、医疗、福利、教育等服务；邻里生活圈层面，即最小层次的生活网点，集合了市民日常生活的主要服务。

(3) 中国上海市的生活圈实施

根据上海市于2016年8月发布的《上海市15分钟社区生活圈规划导则（试行）》，明确这一理念的提出，是为了从市民角度切实改善上海市居民生活品质，实现以家为中心的15分钟步行可达范围内，有较为完善的养老、医疗、教育、商业、交通、文体等基本公共服务设施（图1-3）。

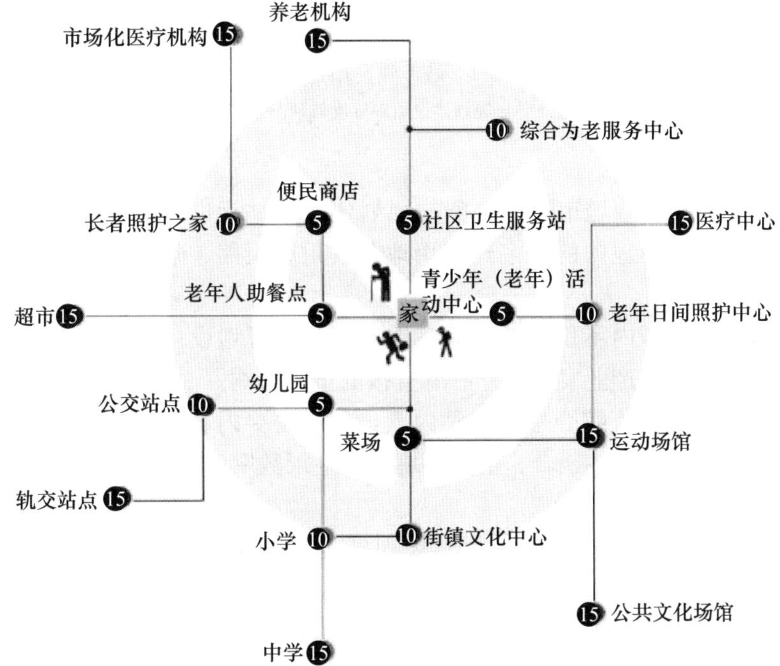

图1-3 15分钟生活圈示意图（图源：《上海市15分钟社会生活圈规划导则（试行）》）

1.2.3 居住区用地分类构成

居住区用地是城市居住区的住宅用地、配套设施用地、公共绿地以及城市道路用地的总称。

居住区用地包括居住用地 R，公共管理与公共服务用地 A、商业服务业设施用地 B、绿地与广场用地 G 公用设施用地 U 和道路与交通设施用地 S 六大类用地（图 1-4)。城市建设用地中的工业用地 M、物流仓储用地 W 不在居住区用地中。

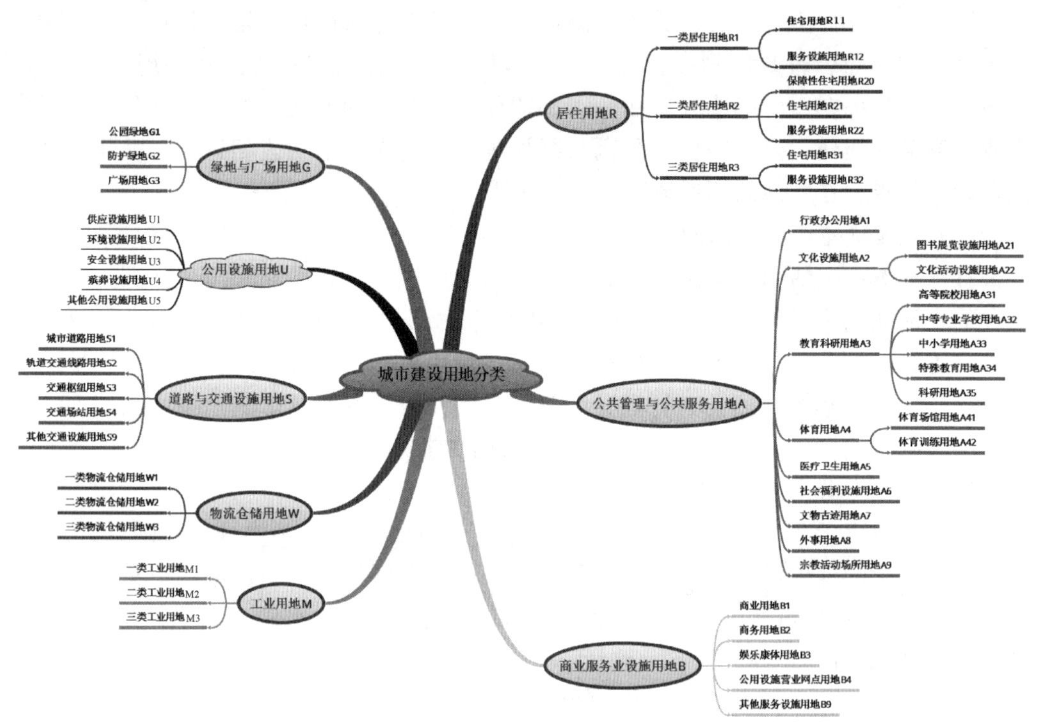

图 1-4 城市建设用地分类

［依据《城市用地分类与规划建设用地标准》(GB 50137—2011) 改绘］

(1) 住宅用地

按照现行国家标准《城市用地分类与规划建设用地标准》(GB 50137) 的有关规定，住宅用地是居住用地中的住宅建筑用地及其附属道路、附属绿地、停车场等用地 (R11，R21，R31)。

住宅用地在居住区内不仅占地最大，住宅用地的规划设计对居住生活质量、居住区乃至城市面貌、住宅产业发展同样有着直接的重要影响。

住宅用地规划设计应综合考虑多种因素，其中主要内容包括：住宅选型、住宅的合理间距与朝向、住宅群体组合、空间环境及住宅层数密度等。

(2) 配套设施

配套设施：指对应居住区分级配套规划建设，并与居住人口规模或住宅建筑面积规模相匹配的生活服务设施；主要包括基层公共管理与公共服务设施、商业服务设施、市政公用设施、交通场站及社区服务设施、便民服务设施。

社区服务设施：5 分钟生活圈居住区内，对应居住人口规模配套建设的生活服务设施，主要包括托幼、社区服务及文体活动、卫生服务、养老助残、商业服务等设施。

便民服务设施：居住街坊内住宅建筑配套建设的基本生活服务设施，主要包括物业管理、便利店、活动场地、生活垃圾收集点、停车场。

按照现行国家标准《城市用地分类与规划建设用地标准》（GB 50137）的有关规定，居住区配套设施用地性质不尽相同。15 分钟、10 分钟两级生活圈居住区配套设施用地属于城市级设施，主要包括公共管理与公共服务设施用地（A 类用地）、商业服务业设施用地（B 类用地）、交通场站设施用地（S4 类用地）和公用设施用地（U 类用地）；5 分钟生活圈居住区的配套设施，即社区服务设施，属于居住用地中的服务设施用地（R12，R22，R32）；居住街坊的便民服务设施属于住宅用地可兼容的配套设施（R11，R21，R31）。具体如图 1-5 所示。

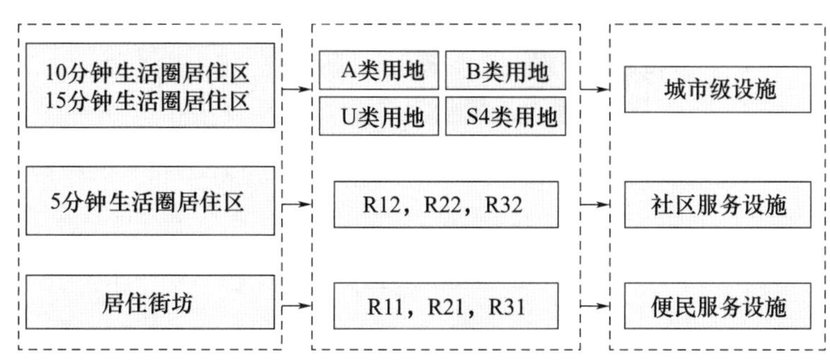

图 1-5 配套设施分级

（3）城市道路用地

居住区道路是城市道路交通系统的组成部分，也是承载城市生活的主要公共空间。居住区道路的规划建设应体现以人为本，提倡绿色出行，综合考虑城市交通系统特征和交通设施发展水平，满足城市交通通行的需要，融入城市交通网络，采取尺度适宜的道路断面形式，优先保证步行和非机动车的出行安全、便利和舒适，形成宜人宜居、步行友好的城市街道（图 1-6）。居住区内道路的规划设计应遵循安全便捷、尺度适宜、公交优先、步行友好的基本原则，并应符合现行国家标准《城市综合交通体系规划标准》（GB/T 51328）的有关规定（图 1-7）。

（4）公共绿地

公共绿地是指为居住区配套建设、可供居民游憩或开展体育活动的公园绿地。公共绿地包括为各级生活圈居住区配建的公园绿地及街头小广场。对应城市用地分类绿地与广场 G 类用地中的公园绿地（G1）及广场用地（G3），广场用地中绿化占地比例大于或等于 65％的广场用地计入公园绿地［《城市绿地分类标准》（CJJ/T 85—2017)］，不包括城市级的大型公园绿地及广场用地，也不包括居住街坊内的绿地。

居住区公共绿地构建居住室外自然生活空间，满足居民各种休憩的需要；绿化美化净化居住环境，运用各种环境因素如树木、花草、山水地形、建筑小品等提高环境质量与品位；为防灾避难留有隐蔽疏散的安全防备。

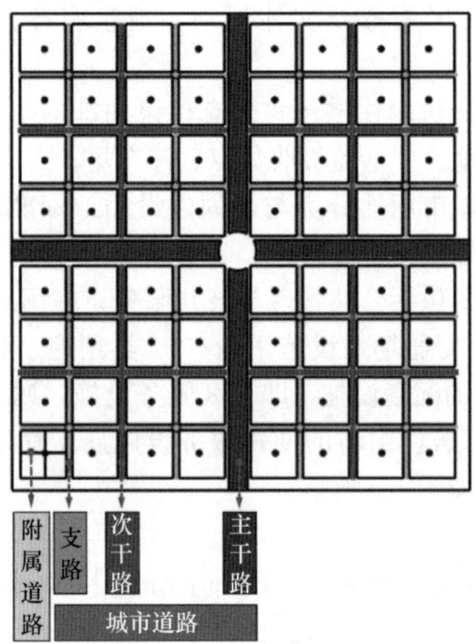

图 1-6 居住区道路用地

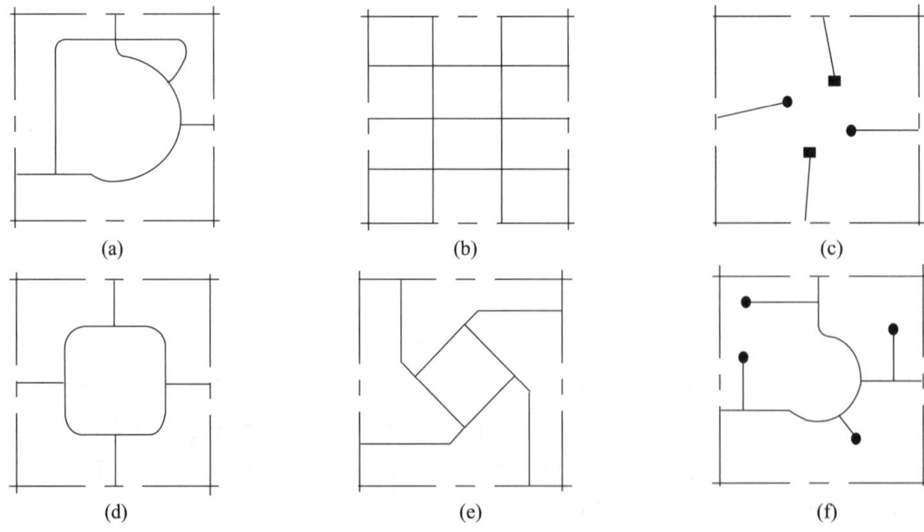

图 1-7 居住区道路系统布局基本形式

(a) 贯通式；(b) 网格式；(c) 尽端式；(d) 环式；(e) 风车式；(f) 混合式

1.3 居住区选址

(1) 不得在有滑坡、泥石流、山洪等自然灾害威胁的地段进行建设

① 山体滑坡

山体滑坡是指山体斜坡上某一部分岩土在重力（包括岩土本身重力及地下水的动静压力）作用下，沿着一定的软弱结构面（带）产生剪切位移而整体地向斜坡下方移动的作用和现象（图 1-8），俗称“走山”“垮山”“地滑”“土溜”等，是常见地质灾害之一。山体滑坡不仅会造成一定范围内的人员伤亡、财产损失，还会对附近道路交通造

成严重威胁。山体滑坡常常给工农业生产以及人民生命财产造成巨大损失，有的甚至是毁灭性的灾难。位于城镇的滑坡常砸埋房屋，伤亡人畜，毁坏农田，摧毁工厂、学校、机关单位等，并毁坏各种设施，造成停电、停水、停工，有时甚至毁灭整个城镇。

图 1-8 山体滑坡示意图

② 泥石流

泥石流是山区特有的一种自然现象。它是由于降水而形成的一种带大量泥沙、石块等固体物质条件的特殊洪流（图 1-9）。具有突然性、流速快、流量大等特点；多发生在断裂构造发育、新构造运动活跃、地震剧烈、岩层风化破碎、山体失稳、不良地质现象密集、正负地形高低悬殊、山高谷深、坡陡流急、气候干湿季分明、降雨集中、多局地暴雨、植被稀疏、水土流失严重的山区，以及现代冰川尤其是海洋性冰川盘踞的高山地区（图 1-10）。

图 1-9 泥石流示意图

图 1-10 泥石流灾害现场图

泥石流的形成条件为具有松散的固体物质、丰富的水源条件、沟谷地形陡峭。因此在这些区域禁止进行居住区建造。

③山洪

山洪是指山区溪沟中发生的暴涨洪水。山洪具有突发性，水量集中流速大、冲刷破坏力强，水流中挟带泥沙甚至石块等，常造成局部性洪灾，一般分为暴雨山洪、融雪山洪、冰川山洪等。山洪冲毁房屋、田地、道路和桥梁，常造成人身伤亡和财产损失，山洪暴发产生巨大危害（图 1-11）。

图 1-11　山洪灾害现场图

山洪暴发一般受地形、森林覆盖、水源条件等多种因素的影响。中高山区，相对高差大，河谷坡度陡峻；表层为植皮覆盖有较厚的土体，土体下面为中深断裂及其派生级断裂切割的破碎岩石层；森林覆盖条件好，易造成大的局部降水，降水量大而集中。上述几种情况均易产生山洪。

（2）与危险化学品及易燃易爆品等危险源的距离，必须满足有关安全规定

易燃易爆化学物品，是指国家标准《危险货物品名表》（GB 12268—2012）中规定的，以燃烧爆炸为主要特性的压缩气体、液化气体、易燃液体、易燃固体、自燃物品和遇湿易燃物品、氧化剂和有机过氧化物以及毒害品、腐蚀品中部分易燃易爆化学物品。

（3）存在噪声污染、光污染的地段，应采取相应的降低噪声和光污染的防护措施

① 噪声污染

噪声是指发声体做无规则振动时发出的声音。噪声是一种环境污染，被认为是仅次于大气污染和水污染的第三大公害。强烈的噪声及其产生的振动会损伤人的听力，干扰人的神经系统的正常工作，严重的还会对心血管系统造成伤害。当噪声超过 90dB，人的听力将受到损伤；噪声超过 70dB，人就不能正常工作；噪声超过 50dB，人就难以入睡。城市生活中到处充满着噪声，规划中需要制定一定的标准，对噪声源进行控制，降低噪声污染的危害。

② 光污染

光污染是继废气、废水、废渣和噪声等污染之后的一种新的环境污染源，主要包括白亮污染、人工白昼污染和彩光污染（图 1-12）。光污染对人类健康产生巨大伤害，因此，在进行居住区规划选址时应该规避光污染，合理选择居住区的区位。

（4）土壤存在污染的地段，必须采取有效措施进行无害化处理，并应达到居住用地土壤环境质量的要求

当土壤中含有害物质过多，超过土壤的自净能力，就会引起土壤的组成、结构和功能发生变化，微生物活动受到抑制，有害物质或其分解产物在土壤中逐渐积累，通过“土壤→植物→人体”，或通过“土壤→水→人体”等方式间接被人体吸收，达到危害人体健康的程度，就是土壤污染（图 1-13）。土壤污染会污染地下水和地表水，影响大气环境质量，对人体生命健康产生威胁，因此，在进行居住区选址时，应该严格按照居住用地土壤环境质量要求，合理选址。

图 1-12　光污染图

图 1-13　土壤污染图

1.4　居住区规划设计基本原则

居住区规划设计应坚持以人为本的基本原则，全面考虑满足人的需求、对环境的作用与影响、建设与运营的经济性以及景观形象的塑造等要求，以可持续发展战略为指导，遵循和谐发展、生态优化和开放共享的居住区规划设计的总体原则以及相应的居住区规划设计原则，建设文明、舒适、健康的居住区，以满足人们不断提高的物质与精神生活的需求，保持社会效益、经济效益、环境效益的综合平衡与可持续发展。

1.4.1　需求层次理论

居住区规划设计最终是为人提供一个良好的环境，使人能“更好地”实现他们的各种个人与社会活动。因此，适应与满足人的需求是居住区规划设计的基本要求。1954 年美国社会学家马斯洛（A. Maslow）在《动机与个性》一书中提出了“需求等级”学说（需求层次理论），把人的需求由低到高分成五个层次，即生理需求、安全需求、社交需求、尊重需求和自我实现需求（图 1-14）。

生理需求和安全需求指人生存的基本需要，包括对衣、食、住、行、空气、水、睡眠和性生活的需要，以及对这些基本生活条件的保障需要和人身安全、劳动安全、就业保障等的需要。

社交需求和尊重需求指人的心理需要，包括对社会交往、社会地位、宗教信仰、文化传统、道德规范等的需要与认可。

自我实现需求指人高层次的发展需要，包括对生存的价值、生活的意义、自我的满足、个人的风格的追求，如完整、完善、完成、正义、轻松、活跃、乐观、诙谐、丰富、单纯、秩序、独特、真实、诚恳、现实、美、善等内容。

需求层次理论同时提出，人的需求的产生是一个从低级的生理需求到高级的自我实现需求的发展过程，只有当低层次的需求得到满足后才可能产生对高层次需求的渴望，在整个人类社会中，各层次需求的人的数量呈金字塔形（图 1-14）。除一般的人的需求外，对儿童、青少年、老年人和残疾人的特殊需求应当特别给予重视。

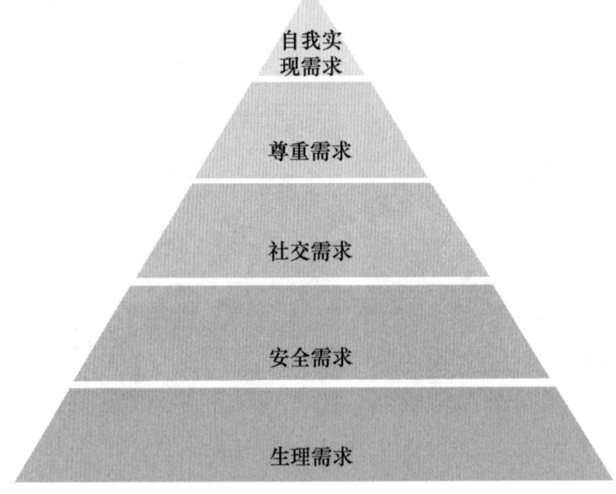

图 1-14　马斯洛需求理论图

从满足人的需求出发，居住区规划应该考虑居住环境的适宜居住性、可识别性和归属感以及营造具有文化与活力的人文环境。

1.4.2　适居性

适居性原则要求按照人的居住生活、社会生活规律和生理、心理特点进行规划设计。充分考虑各类居住生活的不同需求，创造人性化的居住环境。

卫生、安全、方便和舒适是居住区适居性的基本物质性内容。卫生包含两个方面的含义：一是环境卫生，包括垃圾收集、转运及处理等；二是生理健康卫生，包括日照、自然通风、自然采光、噪声与空气污染防治等方面。

安全也包含两个方面的含义：一是人身安全，包括交通安全、防灾减灾和抗灾等；二是治安安全，包括防盗、防破坏等犯罪防治。

方便主要指居民日常生活的便利程度，如购物、教育（上学、入学等）、交往、户内户外公共活动（儿童游戏、青少年运动、老人健身，社区活动等）、娱乐、出行等，包括各级道路和各类设施的项目设置、空间布局和通路的联系。

舒适包含的内容更为广泛，既有与物质因素相关的生理性方面的内容，也有既与物质因素又与非物质的社会因素相关的心理性方面的内容。广义的舒适可以包含卫生、安全和方便在内的与物质因素相关的内容，同时还应包括建筑密度、住房标准、绿地指标、设施标准、设计水平、施工质量以及人性化空间和私密性等内容。

1.4.3 识别性与归属感

识别性与归属感是人对居住环境的社会心理需要，它反映出人对居住环境所体现的自身的社会地位、价值观念的需求。场所与特征是居住环境具备识别性与归属感的两个重要因素，场所与居住环境的心理归属感具有密切的关系，而特征则与居住环境的形象识别性、社会归属性有着直接的联系。

场所指特定的人或事占有的环境的特定部分。场所必定与某些事件、某些意义相关，其主体是人以及人与环境的某种关系所体现出的意义，不同的人或事件对场所的占有可以使场所体现出不同的意义。住宅区规划设计应该注重场所的营造，使居民对自己的居住环境产生认同感，对自己的居住社区产生归属感。

特征是具有识别性的基本条件之一。在住宅区物质空间环境的识别性方面，可以考虑的因素有：建筑的风格、空间的尺度、绿化的配置、街道的线形、空间的格局、环境的氛围等。

1.4.4 文化与活力

富有文化与活力的人文环境是营造文明社区的重要条件，丰富的社区文化、祥和的生活气息、融洽的邻里关系和文明的社会风尚是富有文化与活力的人文环境的重要内容，融合共处的人文环境是社区发展的基础，社区应该肩负起沟通住户的责任。

“面对面”“人看人”的社会心理需求，是中国传统文化注重人与人交往的一种表现。茶楼、酒馆、院落是一般非血缘关系的朋友或邻居交往的场所。但现代科学技术带来的生活方式使得人与人、人与物、虚与实的关系发生了巨大改变，人们在得到基本的物质满足后，他们对人文环境的关注与渴望将成为住宅区居住环境品质提高与完善的重要内容。

居住区规划设计应该通过有形的设施、无形的机制建立起居民对社区的认同、参与和肯定，它包含了邻里关系、社区文化、精神文明和居住氛围等内容。

1.4.5 生态优化原则

通过积极应用新技术、开发新产品，充分合理地利用和营造当地的生态环境，改善住宅区及其周围的小气候，实现住宅区的自然通风与采光，减少机械通风与大功率照明，综合考虑交通与停车系统、饮水供水系统、供热取暖系统、垃圾收集处理系统的建立与完善，节约能源、减少污染、营造生态是现代住宅区规划设计应该考虑的基本要求。

1.4.6 其他

居住区规划设计应坚持以人为本的基本原则，遵循适用、经济、绿色、美观的建筑方针，并应符合下列规定。

《中共中央 国务院关于进一步加强城市规划建设管理工作的若干意见》在总体要求中提出：贯彻“适用、经济、绿色、美观”的建筑方针，着力转变城市发展方式，着力塑造城市特色风貌，着力提升城市环境质量；并针对强化城市规划工作明确提出：“创新规划理念，改进规划方法，把以人为本、尊重自然、传承历史、绿色低碳等理念融入城市规划全过程。”

①应符合城市总体规划及控制性详细规划。

依据《中华人民共和国城乡规划法》有关规定，居住区的规划设计及相关建设行为，应符合城市总体规划，并应遵循控制性详细规划的有关控制要求。

②应符合所在地气候特点与环境条件、经济社会发展水平和文化习俗。

居住区规划建设是在一定的规划用地范围内进行的，对其各种规划要素的考虑和确定，如建筑布局、住宅间距、日照标准、人口和建筑密度、道路、配套设施和居住环境等，均与所在城市的地理位置、建筑气候区划、现状用地条件及经济社会发展水平、地方特色、文化习俗等密切相关。在规划设计中应充分考虑、利用和强化已有特点和条件，为整体提高居住区规划建设水平创造条件。

③应遵循统一规划、合理布局，节约土地、因地制宜，配套建设、综合开发的原则。

居住区规划建设应遵循《中华人民共和国城乡规划法》提出的“合理布局、节约土地、集约发展和先规划后建设，改善生态环境，促进资源、能源节约和综合利用，保护耕地等自然资源和历史文化遗产，保持地方特色、民族特色和传统风貌，防止污染和其他公害，并符合区域人口发展、国防建设、防灾减灾和公共卫生、公共安全的需要”的原则。

④应为老年人、儿童、残疾人的生活和社会活动提供便利的条件和场所。

为老年人、儿童、残疾人提供活动场地及相应的服务设施和方便、安全的居住生活条件等无障碍的出行环境，使老年人能安度晚年、儿童快乐成长、残疾人能享受国家和社会给予的生活保障，营造全龄友好的生活居住环境是居住区规划建设不容忽略的重要问题。如居住区内的绿地宜引导服务居民，尤其是老年人和残疾人的康复花园建设。康复花园一般利用植物栽培和园艺操作活动，例如栽培活动、植物陪伴、感受植物、采收成果等对来访者实现保健养生的作用。

⑤应延续城市的历史文脉、保护历史文化遗产并与传统风貌协调。

在旧城区进行居住区规划建设，应符合《中华人民共和国城乡规划法》第三十一条的规定，遵守历史文化遗产保护的基本原则并与传统风貌相协调。

⑥应采用低影响开发的建设方式，采取有效措施促进雨水的自然积存、自然渗透与自然净化。

为提升城市在适应环境变化和应对自然灾害等方面的能力，提升城市生态系统功能和减少城市洪涝灾害的发生，居住区规划应充分结合自然条件、现状地形地貌及河湖水域进行建筑布局，充分落实海绵城市有关自然积存、自然渗透、自然净化等建设要求，采用渗、滞、蓄、净、用、排等措施，更多地利用自然的力量控制雨水径流，同时有效控制面源污染。

⑦应符合城市设计对公共空间、建筑群体、园林景观、市政等环境设施的有关控制要求。

居住用地是城市建设用地中占比最大的用地类型，因此住宅建筑是对城市风貌影响较大的建筑类型。居住区规划建设应符合所在地城市设计的要求，塑造特色、优化形态、集约用地，研究并有效控制居住区的公共空间系统、绿地景观系统以及建筑高度、体量、风格、色彩等，创造宜居生活空间，提升城市环境质量。

推荐阅读书目

［1］ 中华人民共和国环境保护部. 声环境质量标准：GB 3096—2008［S］. 北京：中国环境科学出版社，2008.

［2］ 中华人民共和国环境保护部. 工业企业厂界环境噪声排放标准：GB 12348—2008［S］. 北京：中国环境科学出版社，2008.

［3］ 中华人民共和国住房和城乡建设部. 城市绿地分类标准：CJJ/T 85—2017［S］. 北京：中国建筑工业出版社，2018.

［4］ 中华人民共和国住房和城乡建设部. 城市用地分类与规划建设用地标准：GB 50137—2011［S］. 北京：中国计划出版社，2012.

［5］ 吴志强，李德华．城市规划原理［M］.4 版．北京：中国建筑工业出版社，2010.

［6］ 皮亚杰．结构主义［M］．倪连生、王琳，译．北京：商务印书馆，1984.

［7］ 克特·W. 巴克．社会心理学［M］．南开大学社会系，译．天津：南开大学出版社，1986.

课后复习、思考与讨论题

1. 请在一张 A4 纸上绘制出本章重点内容的思维导图。要求手写、要点突出、全面，并布局合理。

2. 请论述居住区用地分类构成。

3. 请论述居住区选址要求。

4. 你认为除了教材中总结提炼的居住区规划设计基本原则外，还可以补充哪些新的原则？分享你的观点和理由。

5. 请论述居住区分级的依据。

6. 请讨论居住用地与居住区用地的区别。

7. 居住街坊内的配套设施称为便民服务设施，其用地是住宅用地吗？

8. 回顾国内外居住区产生与发展，找一本你感兴趣的居住区著作或教材，试读前言和某章节、浏览目录和编写风格。分享你查找这本书的过程、这本书的主要内容和编写风格以及你的阅读体会。

2 居住区规划理论演进

居住区形式是社会历史的产物，经历了不同历史阶段的社会制度、社会生产和生活习惯等要素影响，形成了相对完善的理论体系。我国居住区规划在《周礼·考工记》的影响下，经历了里坊制、街巷制、胡同和四合院、邻里单位等过程。国外影响居住区规划的主要理论有田园城市、《雅典宪章》、邻里单位、TOD、新都市主义、人车分流系统等。

居住区规划设计应弘扬我国的历史文化传统，保护地方特色与传统风貌，吸引国外先进的方法与经验，开拓创新，满足现代人的生活需求，提高人民的生活质量和居住品质。

2.1 中国古代具有代表性的居住区形式

居住区是人类物质、文化、精神的重要承载空间。中国古代居住形式主要是在《周礼·考工记》影响下的里坊制、街巷制、胡同和四合院等形式。

2.1.1 《周礼·考工记》影响下的住区

《周礼·考工记》中记述周代王城建设的制度："匠人营国，方九里，旁三门。国中九经九纬，经涂九轨。左祖右社，面朝后市。市朝一夫。"根据考古研究得出，古代城址多按照此建设，如7世纪的唐长安，13—14世纪的元大都等。

（1）曹魏邺城

据《水经注》记载，三国时期曹魏邺城的规模为"东西七里，南北五里，饰表以砖，百步一楼，凡诸宫殿、门台、隅雉，皆加观榭。层甍反宇，飞檐拂云，图以丹青，色以轻素。当其全盛之时，去邺六七十里，远望苕亭，巍若仙居"（《水经注》卷10"浊漳水注"）。按晋尺一尺为0.245m、一里合441m计算，东西为3087m，南北为2205m。又记载"邺城之西北有三台，皆因城为基，巍然崇举，其高若山，建安十五年魏武所起"（《水经注》卷10"浊漳水注"），"中曰铜雀台……，南则金虎台……，北曰冰井台"。《邺中记》记载"……三台皆砖砌，相去各60步，上作阁道如浮桥……施，则三台相通，废，则中央悬绝也"。三台今只有两台尚有遗迹。南面一台为金虎台，台基底部东西约70m，南北约120m，呈长方形，高8～9m。此台基北相距约80m；另有一台基，残存部分最宽处50m，长约80m，高仅3m，按文献推测应为铜雀台。最北的冰井台已完全为漳河水冲毁。如按相距60步的位置推算出冰井台的位置，假定其为城西北转角处，再直角引出一线假定为北城墙，则应与现有一条高出地面的长约 1.5km 的沙丘重合。

据文献记载，城市中间有一条通向东西主要城门的干道，将城市分成两半。北半部分全部为统治阶级专用地区，正中为宫城，其中布置一组举行封建典礼的宫殿建筑及广场。宫城东为一组宫殿衙署，其北半部为曹操的宫室，南半部为衙署。官署东为戚里，为王室贵族的居住区。宫城西为铜雀园，为王室专用园林，靠近西城为粮食、武器库。东西轴线南半部分为官衙和一般的居住区，划分为若干正方的里坊，有三个市，还有手工作坊。

东西干道通向东城门（建春门）及西城门（金明门）。南北向有三条干道：中轴线干道由南门（永阳门），通向宫门及宫殿建筑群，以北城正中的齐斗楼为终点；西道一条干道，由铜雀园大门通至凤阳门；东面一条干道，由军政中心的司马门通向广阳门，两旁也有一些衙署。东西干道与中轴线干道丁字相交于宫门前，并建有三座止车门，形成一个封闭的广场。

城中的水系是在城西北引漳水，由三台下流入铜雀园及宫殿区，分流一部分至坊里区，由东城门附近流出城外。园林也很多，除铜雀园外，城西有文武苑，北城外有芳林苑，其东有灵芝苑等。

宫殿建筑群的布置很严整。正中宫城部分，入宫门为一封闭广场，经过端门至大殿前宽广的庭院，大殿在正中，举行大典时用，殿前左右有钟楼及鼓楼。东部的宫殿衙署区布局也很严整，进入司马门，干道两边为各种官府衙门，形成重重院落，后半部分的后宫为皇室居住之用，是按照“前朝后寝”的制度规划的。

邺城的主要宫殿在西晋末年被毁坏，后赵石虎在此建都时有所修复，对三台也曾扩建。北齐时，在邺城南又筑一邺南城，《邺中记》记载：“邺南城东西六里，南北十八里六十步。”城址目前已无痕迹，大部分已为漳水冲毁（图 2-1）。

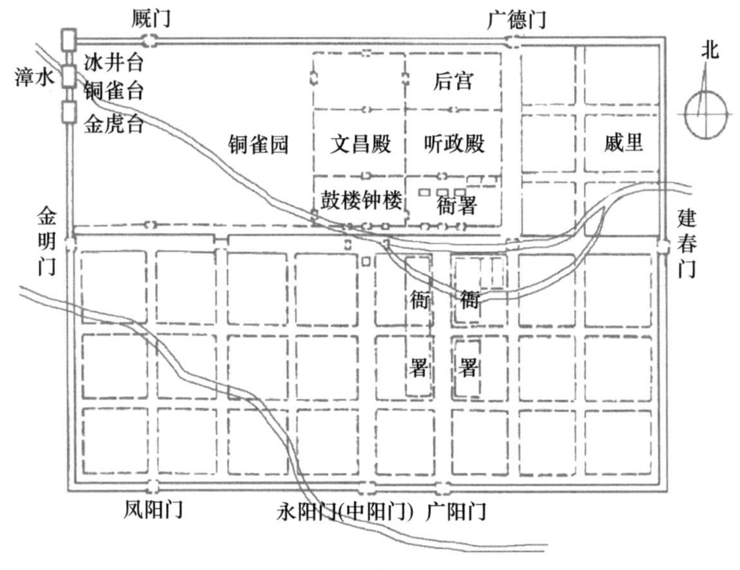

图 2-1　曹魏邺城平面图

（2）唐长安的里坊制

唐长安全城共划分有 109 个里坊，坊名颇多变化，主要是与皇帝名字避讳。里坊的大小，按文献记载共有五种。

朱雀大街两侧18个坊，为350步×350步，相当于515m×515m，约合26.7hm²。

朱雀大街两侧第二排的18个坊，为350步×450步，相当于515m×662m，约合34hm²。

春明门、金光门大街以南的其他47个坊为350步×630步，相当于515m×925m，约合49.2hm²。

通化门、开远门之间的大街以北各坊，为400步×650步，相当于588m×955m，约合52.2hm²。

通化门、开远门之间的大街以南，金光门大街以北，皇城两侧的各坊550步×650步，相当于797m×955m，约合76.1hm²。

其他还有一些里坊，面积大小不等，如丹凤门大街两侧的光宅、翊善、永昌、来庭四坊，兴庆宫北的永嘉坊等，都是由于后来开辟丹凤门大街和扩建兴庆宫而形成的。

里坊面积如此之大，在古代中国城市中也是空前绝后的，其原因：一是里坊的划分完全是由干道网决定的；二是为了便于统治管理，若里坊数目太多，不便于管理。

里坊内部，前两种在里坊中间有一字横街，有东西两个坊门；后三种在里坊中间有十字路，有四个坊门，皇城南面四排坊里只开东西门，朝北无门，一方面因这些坊面积较小，另一方面由于风水迷信，认为朝北开门会冲了皇城宫城的“气”。

里坊四周有夯土的坊墙，墙基厚度2.5～3m，都邻近各街沟边，墙高2m左右，每一里坊像一座小城。坊门在日出和日落时敲打钟鼓启闭。坊门关闭后，严禁在街上行走，每年只有正月十五上元节前后几天，可以夜不闭坊门。

一般居民只能坊内开门，只有贵族和寺庙可以向大街开门。这种规定当然是从便于管理出发，但至唐中后期执行也不严格，常有“起造舍屋，侵占禁街”的现象，政府不得不三令五申地禁止。

坊中还有不少寺庙也占地很大。“僧寺六十四，尼寺二十七，道士观十，女观六，波斯寺二，胡袄祠四。隋大业初有寺一百二十，谓之道场，有道观十，谓之玄坛。天宝后所增，不在其数”（宋敏求《长安志》）。靖善坊的兴善寺、保宁坊的昊天观甚至占一坊之地。晋昌坊的大慈恩寺房屋总计1897间，居住僧众不过300人。

一般居民住宅条件很差，在府第、寺庙之间，在弯弯曲曲的小巷“坊曲”内，低矮窄小，甚至一些低级官吏和知识分子的居住条件也很差。白居易写自己“游宦京都二十春，贫中无处可安贫，长羡蜗牛犹有舍，不如硕鼠解藏身”。后来他住在长乐坊，也是“阶庭宽窄才容足，墙壁高低粗及肩”。政府对民居的格式有严格限制，“不得造楼阁，临视人家……又庶人所造堂舍，不得过三间四架，门屋一间两架，仍不得辄施装饰”（《唐会要》卷三十一）。唐德宗建中四年（公元783年）五月，政府还制定间架税，两架一间上等屋税2000，中等1000，下等500。

长安建城之初，只划分了里坊，将土地分给建造者由其自己建造，住户之间的小巷坊曲，也是自发形成的，里坊内部布置相当零乱。由于政治中心在东北部，王公贵族多在东北建府，城东北人口最密。由于长安城的居住用地大大超过需要，城南几排里坊始终没有建成，“自兴善寺以南四坊，东西尽郭，率无宅第，虽时有居者，烟火不接，耕垦种植，阡陌相连”（徐松《两京城坊考》）。

（3）宋汴梁的街巷制

城市干道系统以宫城为中心，正对各城门，形成井字形方格网，其他一般道路和巷道也多呈方格形，也有丁字相交的，在里城外、罗城内还有几条斜街，主要是由于城市是逐渐发展扩建形成的。

主要干线叫御路，共有四条：一自宫城宣德门，经朱雀门到南薰门；一自州桥向西，经旧郑门到新郑门；一自州桥向东，经旧宋门到新宋门；一自宫城东土市子向北，经旧封丘门到封丘门。《东京梦华录》记载："城门皆瓮城三层，屈曲开门。唯南薰门、新郑门、新宋门、封丘门皆直门两重，盖此系四正门，皆留御路故也。"

街道宽度以御路最宽，据《东京梦华录》记载："坊巷御街，自宣德楼一直南去，约阔二百余步，两边乃御廊，旧许市人买卖于其间，自政和间官司禁止，各安立黑漆杈子，路心又安朱漆杈子两行，中心御道，不得人马行往，行人皆在廊下朱漆杈子之外。杈子里有砖石甃砌御沟水两道，宣和间尽植莲荷，近岸植桃李梨杏，杂花相间，春夏之间，望之如绣。"御路宽度达200余步，可能略有夸大，按现状和其他文献的记载，不可能这样宽，也可能只是靠近朱雀门（又名明德门）一段很宽。在朱雀门外的御路，似有不同，当街也有各种买卖及饮食的摊子。在当时，有专用的御路、人行道、水沟、绿化带的道路断面，确实是一种创造（图2-2）。

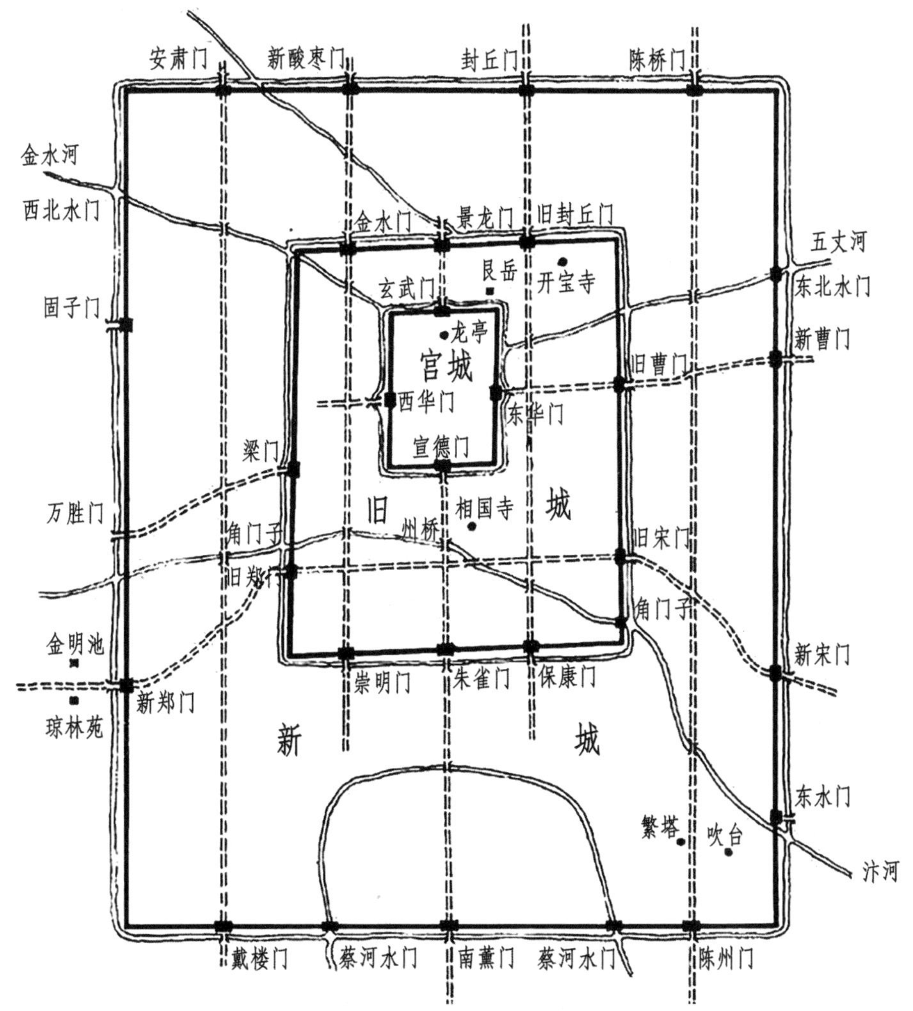

图2-2 汴梁城示意图

汴梁的街道普遍比唐长安、洛阳窄，《册府元龟》卷十四记载："（世宗显德三年）周览康衢，更思通济。千门万户，庶谐安逸之心，盛暑隆冬，倍减寒温之苦，其京城内街道阔五十步者，许两边人户各於五步内取便，种树掘井，修盖凉棚；其三十步以下至二十五步者，各与三步，其次有差。"这段记载，一方面说明当时对城市绿化、改善小气候方面的重视，另一方面也说明了当时一般街道宽度约 50 步和 30 步。在北宋时代的写实主义杰作《清明上河图》中所描绘的一段街道，其宽度也不超过 15～20m，当然这不是城内主要道路。这些情况的产生，主要是由于城市道路逐渐向密布店铺的商业街的方式发展；另外，由于城市人口激增，市内用地缺乏，不可能形成长安、洛阳那样占地过大的街道，虽然这时城市里的交通要比过去繁复得多。

道路密度显然比过去大得多，一般街巷的间距很小，这也与城市生产、生活方式的变化有关。

张驭寰对汴梁道路研究后认为，全城道路十字相交，道路宽度分为 3 类。主要道路，南北方向 18 条，东西方向有 11 条，主干道 3 条即是中心街（从南薰门内到宣德门的御道），经过南薰门里大街、御街，过龙津桥，进入朱雀门（又曰明德门、尉氏门，也就是内城的正南门）。进入朱雀门那一段叫天街，再进入为州桥（又名天汉桥，是汴河上的桥），进入朱雀门即到达宣德门（宫城的南门），这一条大街 40m 宽。次干道为南北方向的大街，两城门间直通的只有两条路，东城的从宣化门（陈州门）直通陈桥门；西城的从戴楼门直达安肃门，其他各条大街都不直通，而且也没有城门可通。东西方向直通的大街也有两条：在南城者，从新郑门直通新宋门；北城的由固子门直通东北水门，这几条大街的宽度为 25m。三类大街即是一般的大街，每条都不能贯通全城。其他小街小巷，大部分查不到位置，除此之外，全城城区有 5 条斜街。

北宋东京汴梁的市肆街道分布和唐长安与洛阳显著不同，不再限定"市"内，而是分布全城，与住宅区混杂，沿街、沿河开设各种店铺，形成熙熙攘攘的商业街。《清明上河图》反映的是北宋都城东京街市局部面貌。

2.1.2 中国传统居住形式：胡同＋四合院

（1）元大都的胡同制

元大都的街道很整齐，当时旅居在这里的意大利人马可·波罗曾盛赞大都城市规划完善，说："划线整齐，有如棋盘。"街道分布的基本形式是通向各城门的街道组成城市的干道。但是，由于城中间有海子相隔，以及南北城门不相对应，有些干道不能相通，故许多干道是呈丁字形相交。在南北向的主干道两侧，等距离地平列着许多东西向的胡同。中轴线的大街最宽为 28m，其他干道为 25m，胡同宽为 5～6m。今北京城内城许多胡同，仍可反映出当时元大都街道布局的痕迹。

元大都城内划有 50 个坊。这些坊也只是一个地段，并无坊墙及坊门等。坊内有小巷及胡同，胡同多东西向，形成东西长、南北窄的狭长地带，由一些院落式的住宅并连而成。

（2）四合院

四合院是我国华北地区民用住宅中的一种组合建筑形式，是一种四四方方或者是长方形的院落。所谓四合，四指东、西、南、北四面，合即四面房屋围在一起，形成一个口字形。老北京人称它为四合院。

四合院是以正房、东西厢房围绕中间庭院形成平面布局的传统住宅的统称。在中国民居中历史最悠久、分布最广泛，是汉族民居形式的典型代表。

在历史发展过程中，中国人特别喜爱四合院这种建筑形式，不仅宫殿、庙宇、官府，而且各地的民居也广泛使用四合院。不过，只要人们一提到四合院，便自然会想到北京四合院，这是因为北京四合院的形制规整，十分具有典型性，在各种各样的四合院当中，北京四合院可以代表其主要特点。

北京作为建城 3000 多年的古城和建都 900 多年的五朝古都，独特的政治文化历史地位决定了北京都市民居规划的发达。长期居住北京的历代贵族、王公大臣、商贾雅士对家居环境都有相当高的需求，这些都促进了北京民居民宅的发展与完善。可以说北京四合院住宅的形制是我国自古以来居住建筑的延续。

四合院是北京传统民居形式，西周时，其形式就已初具规模，辽代时已初成规模，经金、元，至明、清，逐渐完善。经过数百年的营建，北京四合院从平面布局到内部结构、细部装修形成了特有的京味风格，最终成为北京最有特点的居住形式（图 2-3）。

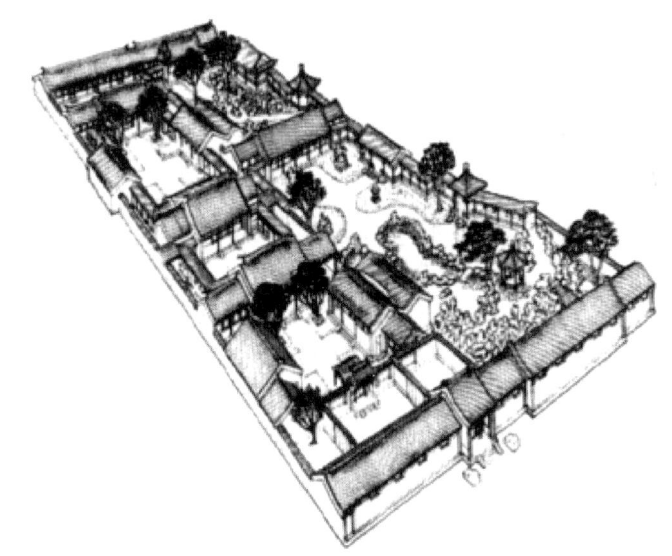

图 2-3　带花园的四合院布局示意图

完整的四合院为三进院落，第一进院是垂花门之前由倒座房所围合的窄院，第二进院由厢房、正房、游廊组成，正房和厢房旁还可加耳房，第三进院为正房后的后罩房，在正房东侧耳房开一道门，连通第二和第三进院。在整个院落中老人住北房（上房），中间为大客厅（中堂间），长子住东厢房，次子住西厢房，用人住倒座房，女儿住后院（第三进院），互不影响。其中反映出了“男外女内”的中国传统思想。

一户户的人家居住的房屋组成了四合院，而一个个大大小小的四合院并排地连接起来之后，每排之间的道路成了胡同，或称之为街、道、巷、路等，当然它们同时又自然而然地起着通道的作用。住在四合院里的人要通过它们走出去，又通过它们才能回到家中。随着北京城格局的变迁，胡同与街、巷等的称谓也在变化。

2.2 中国现代居住区发展历程

中国居住区规划发展从早期邻里单位和扩大街坊逐步演变为完整的小区开发模式，市场化的运作机制赋予了居住区规划新的创新活力，环境和居住品质有了极大的提高。

2.2.1 现代居住区规划理论的引入与早期实践（1949—1978年）

居住是人类基本的生存需求之一，人们因社会属性而聚居在一起，形成居住区。居住区的形态受到生产力水平、地理气候条件、家庭结构、建筑技术、文化传统和风俗习惯等因素的影响。工业革命后，城市内部的居住环境受到巨大威胁，19世纪末很多工业发达国家开始针对居住拥挤、日照通风条件不良、环境恶化、卫生设备落后等问题相继颁布改善居住条件的政策、法规，有关学者也开始寻求解决之策，逐步形成了现代居住区规划的理论。

（1）邻里单位在我国的实践

1929年美国建筑师西·萨·佩里以控制居住区内部车辆交通、保障居民的安全和环境安宁为出发点，首先提出了“邻里单位”的理论，试图以邻里单位为组织居住区的基本形态和构想城市的“细胞”，从而改变城市中原有居住区组织形式的缺陷。

（2）扩大街坊与居住小区理论的引入

在邻里单位被广泛采用的同时，苏联学者提出了扩大街坊的规划原则，与邻里单位十分相似，即一个扩大街坊中包括多个居住街坊，扩大街坊的周边是城市交通，保证居住区内部的安静、安全，只是在住宅的布局上更强调周边式布置。1953年我国在全国范围内掀起了向苏联学习的高潮，随着苏联援华工业项目的引进，也带来了以“街坊”为主体的工人生活区。北京棉纺厂、酒仙桥精密仪器厂、洛阳拖拉机厂、长春第一汽车厂等都是“街坊”布局的翻版，20世纪50年代初建设的北京百万庄小区属于非常典型的案例。但由于存在日照通风死角、过于形式化、不利于利用地形等问题，在此后的居住区规划中较少采用。

（3）居住小区理论的早期实践

在改革开放之前，我国实行完全福利化的住房政策，住房建设资金全部来源于国家基本建设资金，住房作为福利由国家统一供应，以实物形式分配给职工。受国家财力制约，单一的住房行政供给制越来越难以满足人民群众日益增长的住房需求，居住条件改善进展缓慢，住房短缺现象日益严重。1949—1978年，我国的城镇住宅建设总量只有近5.3亿，在我国计划经济条件下，居住区按照街坊、小区等模式统一规划、统一建设，虽然建设量并不大，但在居住小区理论的指导下，在全国各地建成了大量的居住小区，有代表性的小区包括北京夕照寺小区、和平里小区、上海蕃瓜弄、广州滨江新村等。经过不断的努力，形成居住小区—住宅组团两级结构的模式，有的小区在节约用地、提高环境质量、保持地方特色等方面进行了有益的探索，使居住小区初步具有了中国特色。

2.2.2 住房制度改革推进期的住区规划体现时代进步（1979—1998年）

中华人民共和国成立初期，百废待兴。中央政府提出“先生产，后生活”发展策略，在住宅规划设计中有严重的苏联的影子。一方面建设了一批“合理设计不合理居住”的大套型合住住宅，另一方面大量出现简易楼、筒子楼，在住宅数量和质量方面都存在突出的矛盾，居住条件很差。

（1）建设规模的扩大与居住区体系理论的发展

20世纪70年代后期为适应住宅建设规模迅速扩大的需求，“统一规划、统一设计、统一建设、统一管理”成为当时主要的建设模式，居住区建设规模达到80hm²以上，扩充到居住区一级，在规划理论上形成居住区—居住小区—住宅组团的规划空间结构、公共绿地—半公共绿地和私密绿地的级差模式。居住区级用地一般有数十公顷，有较完善的公建配套，如影剧院、百货商店、综合商场、医院等。居住区对城市有相对的独立性，居民的一般生活需求均能在居住区内解决。北京方庄居住区就是20世纪80年代所建居住区的典型代表。

（2）试点小区推动居住区品质的整体提升

进入20世纪80年代以后，居住区规划普遍注意了以下几个方面：一是根据居住区的规模和所处的地段，合理配置公共建筑，以满足居民生活需要；二是开始注意组群组合形态的多样化，组织多种空间；三是较注重居住环境的建设，空间绿地和集中绿地的做法，受到普遍的欢迎。一些城市还推行了综合区的规划，如形成工厂—生活综合居住区、行政办公—生活综合居住区、商业—生活综合居住区等。综合居住区规划，重新定义了城市功能结构分区的规划理论，使居住区具有多数居民可以就近上班、有利工作、方便生活的特征。

（3）小康住宅试点确立了更高的居住区标准

20世纪90年代开始的“中国城市小康住宅研究”和1995年推出的“2000年小康住宅科技产业工程”，对我国住宅建设和规划设计水平跨入现代住宅发展阶段起到了重要的推动作用。小康住宅在试点小区的基础上，表现出了新的特点。

2.2.3 市场化成熟期的居住区规划呈现多样性特征（1999—2016年）

1998年以后，住房制度由福利型分配转为货币型分配，个人成为商品住房的消费主体，需求多元化、投资市场化以及政府职能调整等因素促使居住区建设由政府主导转向市场主导，使得居住区规划呈现更加多样性的局面，住宅建设进入由“数量型”转向“质量型”住宅开发建设阶段。在居住区规划与住宅设计过程中，积极推进“以人为核心”的设计观念和“可持续发展”的科学发展观，通过规划设计的创新活动，创造出具有地方特色、设备完善和达到21世纪初叶现代居住水准的居住环境。中国住宅建筑技术获得了整体的进步，我国住宅产业现代化进入新的发展时期，并由此获得进一步的提高。

在这一时期，社会、经济、制度变革是居住区规划进一步发展的重要依托。我国居住区规划理论与技术的更新表现出以下特征：

①居住区选址向城郊扩展；

②楼盘规模趋向于大盘化；

③居住环境质量成为住区规划的核心；

④依靠科技，保护生态；

⑤人车分流与步行环境；
⑥开放社区；
⑦居住区类型趋于多样；
⑧更加强调居住文化；
⑨住房保障与社会融合。

2.2.4 经济调整期的居住区规划展现高品质生态宜居特点（2017年至今）

2016年经济发展进入调整期，经济发展速度继续放缓，中国经济进入质量更高效应更好，更可持续的新发展阶段，人们越来越重视城市环境品质。2017年，党的十九大召开，高质量发展、高品质生活成为新时代发展的目标要求。国务院印发《中共中央 国务院关于进一步加强城市规划建设管理工作的若干意见》，提出："创新规划理念，改进规划方法，把以人为本、尊重自然、传承历史、绿色低碳等理念融入城市规划全过程"，对"以人为本"提出更高要求，即中国经济发展的终极目标是"以人为本"。同时，中国面临着老龄化社会的问题，2016年，60岁以上户籍老年人口数占全国总人口的16.7%，预计2035年将达到28%。因此，提出居住区的全龄友好设计，满足各年龄段人群的需求；提升生态空间宜居度，营造城市宜居环境，推进海绵城市建设；增加低影响开发控制要求，减少对自然的侵害，落实海绵城市建设要求；充分利用自然山体、河湖湿地、耕地、林地、草地等生态空间，建设海绵城市；增加人均公共绿地配建面积，强化绿地亲民布局，提高居民生活质量。

在这一时期，我国社会主要矛盾已经转化，我国社会主要矛盾已经转化为人民日益增长的美好生活需要和不平衡不充分的发展之间的矛盾，需要大力提升发展质量和社会效应，实现老有所居、幼有所育、学有所教、病有所医、老有所养、弱有所扶，住区规划表现出以下特征。

（1）以人民为中心

①以人的步行出行时间划定生活圈范围与层级；
②综合发展趋势与需求，完善配套设施；
③增加公共绿地，强化绿地亲民布局，提升环境品质。

（2）绿色发展

①通过居住街坊尺度的设置，控制小街区密路网，实现小街区密路网，促进绿色出行；
②优化绿地空间系统，增加人均公共绿地配建面积；
③倡导低影响开发，推进海绵城市建设。

（3）营造宜居环境

①控制住宅开发强度，通过指标综合控制居住空间环境；
②统筹配套设施综合配置；
③鼓励紧凑、集约发展，提升宜居品质。

2.3 案例分析

在我国的居住区规划中出现过许许多多的规划方案，其中不乏优秀案例。虽然有些可能已经不适用于如今的中国，但它们仍然有许多值得我们学习借鉴的地方，其中尤其以恩济里及百万庄两个小区具有代表性。

2.3.1 恩济里小区

恩济里小区位于北京市风景秀丽的西郊，距阜成门约 6km。小区西邻四环路，东边不远处为八里庄玲珑古塔公园和京密引水渠（昆玉河），环境优美，是一个理想的居住场所。小区占地 9.98hm^2，总建筑面积 13.62 万 m^2，容纳 1885 户，规模适当，公共设施配套齐全。在这个小区规划中，设计人员运用多年来积累的经验和研究成果，力图创造出一个综合体现社会效益、经济效益和环境效益的崭新小区，为居民造福，为城市增光（图 2-4）。小区内住宅没有采用高层的形式，而是统一设计为 6 层的单元式多层住宅，并采用了具有传统意象的坡屋顶。通过南北向单元与局部东西向单元的拼接构成了布局形态接近的 4 个相对封闭住宅组团，在其内部形成了大空间围合下的小空间院落围合。每个组团大约是 440 户。恩济里小区的建筑空间组织模式是“围合中的围合”。其思想来源一个是纽曼于 1972 年提出的“防卫空间”，即塑造从公共到私有的不同层次空间领域；另一个是北京传统的四合院空间组织。

图 2-4 恩济里小区规划设计总平面图

1—高层公寓；2—底层商业服务；3—底层农贸市场；4—小区管理楼；5—底层居委会；6—信报箱群；7—复建式地下存车；8—独立式地下存车；9—小学；10—托儿所；11—幼儿园；12—变电站；13—垃圾站；14—小汽车停放；15—中心花园

恩济里小区的公建设施也是组团设置的。在居住区的东南角，一所小学、一所青年活动站与一栋高 12 层、沿街设置的带商业裙房的青年公寓（相当于以前的单身宿舍）构成一个组团。在住宅区的西北角，另一栋高 12 层、带底商的青年公寓与托儿所和幼儿园构成一个组团。在街道组织上，该小区的建设秉承了层级设置的原则，内部道路似树状网络展开，设置了三个层级。第一个层级是贯穿住宅区的蛇形城市支路，将住宅区分为两个不规则形状的街区，达到了设计通而不畅的意图初衷；第二个层级是所谓的组团级道路，主要包括连接城市支路与组团内部的通路，以及和组团内南北串接的道路；剩余的小路构成第三层级，在步行道的设置上，只提供了单侧人行道。同时，提供了连接内部小公园和东侧城市绿地的步行小径。此外，考虑到私家车的使用，住宅组团入口处设置了少量停车位。在广场绿地的设置上，为商业设施提供了沿街广场，在住宅组团内部和沿城市支路提供了大量适于休闲聚会的岛式开放绿地（图 2-5）。

图 2-5　恩济里小区院落鸟瞰图

在传统空间处理的基础上，把恩济里小区划分成 4 个性质不同的空间：半公共空间（全体小区居民共有的领域）、半私有空间（组团居民所有的领域）、私有空间（每户居民私有的领域）和专有空间（小学运动场、托幼活动场等）。要从公共空间的城市道路到达每户住所必须经过半公共→半私有→私有这样一种空间层次，越深入进去越私密、安全。领域空间的分隔可以是物质的阻拦围墙，也可以是心理的阻拦。后者主要在小区的主要入口和组团入口处，设有牌柱等标志性构筑物或小品，告诉人们此乃是他人的领域，请勿随意入内，从心理上起到无形的门的作用。

恩济里小区的核心呈线性分布，未形成任何环通。涉及的空间包括：蛇形城市支路，南侧与东侧城市次干道，还有中部两个住宅组团的进入通路。整合度相对低的空间主要分布在住宅组团中的第二层级道路，且与住宅单元入口或首层院子的入口有直接的联系。除了青年公寓，其他主要公建设施都与整合核心有连接，总之，恩济里小区的街道空间构型特征使周边城市道路空间比较易抵达与方便使用，可支持人流对住宅区的穿越，又不是很直接，但同时在中部因容易形成人流的汇集，在空间上较易将外部人流引入中部的住宅组团，而形成一定的干扰。主要的公建设施具有较好的可达性，使本住宅区居民和非本住宅区居民都能够便于使用；与之相对应的是，住宅空间有较好的隐秘与隔离。

2.3.2 百万庄小区

百万庄住宅区是20世纪50年代初第一批大规模集中建设的现代住宅区的典型案例。百万庄小区位于二环路与三环路之间，占地21.09hm^2，在当时被列入北京的近郊新区开发项目之一。项目为部委办公及相应配套设施的建设，并为相关单位的职工和干部提供住房约1510套，按当时的户均人口5.2人计算，约能容纳7846人居住。

百万庄小区是1949年以后中国的居住样板，比较典型地反映了计划经济时期单位社区在规划理念、建筑设计层面的探索，积累了丰富的历史遗存、社区记忆和建筑多样性；同时，与其相类似的社区又在长期的“服役”中出现了一系列的居住、环境和社会问题，是拆是留陷入两难；这不仅催生了人们对其物质环境和社会结构的好奇，亦激发了专业从业者对其建筑价值和文化传承的责任。

作为“共和国第一居住区”，百万庄小区在规划上借鉴了西方邻里单位和苏联式扩大街坊等先进思想，同时融合了中国传统的建筑风水理念，运用了独特的天干地支命名法；在布局上，采用八卦回纹样的围合式布局，形成了低密度南北通透的周边式街坊，培育了良好的社区氛围和邻里关系；在设施上，幼儿园、小学、商业、食堂、邮局等一应俱全，社区中心布置了大面积的公共绿地，其与街坊院落形成有层级的公共空间。

百万庄小区模式与美国社会学家佩里提出的“邻里单位”模式有着一定的相似性。有学者认为，“邻里单位”的思想是经由斯堪的纳维亚半岛传入苏联的。苏联的小区模式源于苏联经济学家斯特鲁米林（Strumilin）设想的理想的社会主义集体生活单元所构成的未来城市，因每个集体生活单元可容纳2000～2500人居住，其中建有一座工厂，六栋被称为“公社宫殿”的公寓大楼，一个集体食堂，几个日托中心，以及充足的绿化空间。

百万庄小区内的建筑在空间格局上呈现出非常强烈的几何秩序和对称，南北向与东西向的中轴线交会于中心的小公园；沿东西轴线与小公园连接的是一所小学，小学的中心布局体现了“邻里单位”的理念，但购物中心的布局与邻里单元理念所建议的周边布局有所不同。沿南北中轴线展开，向南规划设置了一座与中心公园毗邻的集体食堂和一栋外观宏伟的沿街办公楼；现在，食堂、办公楼和中心公园都已不复存在，被后来兴建的几栋多层住宅楼和沿街的小学扩建的分校所取代。沿南北中轴线向北是一个对称布局的住宅组团，包括为单位高层干部提供的四排两层联排小住宅和车库，一栋沿街外向设置的三层高内走廊式单身宿舍，现在已改建为一栋高层办公楼。百万庄小区规划设计总平面图如图2-6所示。

建筑群沿中轴线对称布局。4个相近的占地3hm^{2}左右的住宅组团，每个组团内都有两个住宅院落。院落住宅的建筑风格统一，具有一定中国传统特色，主要特征是覆瓦的四坡或两坡屋顶和具有中国传统图案装饰的建筑细部。这可以被看作是对当时“社会主义内容，民族形式”精神的响应。但这些院落的组织与欧洲的周边式街坊相似，由三层高的外向入口的多户住宅围合而成，但采取了比较复杂的“双周边式”，形成了由建筑背面围合的窄长的半私密院落空间，由周边街道凹入的一字形（沿东西方向）和 T 字形（沿南北方向）半公共广场式绿地空间构成。这种形式的组织在 20 世纪初的伦敦田园郊区的规划设计中和阿姆斯特丹工人住宅区的设计中都有所见。

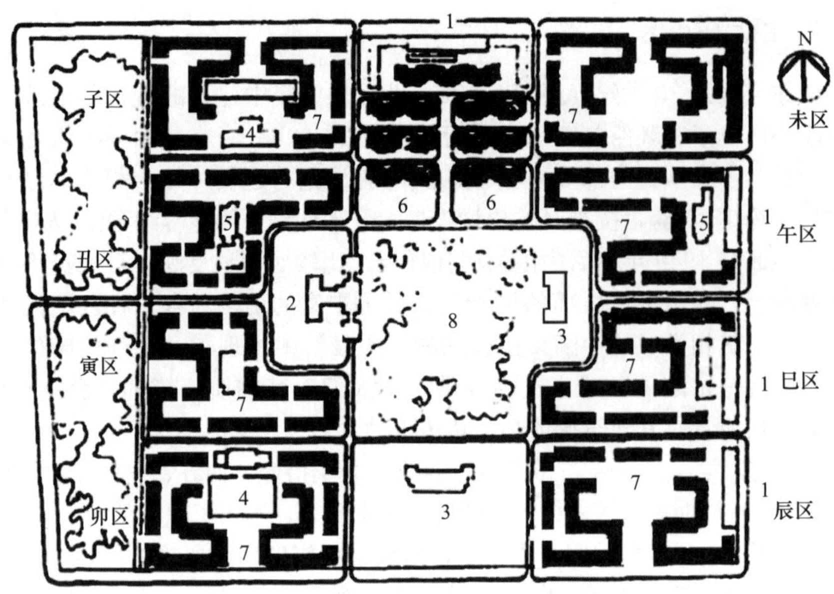

图 2-6 百万庄小区区规划设计总平面图

1—办公楼；2—商场；3—小学；4—托幼；5—锅炉房；6—两层并联住宅；7—三层并联住宅；8—绿地

除了一般的职工家庭住宅，东侧的四个街坊院落中，沿边界处设置了四栋单身宿舍，在沿南北边界的四个院落中，靠近组团中心的位置各设置了一体化的托儿所和幼儿园，在其余四个院落的内向庭院中各设置了一个锅炉房和耸立的烟囱。现在，托幼建筑已被其他公共建筑用途所取代，单身宿舍也被改造成其他功能，院落的广场式绿地空间大部分已被不同类型的建筑所占用。

与建筑的空间组织相一致，小区的内部街道网络呈正交格局，形成大量的 T 字形交叉。按照尺度的不同，街道系统由三个层级构成：第一个层级是 9m 宽的设有人行道的城市支路，包括连接东西边界与中心的两条通路，连接南北边界与中心的四条通路，还有处于中部与边界通路衔接的一个 U 形回路，这些道路将基地划分为六个相对独立的街区；第二层级是对由城市支路划分的街区进行进一步划分的 3.5m 宽的街区级小街道；第三层级是约 1.8m 宽的分布于街坊内的有如中国传统窗花图案的小路径。

百万庄小区的原始住宅主要有 3 种类型：三层的周边式住宅、东侧的三层筒子楼宿舍和申区的二层花园洋房。周边式住宅外向入户，向内设置阳台，户型分为 $60m^2$“Z”字户型、“一”字户型和 $75m^2$“L”字户型、“一”字户型等，在转角处形成多种户型组合方式。户型设计在当时的条件下标准很高，每个房间都有窗户，厨房、卫生间通风，暖气、垃圾通道等一应俱全。东侧宿舍采用内廊式布局，$19m^2$ 户型一字排开（图 2-7）。

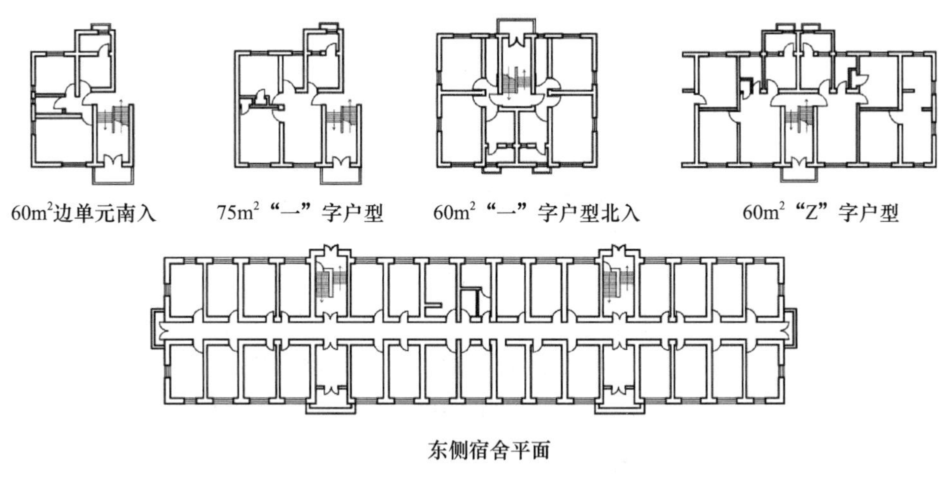

图 2-7 百万庄小区典型户型

2.4 国外相关发展理论

居住区受社会经济、社会制度等影响，国外在经历环境问题、住宅问题恶化、交通拥挤等城市化进程的问题后，逐步形成田园城市、《雅典宪章》、邻里单位、光明城市、TND、TOD 等理论。

2.4.1 田园城市（Garden City）

（1）理论的提出

随着 19 世纪上半叶工业革命的基本完成，英国取得了社会经济和城市化等方面井喷式的发展成就，跃升为当时世界上最强大的国家。但是，由于当时人们缺乏保护自然环境的意识，只一味地追求生产力的发展，在城市经济、建设繁荣的背后，城市的发展也潜伏了许多问题，而这些问题很快就在 19 世纪后半叶集中爆发了。

首先是环境问题大规模爆发。一方面是工业污水对水源的破坏，1832—1866 年，泰晤士河被工业污水污染让英国遭受了 4 次恐怖的霍乱疫情，大多数英国城市都被影响，造成了巨大的人员和财产损失；另一方面是煤炭等化石燃料的燃烧产生了大量烟尘、湿雾和有害气体，严重破坏了英国的空气环境，随之而来的毒雾更是极大地危害了人的身体健康。

其次是住宅问题恶化。城市人口爆炸性增长，在一些开发商为牟取私人暴利推动城市地价疯狂飙升的情况下，占城市人口很大比例的中下层人民只能居住在拥挤不堪、环境恶劣、市政基础设施落后的贫民窟中。

再次是人口单向流动。这是英国的城市学家埃比尼泽·霍华德在其著作中提到的最令人担忧的问题。如果人口向已经超过环境承载力的大城市持续聚集，那么城市将产生大量失业者，且城市环境将进一步恶化；同时，乡村土地将无人耕种，乡村将面临比城市拥挤更为严重的衰竭问题。

为了扭转这一势头，霍华德认为应该合理疏散大城市人口。他建议用贷款的办法购置地价低廉的农业用地，在这块农业用地上建设兼具城市和农村优点的田园城市。

1898年他提出了“田园城市”的理论。在经过调查后他写了一本书——《明天：一条引向真正改革的和平道路》（Tomorrow：a Peaceful Pathtowards Real Reform），并希望彻底改良资本主义的城市形式，指出了工业化背景下城市所提供的生产生活环境与人们所希望的环境存在着矛盾、大城市与自然之间的关系相互疏远。霍华德认为，城市无限制发展与城市土地投机是资本主义城市灾难的根源；他建议，限制城市的自发膨胀，并将城市土地收归于城市的统一机构。

城市人口过于集中是由于城市吸引人口的“磁性”所致，如果把这些“磁性”进行有意识的移植和控制，城市就不会盲目膨胀；如果将城市土地统一收归城市机构，就会消灭土地投机，而土地升值所获得的利润，应该归城市机构支配。为了吸引资本实现其理论，霍华德还声称，城市土地也可以由一个产业资本家或大地主所有。

霍华德除了在城市空间布局上进行了大量的探讨外，还在自己的著作中用了大量篇幅研究城市经济问题，提出了一整套城市经济财政改革方案。他认为，城市经费可从房租中获得；他还认为城市是会发展的，当其发展到规定人口时，便可在离它不远的地方，另建一个相同的城市。他强调，要在城市周围永久保留一定绿地的原则。霍华德的书在1898年出版时并没有引起社会的广泛关注。1902年，他又以《明日的田园城市》（Garden City of Tomorrow）为名再版该书，迅速引起了欧美各国的普遍重视，影响极为广泛。

（2）田园城市概述

1919年，英国田园城市和城市规划协会与霍华德商议后，对田园城市给出了一个简短的定义：“田园城市是为安排健康的生活和工业而设计的城镇；其规模要有可能满足各种社会生活，但不能太大；被乡村带包围；全部土地归公众所有或者托人为社区代管。”

霍华德设想，田园城市建在土地中心附近，用地为1000英亩（1英亩＝4046.86m^2，下同），农业用地为5000英亩，人口为32000人。其中30000人住在城市，2000人散居在乡间。城市人口超过了规定数量，则应建设另一个新的城市。田园城市的平面为圆形，半径约1240码（1码＝0.9144m）。中央是一个面积约145英亩的公园，有6条主干道路从中心向外辐射，把城市分成6个区。城市的最外圈地区建设各类工厂、仓库、市场，一面对着最外层的环形道路，另一面是环状的铁路支线，交通运输十分便捷（图2-8）。

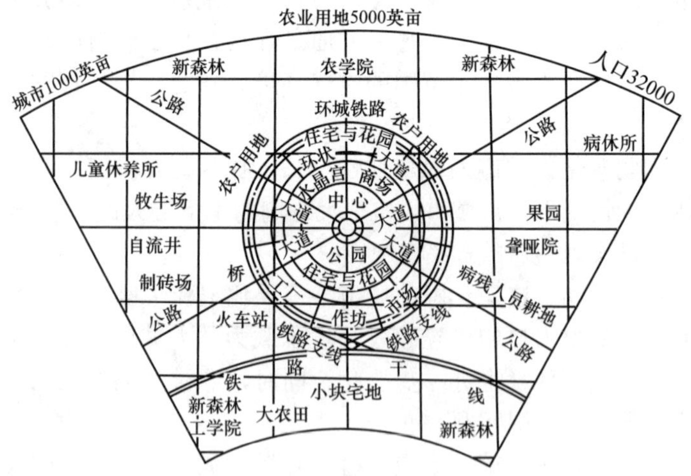

图2-8 霍华德的“田园城市”设想示意图

霍华德还设想，若干个田园城市围绕中心城市，构成城市组群，城市之间用铁路联系。城市可以为圆形的，6 条林荫大道从中心通向四周，把城市分成 6 个相等的片区。中间是一块 5.5 英亩的圆形空间，布置成一个美丽的花园，花园的周围环绕着用地宽敞的大型公共建筑——市政厅、音乐演讲大厅、剧院、图书馆、展览馆、画廊和医院。其余的大空间是用一个“水晶宫”(Crystal Palace) 包围起来的中央公园 (Central Park)。它有宽敞的游憩用地，全体居民都能非常方便地享用。环绕中央公园的是水晶宫，工厂的产品在这里出售，整个水晶宫是一个魅力永久的展览会。出水晶宫是第五大街，沿大街，面向水晶宫的是一圈非常好的住宅；再向外是宏伟大街，一条带形绿地，把中央公园外围的城市地区划分为两条环带，大街里面布置着学校、教堂等。城市的外环有工厂、仓库、牛奶房、市场、煤场，木材厂等，这些设施都靠近围绕城市的环形铁路。铁路外围是宽广的农业用地。在农业用地上设置有新森林、果园、农学院、大农场、小出租地、自留地、奶牛场、癫痫病人农场、盲（聋）人收容所、儿童夏令营、疗养院、工业学校、砖厂、自流井（图 2-9）。

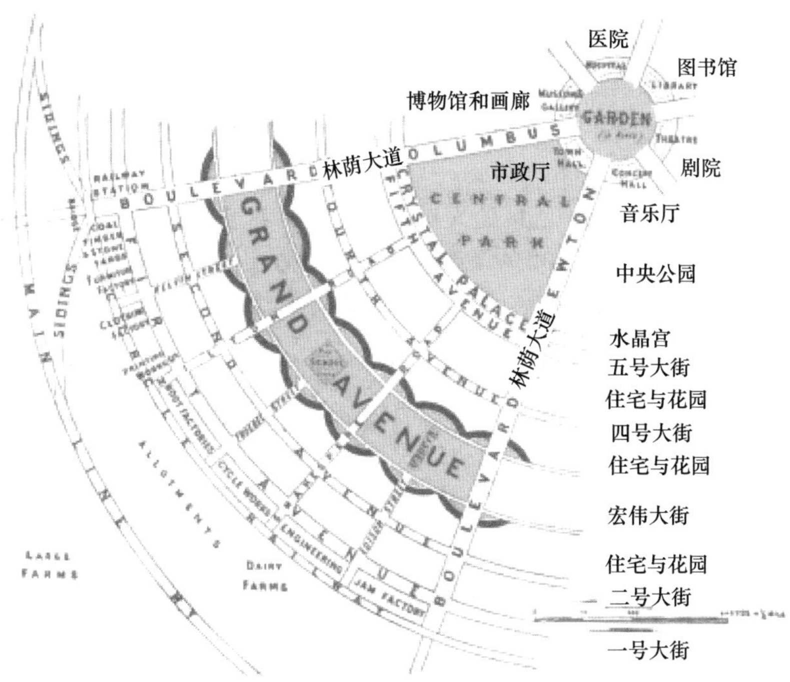

图 2-9　田园城市的分区和中心

霍华德的理论比傅里叶、欧文等人的空想主义更前进了一步。他把城市当作一个整体来研究，将城乡联系起来，提出适应现代工业的城市规划问题，对人口密度、城市经济、城市绿化的重要性等问题都提出了自己的见解，对城市规划学科的建立起了重要的推动作用。今天的规划界一般都把霍华德“田园城市”理论的提出作为现代城市规划的开端。

霍华德提出的“田园城市”与一般意义上的花园城市有着本质上的区别。一般的花园城市是指在城市中增添了一些花坛和绿地，而霍华德所说的“Garden”是指城市周边的农田和园地，通过这些田园控制城市用地的无限扩张。

田园城市是一种城市规划理念，其思想和理论都体现出强烈的社会变革意识，是一种包括城市有机体、城市风貌以及城乡一体化在内的新型城市发展模式，是城市市政管理等一系列有关城市社会与城市建设的重大革命，而非仅仅扩大城市字面意义上的建设主张，其核心思想对于现代城市规划仍然具有重要的参考价值。

霍华德的田园城市理论是针对当时工业革命后期出现的种种“城市病”开出的济世良方，至今仍然闪耀着人本主义的光辉，具有强大的生命力。作为现代城市规划的开山鼻祖，霍华德在提出田园城市理论之后并没有使之停留在纸上。他为实现田园城市做了细致的考虑，对城市发展和建设中出现的问题，如资金来源、城市规模、布局结构、人口密度、绿地建设和城市管理等，提出了一系列独创性的建议，形成了比较完整的、具有奠基意义的城市规划思想体系。

2.4.2 《雅典宪章》

1933 年国际现代建筑协会（CIAM）在希腊雅典开会，中心议题是城市规划，并制定了一个《城市规划大纲》。这个《城市规划大纲》后来被称为《雅典宪章》。《雅典宪章》集中反映了当时“现代建筑”学派的观点。《雅典宪章》首先提出，要将城市与其周围影响地区作为一个整体来研究；并指出城市规划的目的是解决居住、工作、游憩与交通四大城市功能的正常进行。

（1）居住

居住的主要问题是城市中心区的人口密度太大，甚至有些地区每公顷的居民超过 1000 人。在过度拥挤的现代城市的某些地区中，生活环境是非常不卫生的。这是因为在这种地区中，地皮被过度使用，缺乏空旷场地，而建筑物本身也正处于一种不卫生和败坏的状况中。

因为城市中心区不断扩展，围绕住宅区的空旷地带亦被破坏了，这样就剥夺了许多居民享受邻近乡野的幸福。集体住宅和单幢住宅常常建造在最恶劣的地区，无论是住宅的功能，还是住宅所必需的环境卫生，这些地区都是不适宜居住的。人口比较稠密的地区，往往是最不适宜于居住的地点，如朝北的山坡上，低洼、潮湿、多雾、易遭水灾的地方或过于邻近工业区而易被煤烟、声响、震动所侵扰的地方。人口稀疏的地区，却常常因处于条件最为优越的地域而发展起来，特享各种优点，诸如气候好、地势好，交通便利而且不受工厂的侵扰。

这种不合理的住宅配型，至今仍然为城市建筑法规所许可，且并未考虑到种种危害卫生与健康的因素。现在仍然缺乏分区计划和实施这种计划的分区法规。现行的法规对于因为过度拥挤、空地缺乏、许多房屋的残破情形及缺乏集体生活所需的设施等所造成的后果并未注意；它们亦忽视了现代的市镇计划和技术之应用，而技术应用在改造城市的工作上可以创造无限的可能性。

在交通压力巨大的街道及路口附近的房屋，因为容易遭受灰尘、噪声和汽车尾气的侵扰，已不宜作为居住房屋之用。在住宅区的街道上，对于那些面对面沿街建成的房屋，我们通常都未考虑到它们获得阳光的种种不同情形，如果街道的一面在最适当的钟点内可以获得所需要的阳光，则其另外一面获得阳光的情形就大不相同，而且往往是不好的情形。现代的市郊因为毫无节制的快速发展，结果与大城市中心的联系遭遇到种种地形上无法避免的障碍。

针对上面所说的种种问题，可以有以下几点改进的建议。

①住宅区应该占用最好的地段，不但要仔细考虑这些地段的气候和地形的条件，而且必须考虑这些住宅区应该接近一些空旷地带，以便将来可以作为文化娱乐及健身运动之用。在邻近地带，如有将来可能成为工业和商业区的地点，亦应预先加以考虑。

②在每一个住宅区中，须根据影响每个地区生活情况的因素，设定各种不同的人口密度。在人口密度较高的地区，应利用现代建筑技术建造距离较远的高层集体住宅，这样才能留出必需的空地，作公共设施娱乐运动及停车场所之用，而且使得住宅可以得到阳光、空气和景观。为了居民的健康，应严禁沿交通要道建造居住房屋，因为这种房屋容易遭受车辆经过时所产生的灰尘、噪声和汽车排出的尾气、煤烟的损害。住宅区应该被规划为安全、舒适、方便、宁静的邻里单位。

（2）工作

工作的主要问题如下。工作地点（如工厂、商业中心和政府机关等）未能按照个别的功能在城市中做适当的配置。工作地点与居住地点，因事先缺乏有计划的配合，产生两者之间过远的通勤距离。在通勤过程中，道路过分拥挤，即起因于交通路线缺乏有秩序的组织。“从居住地点到工作场所的距离很远，造成交通拥挤，有害身心，时间和经济都受损失。”由于地价高昂，赋税增加，交通拥挤及城市无管制而迅速地发展，工业常被迫迁往市外，加上现代技术的进步，使得这种疏散更为便利。商业区也只能在巨款购置和拆毁周围建筑物的情形下，方能得以扩展。

解决这些问题的可能途径：工业必须依其性能与需要分类，并应分布于全国各特殊地带里，这种特殊地带包含着受其影响的城市与区域。在确定工业地带时，须考虑到各种不同工业彼此间的关系，以及它们与其他功能不同的各地区的关系：

工作地点与居住地点之间的距离，应该在最短时间内可以到达；

工业区与居住区应以绿色地带或缓冲地带来隔离；

与日常生活有密切关系而且不引起扰乱危险和不便的小型工业，应留在市区中为住宅区服务；

重要的工业地带应接近铁路线、港口、通航的河道和主要的运输线；

商业区应有便利的交通与住宅区及工业区相连接。

（3）游憩

游憩问题概述。城市中普遍地缺乏空地面积。空地面积位置不适中，以致多数居民因距离远，难得利用。因为大多数的空地都在偏僻的城市外围或近郊地区，所以无益于住在环境卫生不合格的市中心区的居民。通常，那些少数的游戏场和运动场所占的地址，多是将来注定了要建造房屋的。这说明了这些公共空地时常变动的原因。随着地价高涨，这些空地又因为建满了房屋而消失，游戏场和运动场所等不得不重迁新址，每迁一次，距离市中心便更远了。

改进的方法如下。

新建住宅区，应该预先留出空地作为建筑公园、运动场及儿童游戏场之用。在人口稠密的地区，将破败的建筑物加以清除，改进一般的环境卫生，并将这些清除后的地区改作游憩用地，广植树木花草。

在儿童公园或儿童游戏场附近的空地上建立托儿所、幼儿园或小学。

公园适当的地点应留作公共设施之用，设立音乐台、小图书馆、小博物馆及公共会堂等，以提倡正当的集体文娱活动。

现代城市盲目、混乱的发展不顾一切地毁坏了市郊许多可用作周末的游憩地点。因此在城市附近的河流、海滩、森林、湖泊等自然风景优美之地，我们应尽量利用它们作为广大群众假日游憩之用。

（4）交通

城市中和郊外的街道系统多为旧时代所遗留的产物，都是为徒步与行驶马车而设计的；现在虽然不断地加以修正，但仍不能适合现代交通工具（如汽车、电车等）和交通量的需要。城市中，现在的街道过于狭窄，交叉路口过多，使得今日新的交通工具不能发挥其效能。交通拥挤已成为造成诸多车祸的主要原因，对于每个市民的威胁与日俱增。

各条街道多未能按照不同的功能加以区分，故不能有效地解决现代的交通问题。这个问题不能通过对现有的街道加以修改（如加宽街道、限制交通或其他办法）来解决，唯有实施新的城市计划才能解决。

有一种学院派的城市计划以“姿态伟大”的概念为出发点，对于房屋、大道、广场的配置，主要的目的只在于获得庞大纪念性排场的效果，时常使得交通情况更为复杂。

铁路线往往成为城市发展的阻碍，它们围绕某些地区，使得这些地区与城市其他部分隔开了，虽然它们之间本来是应该有便捷与直接的交通联系的。

解决诸多重要的交通问题需要进行下面几种改革。

摩托化运输的普遍应用，产生了我们从未经历过的速度，它“撼动”了整个城市的结构，并且大大地影响了在城市中的一切生活状态，因此我们实在需要一个新的街道系统，以适应现代交通工具的需要。

同时为了准备这新的街道系统，需要一种正确的调查与统计资料，以确定街道合理的宽度。

各种街道应根据不同的功能分为交通要道、住宅区街道、商业区街道、工业区街道等。

街道上各类车辆的行车速度，须根据所在街道的特殊功用，以及该街道上行驶车辆的种类而决定。所以，这些行车速度亦为道路分类的因素，以决定为快行车辆行驶之用或为慢行车辆之用，同时将这种交通大道与支路加以区别。

各种建筑物，尤其是住宅建筑应以绿色地带与行车干路隔离。

将这些交通问题解决之后，新的街道网将产生其他的简化作用。因为，有效的交通组织将城市中各种功能不同的地区做适当的配合以后，交通压力即可大大减轻，并集中在几条路上。

《雅典宪章》认为，局部的放宽以及改造道路并不能解决问题，应从整个道路系统的规划入手，街道要进行功能分类，车辆的行驶速度是道路功能分类的依据，要按照调查统计的交通资料来确定道路的宽度。《雅典宪章》认为，大城市中办公楼、商业服务、文化娱乐设施过分集中在城市中心地区，也是造成市中心交通过分拥挤的重要原因。

《雅典宪章》还提出，城市发展过程中应保留名胜古迹及历史建筑。

《雅典宪章》最后指出，城市的种种矛盾是由大工业生产方式的变化和土地私有引起。城市应按全体居民的意志进行规划，且要以区域规划为依据，城市按居住、工作、游憩进行分区及平衡后，再建立起连接三者的交通网。居住为城市主要因素，要多从居住者的需求出发，应以住宅为细胞组成邻里单位，应按照人的尺度（人的视域、视角、步行距离等）来估量城市各部分的大小范围。城市规划是一门三度空间的科学，不仅是长、宽两方向，还应考虑立体空间；要以国家法律形式保证规划的实现。

《雅典宪章》提出的种种城市发展中的问题、论点和建议，很有价值，对于局部地解决城市中一些矛盾也起到了一定的作用。由于其基本宗旨是要适应生产及科学技术发展给城市带来的变化，而敢于向一些学院派的理论、陈旧的传统观念提出挑战，因此具有较强的生命力。

2.4.3 《马丘比丘宪章》

1977 年 12 月，全世界的建筑师在秘鲁的利马集会，对本群体 40 多年来《雅典宪章》的实践作了评价，认为实践证明《雅典宪章》提出的某些原则是正确的，而且将继续发挥作用，如把交通视为城市基本功能之一，道路应按功能性质进行分类，改进交叉口设计等；并且指出，把机动车作为主要交通工具并以其作为制定交通流量的依据的政策，应改为使私人车辆服从于公共客运系统的发展，要注意在发展交通与“能源危机”之间取得平衡。《雅典宪章》认为，城市规划的目的在于综合城市四项基本功能——生活、工作、游憩和交通，其解决办法就是将城市划分为不同的功能分区。但是实践证明，过于追求功能分区却牺牲了城市的有机组织，忽略了城市中人与人之间多方面的联系。城市规划应努力去创造一个综合的多功能的生活环境。这次集会后发表的《马丘比丘宪章》还提出，城市急剧发展中如何更有效地使用人力、土地和资源，如何解决城市与周围地区的关系，提出生活环境与自然环境取得和谐等问题。

在秘鲁的马丘比丘（图 2-10）发表的《马丘比丘宪章》是对《雅典宪章》的全面修正，全方位、多层次地阐述了新的城市规划与保护理念。在城市的职能方面，考虑到城市的政治、经济、文化等职能，主张规划的主体多样化，认为城市的规划过程不应该仅局限于专业的规划知识；主张建筑与城市应该统一，合理地运用技术，具备全面的文化遗产保护理念。尤其值得一提的是《马丘比丘宪章》对于技术的态度，在该文件签署并发表之际，第三次科学技术浪潮席卷全球，人类享受着科学技术带来的巨大便利。但是，《马丘比丘宪章》已经敏锐地察觉到技术滥用的后果，主张理性地运用技术。

《马丘比丘宪章》首先考虑城市的各种职能。该文件开篇指出：“规划过程包括经济计划、城市规划、城市设计和建筑设计，必须对人类的各种需求做出解释和反馈。它应该按照可能的经济条件和文化意义提供与人民要求相适应的城市服务设施和城市形态。”城市的职能不是单一的，一个城市的存在更多的是始自军事防御目的，也即所谓的“为固疆土以筑城”。随着社会的发展，城市的规制不断扩大，其职能也随之增多，如政治职能、经济职能、文化职能等。到了现代，更多的是集中于经济的职能之上。也正因为城市的职能日趋多样化，因此我们在对城市进行规划建设保护的时候必须考虑城市的各种职能。

《雅典宪章》中提到，城市规划的目的是综合四项基本的社会职能——生活、工作、游憩和交通。《马丘比丘宪章》进一步指出，城市规划不但要考虑城市的各种职能，更要注重“按照可能的经济条件和文化意义提供与人民要求相适应的城市服务设施和城市形态”，把人的需求摆在了重要的地位。随着时代的发展，人们的自我意识日益觉醒，要求“获得为人的尊严”，不但要求满足自身的生存需求，还要满足发展的需求、享受的需求。城市的主体是人，如果一个城市连人们的各种需求都无法满足，又何谈发展城市、提升城市。

图 2-10 马丘比丘

《马丘比丘宪章》主张城市的多主体共同参与理念。《马丘比丘宪章》指出，“城市规划必须建立在各专业设计人、城市居民以及公众和政治领导人之间的系统的、不断的互相协作配合的基础上”。城市的规划与保护从来都不可能仅仅是任何政府部门和个人的事情，需要全民的参与。

《马丘比丘宪章》还提出了城市与建筑的统一思想。建筑是组成城市的重要因素，也是城市的主要象征。在我们的时代，近代建筑的主要问题已不再是纯体积的视觉表演而是创造人们能生活的空间。要强调的已不再是外壳而是内容，不再是孤立的建筑，不管它有多美、多讲究，而是城市组织结构的连续性。上述观点言简意赅地点明了城市与建筑的关系。

《马丘比丘宪章》提出城市建设合理运用技术的问题。《马丘比丘宪章》指出，“技术惊人地影响着我们的城市以及城市规划和建筑的实践”，带来的问题是技术滥用的恶果，“结果是出现了依赖人工气候与照明的建筑环境。这种做法对于某些特殊问题是可以的，但建筑设计应当是在自然条件下创造适合功能要求的空间与环境的过程。”

《马丘比丘宪章》提出了文化遗产的保护思想。《马丘比丘宪章》对于城市的文化和历史遗产的保护也有独到的见解，“城市的个性和特性取决于城市的体形结构和社会特征。因此不仅要保存和维护好城市的历史遗址和古迹，而且还要继承一般的文化传统。一切有价值的说明社会和民族特性的文物必须保护起来。”

保护、恢复和重新使用现有历史遗址和古建筑必须同城市建设过程结合起来，以保证这些文物具有经济意义并继续具有生命力。在考虑再生和更新历史地区的过程中，应把优秀设计质量的当代建筑物包括在内。

《马丘比丘宪章》中大篇幅地列举了城市化过程中城市出现的问题，并提出对策。

第一个问题是人口激增。《马丘比丘宪章》指出，“当人口增加，生活质量就下降”。自《雅典宪章》问世以来，世界人口已经翻了一番，正在三个重要方面造成严重的危机，即生态、能源和粮食供应。由于城市增长率大大超过了世界人口的自然增加，城市的无序发展已经变得特别严重。住房缺乏、公共服务设施和运输以及生活质量的普遍恶化已造成不可否认的恶果。《雅典宪章》对城市规划的探讨并没有反映最近出现的农村人口大量外流而加速城市增长的现象。

可以看到，城市的无序发展有以下两种基本形式。

第一种是工业化社会的特色。私人汽车的增长，造成了较富裕的居民向郊区迁移。而迁到市中心区的新增住户以及留在那里的老住户缺乏支持城市结构和公共服务设施的能力。

第二种是发展中国家的特色。在发展中国家中，大批农村人口向城市迁移，大家都挤在城市边缘，既无公共服务设施又无市政工程设施。处理这种情况所需的手段和方法远远超出了现行城市规划程序所能做到的范畴。目前能做到的不过是对这些自发居住点提供一些最起码的公共服务，而城市管理者在公共卫生和住房方面的努力反而加剧了问题本身，更加鼓励了向城市迁移的势头。

第二个问题是住房问题。与人口激增相伴而生的是城市的住房问题。《马丘比丘宪章》指出，“我们深信人的相互作用与交往是城市存在的基本根据。城市规划与住房设计必须反映这一现实。同样重要的目标是要争取获得生活的基本质量以及与自然环境的协调。”这里提出的是一个城市中人们的交往问题。城市规划与住房设计必须反映这一现实。同样重要的目标是要争取获得生活的基本质量以及与自然环境的协调。住房不能再被当作一种实用商品了，必须要把它看成促进社会发展的一种强有力的工具。住房设计必须具有灵活性，以便易于适应社会需求的变化，并鼓励建筑使用者创造性地参与设计和施工；还需要研制低成本的建筑构件供需要建房的人们使用。

在人的相互交往过程中，宽容和谅解的精神是城市生活的首要因素，这一点应作为不同社会阶层选择居住区位置和设计的指针，而不存在有损人类尊严的强加于人的差别。

第三个问题是交通运输。《马丘比丘宪章》指出：“公共交通是城市发展规划和城市增长的基本要素。城市必须规划并维护好公共运输系统，在城市建设要求与能源日趋衰竭之间取得平衡。交通运输系统的更换必须估算它的社会费用，并在城市的未来发展规划中适当地予以考虑。”

《雅典宪章》很显然把交通视为城市基本功能之一，而这意味着交通首先是将汽车作为个人运输工具。《雅典宪章》发布以来 44 年的城市规划经验证明，在道路分类增加车行道和设计各种交叉口方案等方面根本不存在最理想的解决方法。所以，未来的城区交通的政策显然应当使私人交通工具从属于公共运输系统的发展。

城市规划师与政策制定人必须把城市视为在连续发展与变化的过程中的一个结构体系，它的最后形式很难被事先看到或确定下来。运输系统是联系市内外空间的一系列的相互联结的网络。其设计应当允许随着增长、变化及城市形式做经常性的试验。

第四个问题是环境恶化。《马丘比丘宪章》指出，“当前最严重问题之一是我们的环境污染迅速加剧到空前的具有潜在的灾难性的程度。这是无计划的爆炸性的城市化和地球自然资源滥加开发的直接后果。世界上城市化地区内的居民被迫生活在日趋恶化的环境条件下，与人类卫生和福利的传统概念和标准远远不相适应。这些不可容忍的日趋恶化的环境条件包括城市居民所用的空气、水和食品中含有大量有毒物质以及有损身心健康的噪声”。控制城市发展的管理者们必须采取紧急措施，防止环境继续恶化，并按公共卫生与福利标准恢复环境的固有完整性。

在经济和城市规划方面，在建筑设计、工程标准和规范以及在规划与开发政策方面，也必须采取类似的措施。

2.4.4 邻里单位

20 世纪 30 年代，美国社会学家佩里为适应现代城市因交通发展而带来的规划结构的变化，改变了过去住宅区从属于道路的模式，而提出一种新的居住区规划理论。该理论流行于欧美国家，它针对当时城市道路上机动交通日益增长，车祸经常发生，严重威胁老弱人士及儿童穿越街道，以及交叉口过多和住宅朝向不好等问题，要求在较大范围内统一规划居住区，使每一个“邻里单位”成为组成居住的“细胞”，并把居住区的安静、朝向、卫生和安全置于重要地位。在邻里单位内设置小学和一些为居民服务的日常使用的公共建筑及设施，并以此控制和推算邻里单位的人口及用地规模。为防止外部交通穿越，对内部及外部道路有一定分工。住宅建筑的布置亦较多地考虑朝向及间距（图 2-11)。该理论对 30 年代欧美国家的居住区规划影响颇大，在当前国内外城市规划中仍被广泛应用。其最重要的核心思想是：内向封闭，隔离城市干扰；以小学服务半径作为规模控制标准，配置基础公共服务配套，以满足便捷安全的服务需求。

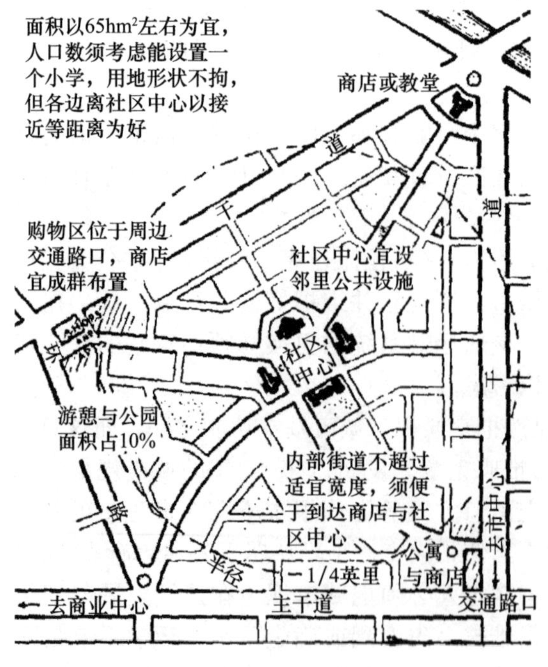

图 2-11　邻里单位模式图

（1）内向封闭，隔离城市干扰

在城市道路上的机动车数量日益增加、交通量和车速都增大、车祸经常发生的背景下，为保护所有居民特别是未成年人的安全，佩里采取了内向式的发展模式。以主要的交通干道为边界，并且满足交通通行的宽度要求，从而避免机动车从内部穿越。而在内部交通的组织上，每条道路所能承载的交通量只为内部共享，阻止过境交通的使用。由此，每一个邻里单位犹如一个楔块，相互嵌入而构成整个居住区。

（2）以小学服务半径作为规模控制标准

在规模上，以小学服务半径作为规模控制的标准。内部配置各类基础设施和公共服务设施为居民的日常生活服务。重要的公共性服务设施占据重要的中心地位，商业零售位于边界区，服务于多个邻里单位。在邻里单位里，居住建筑、公共建筑、绿地等开敞空间综合布置，自成系统；内部道路与外部道路分工明确，更加保障了居民日常生活的安全性。

第二次世界大战后，在欧洲一些城市的重建和卫星城市的规划建设过程中，“邻里单位”思想进一步得到应用、推广，并且在其基础上发展出了“小区规划”的理论。试图把小区作为一个居住区构成的“细胞”，将其规模扩大，不限于以一个小学的规模来控制，也不仅是由一般的城市道路来划分，而趋向于由交通干道或其他天然或人工界线（如铁路、河流等）为界。在这个范围内，将居住建筑、公共建筑、绿地等予以综合解决，使小区内部的道路系统与四周的城市干道有明显的划分。公共建筑的项目及规模也可以扩大，不仅是日常必需品的供应，一般的生活服务都可以在小区内解决。

佩里把邻里设想为一种地域性单元——一个封闭的体系，可以作为结构单元的形式用于城市区域开发。一个这样的单元要包含 4 个基本要素，即一座小学，几个小型公园和游乐场，几个小型商店，以及建筑物与街道的合理布局。这种布局要使得所有的公共设施都在安全的步行区范围内。为了合理组织这 4 方面的关系，佩里对邻里的 6 个物理属性做了详细说明，内容如下。

①规模。一个居住单位开发应当提供满足一所小学通常服务的人口所需要的住房，其实际面积由人口密度决定。

②边界。邻里单位应当以城市的主要交通干道为边界，这些道路应当足够宽，以满足过境交通而不是步行通行的需要。

③开放空间。应当提供小型公园和娱乐空间系统，它们被计划用来满足特定邻里的需要。

④机构用地。学校和其他机构的服务范围应当对应于邻里单位的界线，其场地应适当地围绕着一个中心或公共场地进行成组布置。

⑤地方商店。应当在邻里单位的周边布置一个或多个与所服务人口相适应的商业区，最好位于交叉路口处或临近于相邻邻里的类似区域。

⑥内部道路系统。邻里单位应当提供专用的道路系统，每条道路都要与其可能承载的交通量相适应，整个道路网要设计得便于邻里单位内的通行，同时又能阻止过境交通的使用。

美国的哥伦比亚新城建于 20 世纪 60 年代，其规划采纳了邻里单位理论。该新城由城、村、邻里单位三级组成，围绕城中心布置有 7 个村和 23 个邻里单位。每个村平均拥有 10000～15000 人，村中心设有银行、超市、药房、理发店、美容店、洗衣店等生活服务设施。每个村划分为3～4个邻里单位，每个邻里单位设有小学、公园、游戏场、游泳池、小型公共活动室等；有的邻里单位中心还设有一个便利店，供应食品和小百货。

依照佩里针对“邻里”6个物理属性所做的说明，可以看出哥伦比亚新城的四周被城市道路包围，没有城市道路穿过邻里单位内部。而且新城建设保证了每个邻里单位的中心建筑是小学，并且它与其他的邻里服务设施一起处在中心的公共广场上。它充分以人的需求为出发点，以居住地域为基本构成单元，把居住的功能放在首位，体现出“邻里”思想在当时城市规划思想中的优越性。

2.4.5 超越邻里单位

邻里单位作为居住设计方面最早“被认可的”官方规划思想之一，其标准、原则和假设条件都被纳入后续的各项工作中。但是，由于历史久远，这一思想也成为众矢之的。美国公共卫生协会和美国公共卫生署这两个机构对邻里单位的应用和发展最为关注，两个机构早在20世纪60年代就开始对其有效性表示疑虑。从根本上说，对“邻里单位”这一规划思想的批评体现在两个方面：所推荐的标准本身是否具备有效性，“邻里单位”是否可以用作现行推荐标准的依据。

鉴于这些批评的存在，美国城市与工业卫生中心的城市环境卫生规划办公室数年来一直关注规划标准的不足之处。因此，通过与美国公共卫生协会的住房与健康项目区域委员会合作，城市环境卫生规划办公室继续开展工作，研究更适用也更有意义的居住环境标准。

任何单一的意义都不适用于一个人口群体范围内（更不用说群体之间）的居住区，尽管存在着我们阐述过的种种差异性。有人把居住区视为地域上的限定范围，也有人把居住区视为一个社会环境。对于一些人来说，居住区是一个“避风港”，而对于另一些人来说，居住区又只是一个模糊的过渡地带，处于自己的家和更大的社区，甚至城市之间而已。居住区的空间范围也相差很大，可以是一个街区或一栋公寓大楼，也可以是城市的一个完整部分。有人认为居住区和邻里是一回事，也有人认为这两个实体完全不同。有人把居住区定义为在功能上具有同质性和排他性，也有人把居住区定义为具有异质性功能并且包罗万象的区域，甚至人们对居住区应该包含哪些环境场所和硬件的看法也大不一样。居住区对于不同的人意味着不同的事物，即使在同一个人口群组内也是如此。

要找到替代邻里单位的方案，应当考虑下列因素。

①居住生活体验所固有的可变性和复杂性，使其无法按照层级结构、组织和秩序等进行简单的概念化。

②邻里感或社区感不一定要借助居住环境的实体设计来实现。

③刻板、细胞式、结构单元式的方式，可能与居住生活体验所具有的更为开放、非结构性以及不断变化等特点背道而驰。

④地域界线划分明确的单元，围绕一系列专属的商业和社区设施组织起来，这可能并不是最好的居住形式，也未必是唯一的居住形式。

⑤新方案必须考虑居住资源在不同群体中的分配公平性。

⑥新方案必须适应不断变化的城市发展背景，以及居住环境的日益多样化。

⑦任何新构想还必须考虑不同社区与更大的城市系统之间的关系。

根据这些因素，并充分考虑现存城市社会生态，以及居住规划与设计的某些实际考虑因素可得出这些特征的作用无非就是：①承认居住区既不是物理意义上的，也不是社会意义上的单一结构，承认不同的住宅集群很可能居住着不同的社会群体；②解决居住在不同住宅集群中的不同社会群体多变的服务需求和偏好；③认识到这些很可能就是要在未来改造和改变的单元（McKie，1974），因而很可能就是不同邻里改善策略的目标（Downs，1981；Goetze，1976）；④认为这些实体单元代表了不同社会群体最可能也最可行的空间流动增量，这些流动性通过一些充分研究的过程诸如“过滤作用”“中产阶级化”“位移化”“倍增弥补法”更新或土地划分等实现。这些住宅集群的位置、分布和组合，都是居住规划和设计框架中的重要考虑因素。

但是依然存在下面这些问题：①这些配置内容如何满足公平性？或者，这些方案需要做出某种修改才能满足公平性标准吗？②我们要怎样做？换句话说，借助什么样的基本过程才能实现这样的理想状态呢？

从理论意义上来说，可以借助不同但未必相互排斥的途径，来实现居住环境服务和设施的公平分配。这些途径有：①城市形态的民主化；②公共资源的补偿式配置；③“公共选择”范式下的去贫民窟化；④社会群体的去贫民窟化。将这 4 种策略整合，也许就能得到合理的住区体验。

2.4.6 光明城市（The Radiant City）

柯布西耶所著的《明日之城市》（The City of Tomorrow）出版。在 1930 年，柯布西耶就提出他的“光明城市”的设想，主张用全新的规划思想改造城市，设想在城市里建高层建筑、现代交通网和大片绿地，为人类创造充满阳光的现代化生活环境。为此，他 1930 年为阿尔及利亚的首都阿尔及尔制定了城市规划；1932 年为法国巴黎和西班牙巴塞罗那设计城市规划方案；1958 年为德国柏林制定城市规划。

1956 年柯布西耶为印度旁遮普邦首府昌迪加尔进行城市规划设计，以实现他关于总体城市规划的毕生理想。该规划中的主要建筑有政府办公大楼、议会、高等法院、省长官邸等。他采用棋盘式道路将全市分为 20 多个整齐的矩形街区和完整的绿化系统，市中心为商业区，南侧为工业区，北侧为大学区。先建成的昌迪加尔高等法院，顶盖长 100 多米，由 11 个连续的拱壳组成，断面呈 V 字形，前后挑出并向上翻起，有遮阳和排除雨水的功能，入口处有 3 根巨大的柱墩直通到顶，分别涂以绿、黄、红三色，正立面满布类似中国博古架的遮阳板。该设计造型怪异、用色大胆，与尺度巨大的建筑构件、粗壮有力的入口柱廊、粗糙的混凝土饰面共同形成了所谓的“野性主义”的建筑风格。

当年，柯布西耶针对大城市盲目发展和拥挤不堪的恶劣环境，提出了“光明城市”的设想，其愿望是美好的。但是，不论是新建成的昌迪加尔，还是受柯布西耶思想影响下建成的巴西新首都巴西利亚，却又都显得缺少变化和缺乏生动亲切感。这引起了以后的建筑师在进行城市规划时的思索。

由柯布西耶进行规划设计的印度旁遮普邦的新首府昌迪加尔，面积约 $3600km^2$，人口规模为 50 万人（一期为 15 万人）。

昌迪加尔的建议地点由政府选定在喜马拉雅山多岩的支脉山麓地带，在两条相距约 8km 的河流之间是一块略向西南倾斜的高地，平缓的地貌适合于任何规划体系，柯布西耶的城市形态象征生物形体的构思构成了城市总图的特征。主脑是行政中心，设在城市的顶端，以喜马拉雅山脉为背景，商业中心犹如人的心脏，博物馆、大学区与工业区分别被设置在城市的两侧，似人的双手，道路系统构成了骨架，建筑物像肌肉一样贴附其上，水电系统似血管神经遍及全市（图 2-12）。

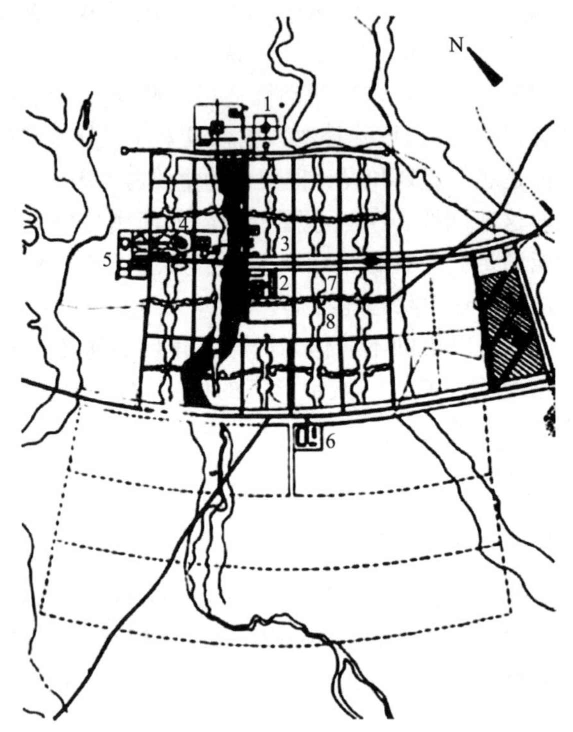

图 2-12 昌迪加尔规划平面图

1—行政中心；2—商业中心；3—接待中心；4—博物馆与运动场；5—大学；6—市场；7—绿化带与游憩设施；8—商业街

柯布西耶采用了他早年规划理念中特有的方格网道路系统，昌迪加尔的总平面不是棋盘方格，横向街道呈微弧度线形，增加了道路的趣味，所有道路节点设环岛式交叉口。行政中心、商业中心、大学区和车站、工业区由主要干道连成一个整体，次要道路将城市用地划分为 800m×1200m 的标准街区。在这样一个基本框架中布置了纵向贯穿全城的宽阔绿带和横向贯穿全城的步行商业街，构成了昌迪加尔总平面的完整概念。

在每个街区中，纵向的宽阔绿化带里布置有诊所、学校等设施以及步行道、自行车道，横向步行商业街上布置了地段商店、市场和娱乐设施，其余部分被开辟为居住用地，以环形道路相连，共同构成了一个向心的居住街坊。

在设计昌迪加尔行政中心的过程中，柯布西耶充分汲取了印度传统建筑的地方性、民族性特征，以极为娴熟的构图手法表达了新与旧、民族与国际相互统一和谐的设计思想。为了抑制秘书处办公楼的巨大体量，柯布西耶使它远离主干道，并以端头朝向城市，当人们进入行政中心时，可以从最有利的视角看到议会大厦富有个性的建筑形象，在穿过整个行政中心时，人们始终处于一种均衡的构图之中（图 2-13）。

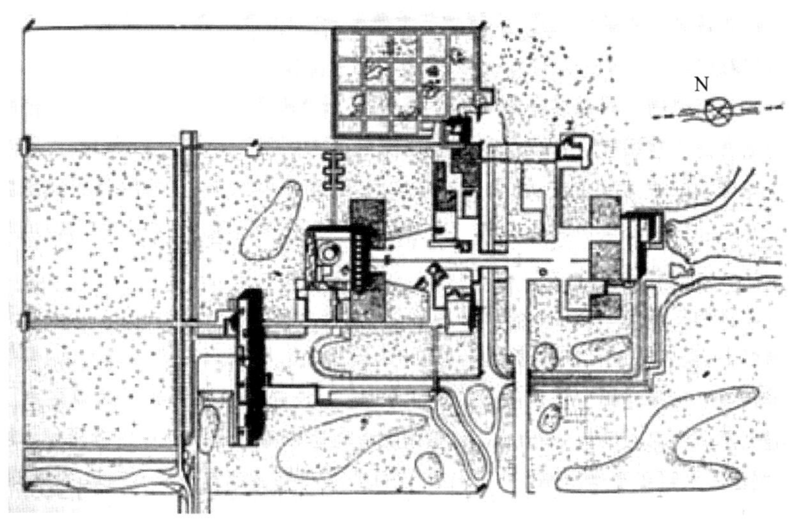

图 2-13 昌迪加尔行政中心

在处理城市与自然的关系上，显示了柯布西耶独特的智慧，昌迪加尔的地理位置介于喜马拉雅山区与漫无边际的印度平原之间，北印度深谷切割的连绵的山脊、尖顶的峭壁以独特的“布景”作为城市无比壮观的背景，柯布西耶清楚地理解“地理精髓”，采用横向弯曲的道路，低平的建筑形式，以及行政中心选址于城市顶端，强化了巨大山峰在城市中的地位及意义，把城市与自然的关系、自然环境所具备的无可比拟的价值表述得淋漓尽致。

2.4.7 新都市主义（New Urbanism）

新都市主义是彼得·卡尔索普最先提出的，意图创造拥有城镇生活气氛、紧凑的街道，代替住区蔓延、街道日趋瓦解的发展模式。在新都市主义理念下产生的公共交通为主导的单元发展模式，即寻求重新整合现代生活诸种因素，如居家、工作、购物、休闲等，试图在更大的区域开放性空间范围内以交通线联系，重构一个紧凑、便利行人的邻里社区。

新都市主义的理念具有以下特点。①高效科学的交通体系：高效铁路网和便捷公共交通网，并倡导人们步行或尽量使用自行车代替其他日常出行交通工具。②适宜步行的邻里环境：大部分日常需求可步行 5～10 分钟在临近处实现，街道为交叉互通分布，且大部分比较窄，适合步行。③综合功能。④多样化的住宅。⑤高质量的建筑和城市设计：重视美学和人们的感受，形成一种区域感。⑥传统的邻里结构：可区分的中心和边界。跨度界线在 0.4～1.6km。⑦紧密度：很多的建设、住宅与商店以及服务设备集聚在一起，鼓励人们步行，更加有效地使用资源与节省时间。⑧全区绿地：从小块绿地与集聚绿化带到球场和花园社区，同时存在于同一个社区项目内。⑨可持续发展。

新都市主义是一个复杂的系统概念，它不仅注重社区的整合，而且注重考虑机会成本、时间成本与居住舒适的结合，并注重避免奢侈布局对环境的破坏、对土地和能源的过度耗费。首先，它必须是位于城市中心的物业，这样才能最大限度地利用城市资源，包括最优质、便捷的医疗、消费、教育服务等。其次，物业所处的环境很好。

外部环境上，它具有广场、湖景等具有强烈时代特征、人文特色的外部资源；内部环境上，它非常强调物业本身的品质，从规划设计、建筑设计到园林设计都具备一流的水平。最后，它还是一个不能跟别的物业形式相混合的纯住宅物业。

新都市主义一般分为两种模式：传统邻里开发模式和交通导向开发模式。

2.4.8 传统邻里开发（TND）模式

TND（Traditional Neighborhood Development）是由安杜勒斯・杜安尼和伊丽莎白・普拉特赞伯克夫妇提出的，代表作就是“佛罗里达沃顿郡海滨镇”。TND社区规划的基本建筑地块是邻里。它的大小从16～80hm^{2}不等，半径不超过400m，使得大多数房屋处在街区公园3分钟的步行范围内，离中心广场或公共空间5分钟步行距离；TND采用联结点很多的街道网络来划分邻里，可以提供不同的交通路线来缓解交通堵塞，同时又通过频繁停车控制车速；它强调邻里间的活动平衡，包括居住、购物、工作、上学、礼拜和娱乐休闲；优先考虑公共空间，优先考虑市政建筑的适当地点。

2.4.9 交通导向开发（TOD）模式

TOD（Transit-Oriented-Development）是“以公共交通为导向”的开发模式。这个概念由代表人物彼得・卡尔索普提出，是为了解决第二次世界大战后美国城市的无限制蔓延而采取的一种以公共交通为中枢、综合发展的步行化城区。其中，公共交通主要包括地铁、轻轨等轨道交通及巴士干线，然后以公交站点为中心、以400～800m（5～10分钟步行路程）为半径建立集工作、商业、文化、教育、居住等为一体的城区，以实现各个城市组团紧凑型开发的有机协调模式。TOD是国际上具有代表性的城市社区开发模式。同时，也是新都市主义最具代表性的模式之一。目前被广泛利用在城市开发中，尤其是在城市尚未成片开发的地区，通过先期对规划发展区的用地以较低的价格征用，导入公共交通，形成开发地价的时间差，然后，出售基础设施完善的“熟地”，政府从土地升值的回报中回收公共交通的先期投入。

第一个运用TOD原则的开发项目是“Laguna West镇社区（萨克拉门托市，加利福尼亚州）”。这个模式将社区开发设计在沿轻轨铁路和公共汽车网络排列的不连续节点上，它利用了运输与土地使用之间的一个基本关系，把更多的起点与终点散放在距公交车站很近的步行范围内，这样就会有更多的人使用公共交通。每一个TOD都是一个密集的、紧密交织在一起的社区，在公交车站周围密集的、较近的步行范围内有商店、住房和办公室，使得居民很容易实现工作、购物、娱乐和得到各种服务的目的。在商业区周围是联排住宅和公寓。最后一圈在核心周围400m的位置，包括独立住宅和大规模的商业企业。从哲学角度来说，新都市主义属于后现代主义，是与现代主义思潮相对应的。典型的TOD社区一般由居住空间、公交站点、办公商务区和辅助区域等几种用地功能用地结构组成。

（1）设计原则

①组织紧凑的有公交支持的开发；

②将商业、住宅、办公楼、公园和公共建筑设置在步行可达的公交站点的范围内；

③建造适宜步行的街道网络，将居民区中各建筑连接起来；

④混合多种类型、密度和价格的住房；

⑤保护生态环境和河岸带，留出高质量的公共空间；

⑥使公共空间成为建筑导向和邻里生活的焦点；

⑦鼓励沿着现有邻里交通走廊沿线实施填充式开发或者再开发。

(2) TOD 社区分类

针对社区开发，TOD 理念提倡城市型 TOD 社区和邻里型（社区型）TOD 社区两种基本类型。其在发展的形态上很接近，但是两者在规划的密度以及各种功能所占的比例上还是有所区别。

①城市型 TOD 社区

城市型 TOD 社区是指位于公共交通网络中的主干线上，将成为较大型的交通枢纽和商业、就业中心。一般以步行 10 分钟的距离或 600m 的半径来界定它的空间尺度（图 2-14）。

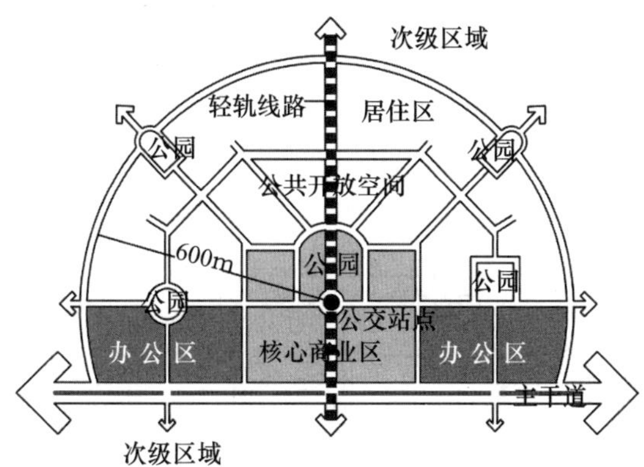

图 2-14　城市型 TOD 布局模式

（图片来源：CALTHORPE P. The Next American Metropolis：Ecology，Community，and the American Dream [M]. New York：Princeton Architectural Press，1993.）

②邻里型（社区型）TOD 社区

邻里型 TOD 社区则不是布置在公交主干线上，仅通过公交支线与公交主干线相连，公共汽车在此段距离运行时间不超过 10 分钟（大约 5km）（图 2-15）。

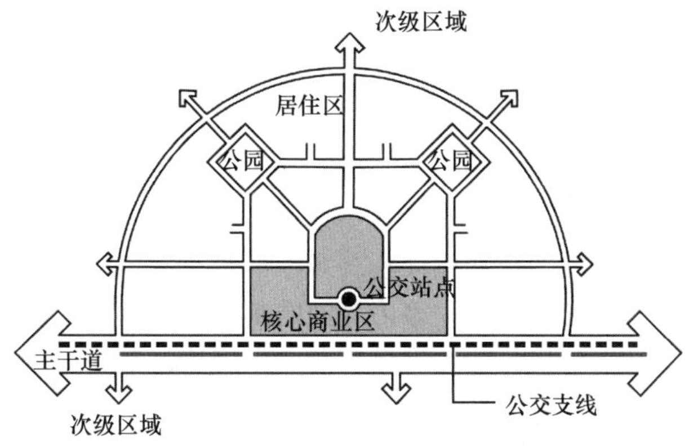

图 2-15　邻里型（社区型）TOD 布局模式

（图片来源：CALTHORPE P. The Next American Metropolis：Ecology，Community，and the American Dream [M]. New York：Princeton Architectural Press，1993.）

（3）国内外 TOD 社区的发展建设案例

①奥伦柯车站：美国最成功的 TOD 社区

奥伦柯（Orenco）车站是一个交通导向型（TOD）社区，位于美国俄勒冈州波特兰市希斯波罗镇，社区面积 209acre，不仅拥有大量的住宅，还配建有市镇中心、办公区和商业区，同时附近还有高新技术产业开发区。1998 年，美国房屋建筑商协会授予奥伦柯车站为年度最佳社区，成为迄今为止美国最成功的 TOD 社区。在以公共交通为导向的发展模式中，奥伦柯车站已经成为反对城市蔓延的各种新概念、新思想的模范先驱。

②美国加利福尼亚州的西拉古纳社区

西拉古纳社区（LagunaWcs）位于加利福尼亚州萨克拉门托市（Sacramcnto County，Califormia），是由彼得·卡尔索普于 1990 年设计规划的。该项目在开发过程中充分运用了 TOD 导向的开发理念，不仅成为 TOD 社区成功的典型案例，还被《洛杉矶时报》评为“最好的 TOD 郊区社区”。西拉古纳社区中心占地 100acre，社区中心大约有 120 万 m^2 的住宅区，户均住宅面积为 $200m^2$；商业零售面积为 21.4 万 m^2，办公楼面积约 38.4 万 m^2。整个社区被设计为传统的小镇，包括便捷舒适的步行街道，供公众娱乐的中央公园，让各阶层、各年龄段的居民在此都找到了生活的真谛（图 2-16）。

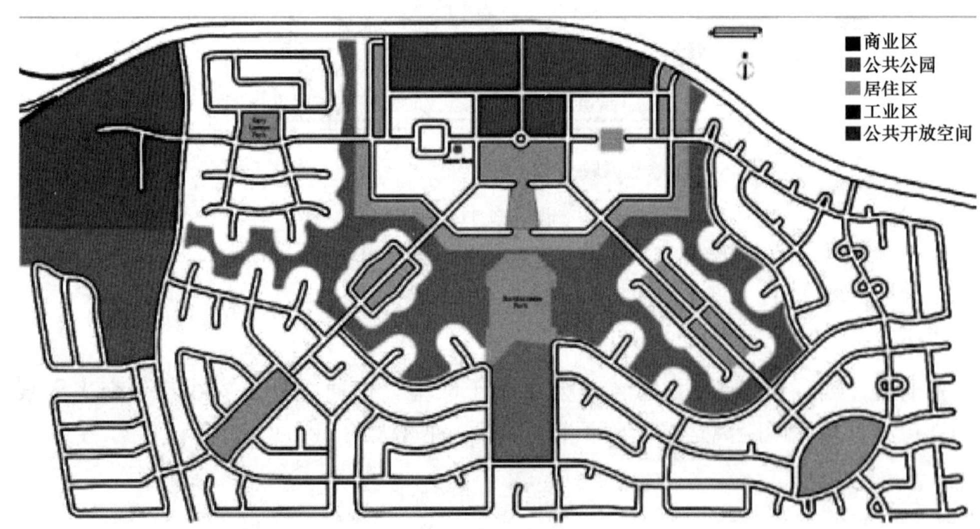

图 2-16 美国加利福尼亚州的西拉古纳社区功能分析图

2.4.10 人车分行系统

随着城市现代化进程的加快和机动车普及率的提高，机动车尾气污染、噪声以及车辆对住宅小区行人人身安全的威胁等诸多问题越来越引起人们的重视，严重威胁到住宅小区的环境品质及小区居民的生理健康和心理健康。为此，越来越多的专家学者通过大量试验等手段探求一种有效的解决方法。20 世纪 80 年代产生所谓的“后机动车交通”（Postcar Traffic），其重要特征之一就是“人车混行”，让行人成为主导，机动车减速慢行，融入街区生活之中，以达到维护环境质量和安全的目的。“人车分行”概念最早见于 19 世纪末英国城市学家埃比尼泽·霍华德提出的“田园城市”构想，是居住区规划设计的一种理论，即步行与车行在道路空间上相分离的思想。

“人车分行”的交通组织方式是20世纪20年代首先在美国新泽西州的雷德朋（Radburn）住宅区中实施。建立“人车分行”的交通组织体系目的是保证居住区内部居住生活环境安静和安全，使居住区内各项生活活动能正常进行，避免居住区内大量私人机动车交通对居住生活质量的影响。“人车分行”的交通组织应做到以下几点：

①进入居住区后步行通路与机动车通路在空间上分开，设置步行路与车行路两个独立的路网系统；

②车行路应分级明确，可采取围绕住宅区或住宅群落布置的方式，并以枝状尽端路或环状尽端路的形式伸入到各住户或住宅单元背面的入口；

③在车行路周围或尽端应设置适当数量的住户停车位，在尽端型车行道的尽端应设回车场地；

④步行路应该贯穿于居住区内部，将绿地、户外活动场地、公共服务设施串联起来，并伸入到各住户或住宅单元正面的入口，起到连接住宅院落、住家私院和住户起居室的作用。

真正的“人车分流”应具备三个基本特征：小区内没有机动车；车库入口在小区大门外；路面设计保证机动车无法驶入小区（专用消防通道除外）。

人车分行是住宅居住规划设计的一种理论。当时，在美国新泽西州以北的雷德朋住宅区，小区为了确保小学生上学、放学的安全，设置起了方便安全的步行系统，绿地、住宅和人行步道被有机地配置在一起。道路分布将家庭主妇和孩子使用的步行路与车行路相分隔，这就是最早得以实践的“人车分行”。这种道路规划布局得到了很高的评价，被称为“雷德朋体系”（图2-17）。

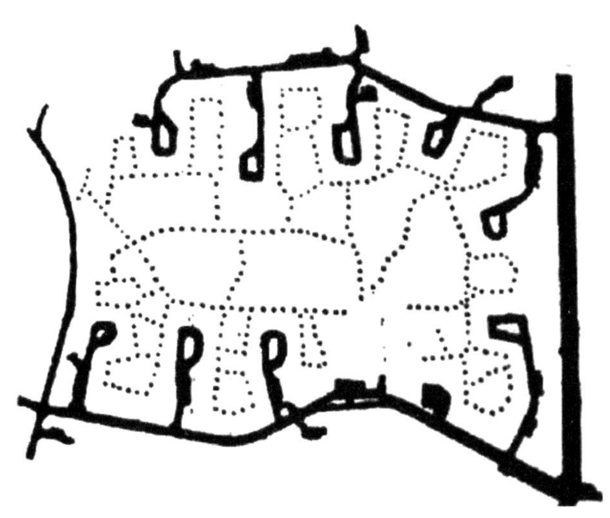

图2-17 美国“雷德朋体系”规划布局

推荐阅读书目

［1］ 宋逸．田园城市理论及其实践历史［D］．上海：上海师范大学，2014.

［2］ 谭峥．街区制、邻里单位与古北模式［J］．住区，2016（04）：72-81.

[3] 吴志强，李德华．城市规划原理［M］．北京：中国建筑工业出版社，2010.
[4] 特里迪布·班纳吉，威廉·克里斯托弗·贝尔．超越邻里单位：居住环境与公共政策［M］．南京：江苏凤凰科学技术出版社，2018.

课后复习、思考与讨论题

1. 中国古代代表性居住区形式有哪些？
2. 请在一张 A4 纸上绘制出百万庄居住区。
3. 试分析邻里单位与超越邻里单位的异同。
4. 简述交通导向开发（TOD）模式。
5. 简述雷德朋体系。

3 居住区规划结构与布局

规划结构是一项系统性的创造过程，规划结构本身不存在固定的模式。在空间结构布局与形态组织方面，应遵循创新性，在技术和设计手法等多方面进行创新。居住区规划推动发展更加开放、便捷、尺度适宜、配套完善、邻里和谐的生活街区，坚持节约集约利用土地和空间，坚持低影响开发的建设模式。满足居民合理的生活需求，提供便利的公共服务，创造绿色出行的生活条件，营造出安全、卫生、方便、舒适、美丽、和谐及多样化的居住环境，是居住区规划设计结构层面上的工作内容和目的。

3.1 结构、规划结构

结构具有系统性、整体性的特点。居住区的规划结构是系统配置居住区的各种构成要素，使之形成相互协调的关系。

3.1.1 结构

系统性、整体性、规律性、可转换性和图式表现性是结构的基本性质，结构常被用来描绘具有内在有机联系的事物。结构原来指建筑物的内部设置，主要用于建筑土木工程方面，后来被延伸引用到生物科学与社会科学等领域，现在则成为各个学科与领域的通用词。系统性要求对象的内容或元素在整体上具有相互的关联；整体性要求对象的内容或元素完整、全面；规律性要求系统间具有相互作用的基本关系；可转换性要求在基本关系的作用下具有构成各种具体结构的机能；图式表现性则要求能够用图形、图表或公式来表现出研究对象的结构特征和内在关系（图 3-1）。

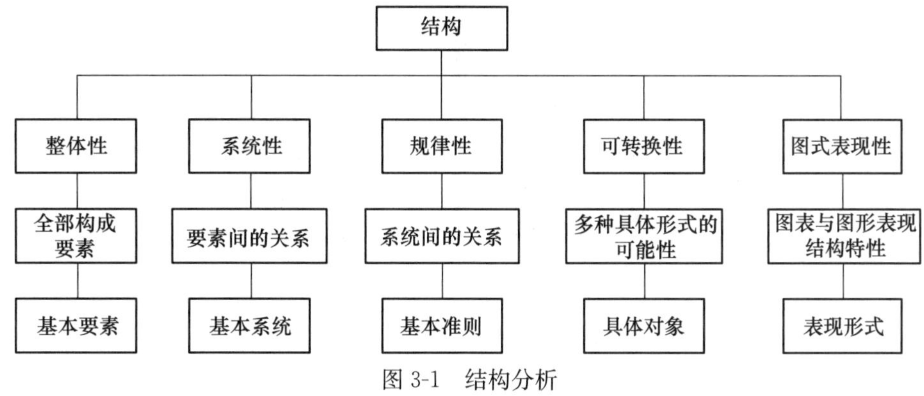

图 3-1 结构分析

3.1.2 规划结构

空间结构实际上是空间内部各个组成部分的搭配和排列，或者说空间内部各个组成部分在形态或功能上的连接方式。城市空间结构是某种要素在空间中排列与构造的具体形式，比如城市各个社会阶层的居住区在城市整体空间中，是如何排列与构造成为特定的居住区空间模型的。城市空间结构的规划应包含有规划对象全部的构成要素，反映各系统在构成配置与布局形态方面的内在和相互间的基本关系（包括基本规律和要求），同时可以在定量要素方面用图表、在定性要素方面用文字、在空间形态方面用图形来表现。

国内外的规划工作者，多年来不断探讨着居住区的结构形式，并将其作为建设规划落实在有形的模式上。图 3-2、图 3-3 分别为英国欧文城居住区模式和雷迪居住区模式。注重人车分流，汽车不穿越居住区，但允许公共汽车穿过居住区中心的商业街，以方便居民出行。

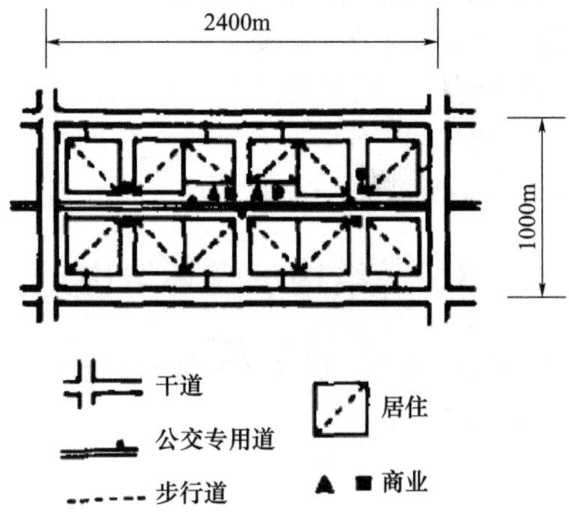

图 3-2　英国欧文城居住区模式

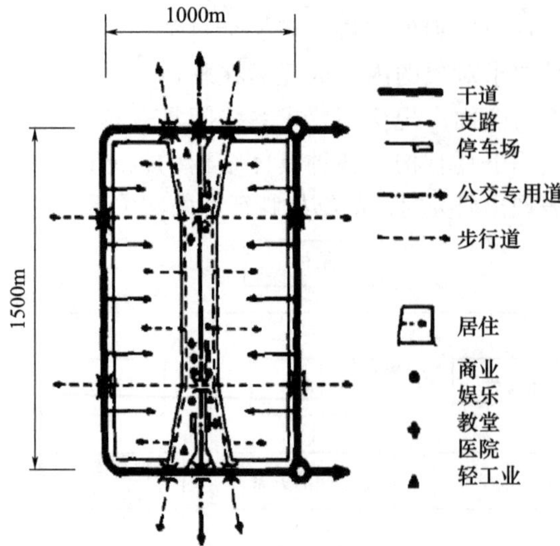

图 3-3　英国雷迪居住区模式（威尔逊设计）

图 3-4 为综合区的规划示意图，强调把工作与居住结合起来，以减少城市交通，创造就近工作，就近生活的环境。

图 3-5 为柯布西耶规划的印度昌迪加尔市居住区结构，强调绿化带和商业街。

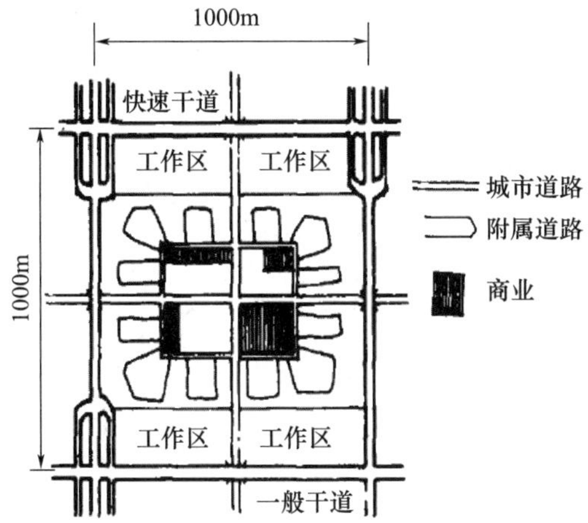

图 3-4 综合区规划示意图

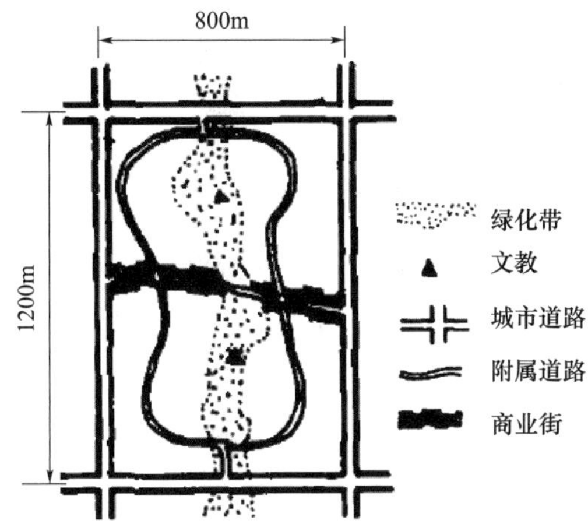

图 3-5 柯布西耶规划的印度昌迪加尔市居住区

3.2 居住区空间结构的规划

居住空间结构是指人们居住活动所整合而成的社会空间系统。城市居住区的空间结构是地理空间与社会空间两者合一的社会空间统一体，城市居住区的空间结构是社会结构在城市地理空间上的一个外在表现，所以具有明显的分异与等级结构特征。一是城市居住区的静态空间分布状态特征，即居住区的分化、极化隔离与共栖现象；二是不同城市居住区之间的入侵与演替过程。

吴良镛教授长期从事人居环境研究，在其所著的《人居环境科学导论》(2001 年出版）中提出自然、人类、社会、居住和支撑五大系统，居住系统主要指住宅、社区设施、城市中心等，强调“人类系统、社会系统等需要利用的居住物质环境及艺术特征”，从宏观角度出发居住在城市中的地位和作用以及构成要素的内容，具有学术先导意义和广泛联系作用（图 3-6）。

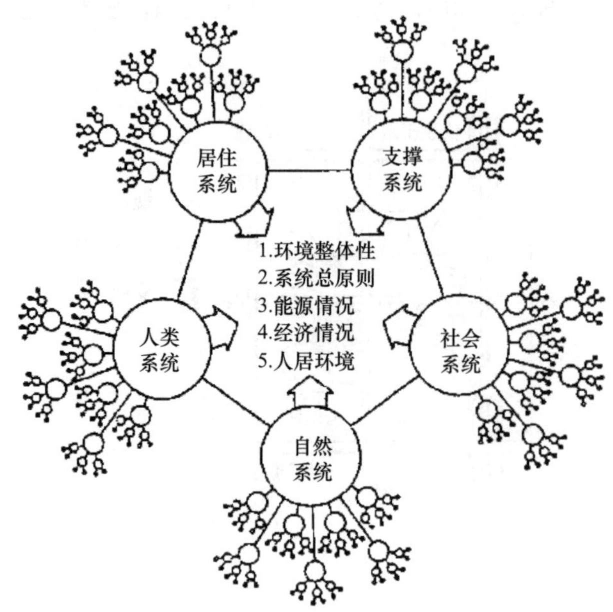

图 3-6　人居环境理论的系统构成关系
（图片来源：《人居环境科学导论》）

3.2.1　居住区空间结构规划的主要因素

居住区结构不应简单地体现在构图上，更应建立在各种功能的综合上，即从功能上满足居民的日常生活需要。构成安全、卫生、方便、舒适、美丽、和谐的影响因素很多，如配套设施布置、住宅设计、水电布局等方面，可以从单项改进。而另外一些因素，如噪声污染、生活不便、交通效率低等，需要进行综合治理，从系统入手，从基本结构做起。城市居住区空间是一个包含多种要素的空间综合体，城市的空间可以划分为物质空间、经济空间与社会空间 3 大子系统。根据居住区用地分类构成，居住区的构成要素可归为住宅用地、配套设施、道路系统、绿地系统 4 个部分。

（1）住宅用地

住宅用地是指住宅建筑用地、居住区内城市支路以下的道路、停车场及其社区附属绿地。为使得居住区具备基本的生活设施，以满足居民的日常生活需要，一般住宅区的人口或用地要达到一定规模，《城市居住区规划设计标准》（GB 50180—2018）规定居住区按照居民在合理的步行距离内满足基本生活需求的原则，可分为 15 分钟生活圈居住区、10 分钟生活圈居住区、5 分钟生活圈居住区及居住街坊四级，并规定居住区用地内的四类用地控制指标，继而对一定规模下的居住区规划结构作出了隐性的界定。如，从生活圈居住区各类用地比例与平均层数的变化关系来看：生活圈越大，配套设施和绿地用地占比越大，住宅用地比例越小；平均层数越大，配套设施和绿地用地占比越大，住宅用地比例越小（图 3-7）。

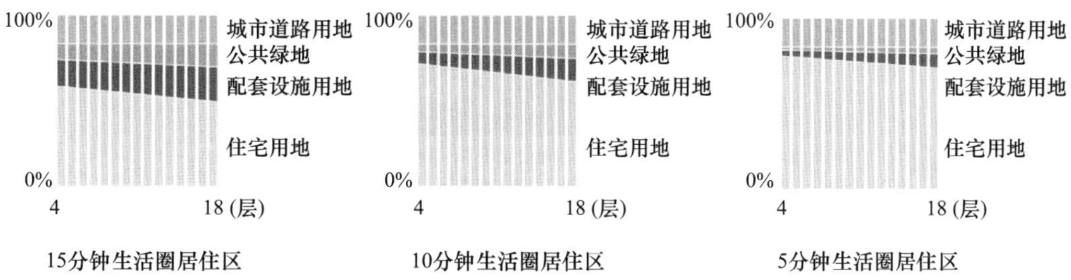

图 3-7 生活圈居住区各类用地比例与平均层数的变化关系

（2）配套设施

与居住区的分级相对应，各级生活圈和居住街坊配套建设的生活服务设施的总称为配套设施。其中，既包括城市公共管理与公共服务设施（A）、商业服务业设施（B）、市政公用设施（U）、交通场站（S4），也包括居住用地内的服务设施（服务5分钟生活圈范围、用地性质为居住用地的社区服务设施），以及服务居住街坊的、用地性质为住宅用地的便民服务设施。

居住区分级兼顾配套设施的合理服务半径及运行规模，以利于充分发挥其社会效益和经济效益（图 3-8）。设施规模偏小，或许会造成配套设施运行经济性较差；而规模偏大，又会造成配套设施不堪重负甚至产生安全隐患。因此，配套设施要达到较好的服务效果，应满足两个基本条件：①在适宜的服务半径内，即步行可达，以保障提供优质服务；②合理规模的居住人口，即服务人口，以利于设置合理规模的设施，保障其运行效率。配套服务设施是构成社区中心的核心因素，应与居住区的规划结构、功能布局紧密结合，并与住宅、道路、绿化同步建设，以满足居民物质生活与精神生活的多层次需要。

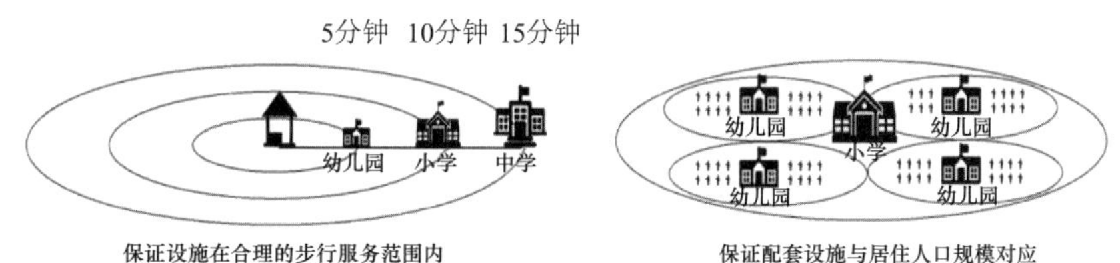

图 3-8 配套设施分级布置

由于配套设施采用成套分级、集中与分散相结合的布置方式，并且有合理的服务半径相制约，强调不同生活圈满足居民不同的生活需求，因此越是必需和常用、方便度要求高的设施，服务半径越小，对于规划结构的影响越重要，有时甚至会成为决定因素。在配套设施诸要素中，教育设施和商业服务设施由于直接涉及居民日常生活，往往会成为主要影响因素。将教育、卫生、体育等设施与其他邻里社区的开放空间相结合，同时临近交通性路径和站点，扩大其服务半径，提高其使用效率；成片集中商业宜布置在主入口处人流集聚地，其主要优点在于引导和集聚人流，有利于形成较好的商业氛围，同时将商业与住宅进行一定程度的分离，避免商业对小区内部住宅的干扰（图 3-9）。

商业环社区布置

商业氛围浓，人流沿街集聚

社区主入口布置

人流集聚在入口处，彰显社区活力

社区内部分散布置

半径合理，人气相对不旺

图 3-9　住宅区商业布置形式

对于老年人及儿童，应提供全龄配套服务设施。此外，随着全社会老龄化日趋严重，应充分重视老年人的起居环境，配备完善的服务设施，如老年人供养设施（敬老院或托老所）、老年人医疗保健设施、老年人娱乐设施及老年文化教育设施等，实现老有所养、老有所医、老有所为、老有所学、老有所乐。

（3）道路系统

居住区道路是城市道路和居住街坊内的附属道路及其他附属道路，居住街坊内的主要附属道路，应至少设置两个出入口，从而使其道路不会呈尽端式格局，保证居住街坊与城市有良好的交通联系，同时保证消防、救灾、疏散等车辆通达需要，从而打破“封闭住宅”的格局。《中共中央 国务院关于进一步加强城市规划建设管理工作的若干意见》要求：优化街区路网结构，推动发展开放、便捷、尺度适宜、配套完善、邻里和谐的生活街区；新建住宅要推广街区制，原则上不再建设封闭住宅小区；已建成的住宅小区和单位大院要逐步打开，实现内部道路公共化，解决交通路网布局问题，促进土地节约利用；树立“窄马路、密路网”的城市道路布局理念，建设快速路、主次干路和支路级配合理的道路网系统；打通各类“断头路”，形成完整路网，提高道路通达性；科学、规范设置道路交通安全设施和交通管理设施，提高道路安全性；积极采用单行道路方式组织交通；加强自行车道和步行道系统建设，倡导绿色出行；合理配置停车设施，鼓励社会参与，放宽市场准入，逐步缓解停车难问题。

居住区道路在规划结构中作用极为重要，具有交通和公共空间的双重属性。它是住区空间骨架，支撑起住区中的各个功能区，可体现尺度适宜、比例协调、历史传承的公共空间属性；同时，它是居住进行日常生活活动的通道，具有车行有序、公交方便、骑行顺畅、步行舒适和过街安全等交通属性，具有最基本的交通功能。

道路的线形、空间比例及尺度不仅仅要考虑道路的通达性，还应该考虑道路景观以及它所表现出的对住宅区整体景观效果的影响、居民环境的认知定位作用和在街道空间对引发性活动的影响，因为它关系到舒适性、特殊性、丰富性等心理问题，同时也直接影响到视觉的美观性问题（图 3-10）。

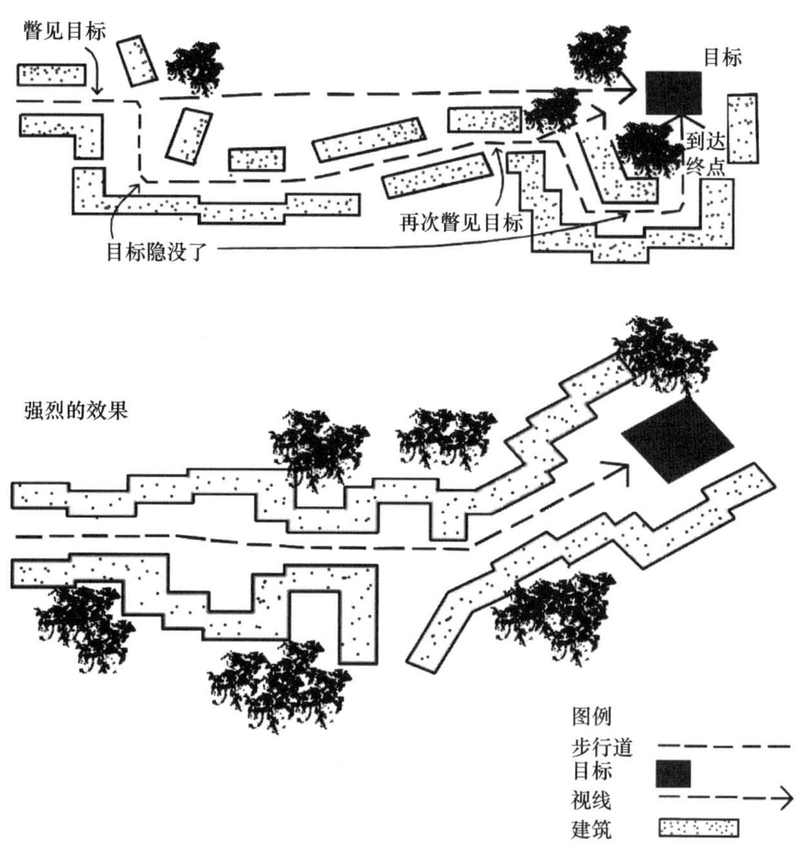

图 3-10　道路线形与景观

根据地形、气候、用地规模、周边环境条件、城市交通系统以及居民的出行方式，道路系统的组织有人车混行和人车分流等形式，路网布置有贯通式、环通式、尽断式和网格状以及混合式、自由式等多种形式。因道路需满足消防车、救护车、清运垃圾、救护和搬运家具等需要，道路系统组织形式的多样性，也会影响到规划结构的形式多样化。

（4）绿地系统

居住区绿地包含各级生活圈居住区的公共绿地、居住街坊内的绿地及道路和配套设施的附属绿地。为落实《中共中央 国务院关于进一步加强城市规划建设管理工作的若干意见》提出的“合理规划建设广场、公园、步行道等公共活动空间，方便居民文体活动，促进居民交流。强化绿地服务居民日常活动的功能，使市民在居家附近能够见到绿地、亲近绿地”的精神，15 分钟生活圈居住区按人均绿地面积 2m^2 设置公共绿地（不含 10 分钟生活圈居住区及以下级公共绿地指标），10 分钟生活圈居住区按人均

绿地面积 $1m^2$设置公共绿地（不含 5 分钟生活圈居住区及以下级公共绿地指标），5 分钟生活圈居住区按人均绿地面积 $1m^2$设置公共绿地（不含居住街坊绿地指标）。形成集中与分散相结合的绿地系统，创造居住区内大小结合、层次丰富的公共活动空间，设置休闲娱乐体育活动等设施，满足居民不同的日常活动需要，以利于形成点、线、面结合的城市绿地系统，同时能够发挥更好的生态效应；有利于设置体育活动场地，为居民提供休憩、运动、交往的公共空间。同时居住区公园中设置 10%～15%的体育活动场地，体育设施与该类公园绿地的结合体现土地混合、集约利用的发展要求。

3.2.2 居住空间

居住空间要满足安全感、安定感、归属感和邻里交往的要求，如此才易于提供亲切宜人的、可靠的生活空间，同时也为居住空间层次的形成创造条件。美国著名学者简·雅各布斯提出了充满活力的适宜居住社区的条件：增强社区的邻里关系；增加居民的归属感与自豪感；创造宜居空间；提高居住的生活品质。

（1）空间围合

在居住区的外部空间中，围合是采用最多的限定和形成外部空间的方式。围合的空间具有以下 4 个特点：

①围合的空间具有很强的地段感和私密性；

②围合的空间易于限定空间和提供监视；

③围合的空间可以减少破坏行为；

④围合的空间可以增进居民之间的交往和提供户外活动场所。

围合空间所具有的特点均更适合居住生活的需求，它符合居住空间安全性、安定感、归属感和邻里交往的要求，易于提供亲切宜人的、可靠的生活空间，同时也为居住空间层次的形成创造了条件。

积极的外部空间能给人以心理上的安定感，并让人易于了解和把握，从而使人在其中能安心地进行活动；也具有良好的通达性，使人易于接近和到达。相对完整、较多出入口的空间是形成积极的外部空间的基本条件。

围合空间形成的关键在平面。在平面上，使空间具有围合感的关键在于空间边角的封闭，无论采用哪种方式，只要将空间的边角封闭起来就易于形成围合空间。围合空间根据其平面上围合的程度可分为强围合、相对围合和弱围合三类，也可根据其围合的空间比例分为全围合、界线围合和最小围合三种。图 3-11 展示了空间的平面形态及其围合的程度，可以看出，越是完整的空间形态其围合感越强。

图 3-11 平面的围合程度

同时，在立体上，围合空间的比例则关系到空间的心理感受，过大的 D/H，建筑间距与建筑高度之比会使人感觉不稳定甚至失去空间在平面上构筑的围合性，而过小

的 D/H 会使人感到压抑（图 3-12）。因此，营造围合空间必须对它的平面和立体关系同时进行分析。图 3-13 则说明了空间立体方面的围合程度与空间比例及视角的关系，一般来说，住宅区的外部空间的 D/H 在 1～3 之间为宜。

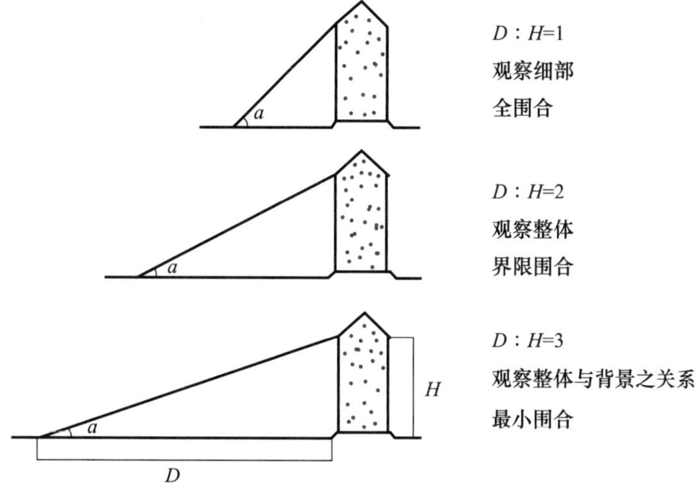

图 3-12　视角与空间的围合程度

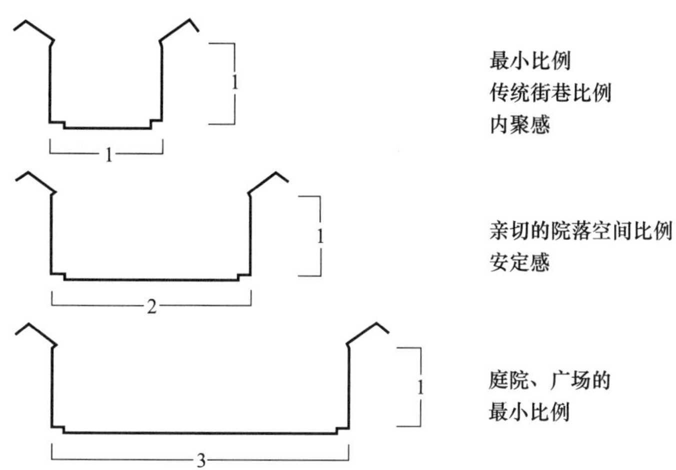

图 3-13　街道、院落与广场的高宽比

弱围合的空间常常用在住宅群落空间和住宅区街区空间中；部分围合的空间常常用在住宅区街区空间的局部地段；而界限围合、最小围合的空间比例则经常出现在诸如集中绿地、商业街区等住宅群落和住宅区街区空间中。

（2）空间基本类型

空间有流动的带形空间和静止的（封闭的）院落空间两种基本类型（图 3-14）。带形空间突出具有流动的动态性质特点，给人活泼轻松的心理感受；有组织的线性空间表现出由起止过渡等环节所形成的多中心性，使得静止的空间富有动感。面状空间相对具有静止的静态性质特点，表现为单一核心统领全局的形式。在具体的住宅区规划设计中，常把这两种基本类型相互结合，从而营造出富于变化和多样特征的空间景观。

图 3-14　城市空间基本类型

（3）空间领域划分

居住区的空间可分为户内空间和户外空间两大部分。居住区的生活空间可以划分为私密空间、半私密空间、半公共空间和公共空间 4 个层次。就居住区规划设计而言，主要对户外生活空间形态与层次的构筑与布局进行研究。

①私密空间

居住区的私密空间一般指住宅户内空间、归属于住户自己的户外平台、阳台和院子空间（图 3-15）。庭院、阳台或院落是住宅室内空间向室外空间延伸与渗透的过渡空间，是室内外空间结合的纽带。底层庭院可增加组团内的自然景观，楼层上的阳台、露台可丰富建筑立面的景观，增添生活的乐趣。

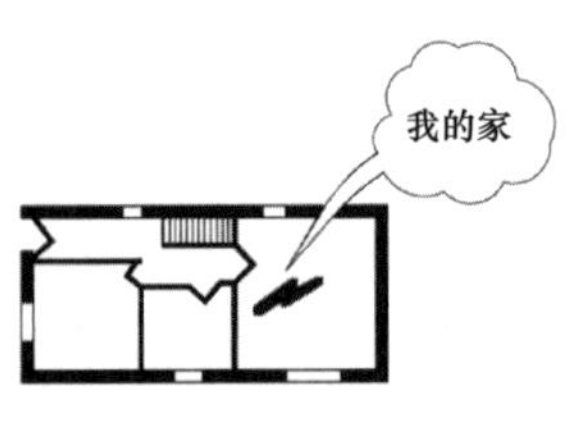

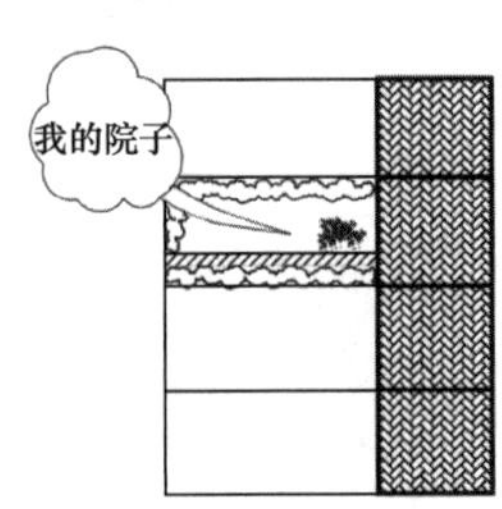

图 3-15　私密空间

②半私密空间

半私密空间一般指住宅群落围合的、属于围合住宅院落的住宅居民的住宅院落空间，一般包括其中的绿地、场地、道路和车位等（图 3-16）。住户间便于交流，家长便于照顾和监视院落间游玩的小朋友。

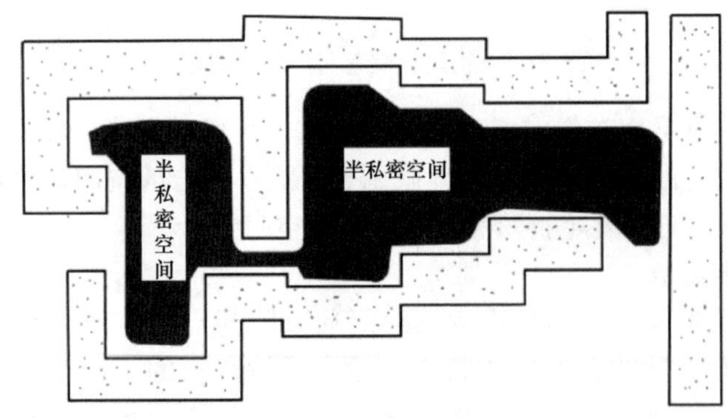

图 3-16　半私密空间

③半公共空间

半公共空间一般指若干住宅群落共同构筑的、属于这些住宅群落居民共同拥有的居住街坊内的集中绿地或住宅之间空间，用地性质为住宅用地。作为住宅街坊内的半公共空间，可供街坊内的居民共同使用，是邻里交往、游憩的主要场地，也是防灾避难和疏散的有效空间。规划设计时，需要使空间有一定的围合感，限制交通车与人流随意穿行（图 3-17）。

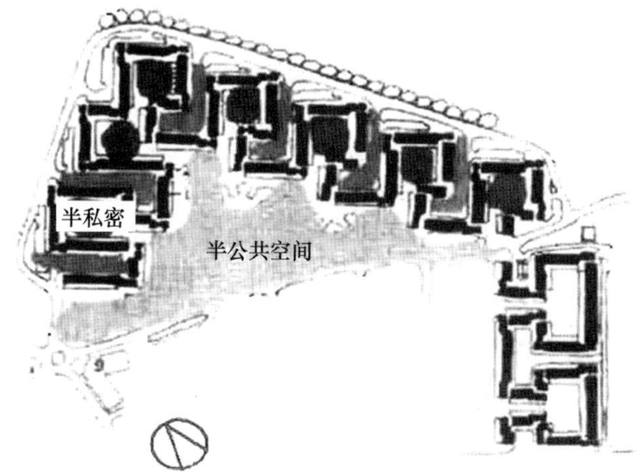

图 3-17　英国萨里・波拉特山米切姆小区中的半公共空间

（用地 16.5hm²，人口 3485 人）

④公共空间

公共空间一般指归属于 5 分钟、10 分钟、15 分钟生活圈居住区的公共绿地、公共建筑活动场地，即用地性质为住宅用地以外的公共绿地、公共管理和公共服务设施、商业服务业设施等用地。

（4）空间领域感

空间领域感是人对空间产生归属认同性的基本心理反应，也是住宅区生活空间层次划分的基础。一般认为领域感的产生源于人都有一种本能的强烈愿望，要求规定其个人或集体活动的生活空间范围，即领域（图 3-18）。

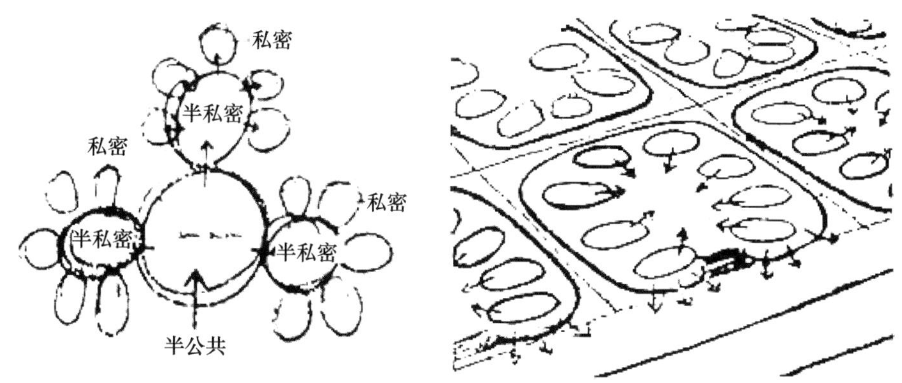

图 3-18　居住生活空间的领域划分

基本要求：住宅区各层次生活空间的建构宜遵循私密—半私密—半公共—公共逐级衔接的布局组合原则，重点关注各层次空间衔接点的处理，保证各层次的生活空间具有相对完整的活动领域。

考虑因素：在住宅区各层次的生活空间的营造中，应考虑不同层次生活空间的尺度、围合程度和通达性。私密性强的，尺度宜小，围合感宜强，通达性宜弱；公共性强的，尺度宜大，围合感宜弱，通达性宜强。同时，应该特别注重半私密性的住宅院落空间的营造，以促进居民之间各种层次的邻里交往和各种形式的户外生活活动。半私密空间宜注重独立性，半公共空间宜注重开放性、通达性、吸引力、职能的多样化和部分空间的功能交叠化使用，以塑造城市生活的氛围。

（5）空间的变化

居住区空间的变化可以通过变化空间的形状、大小、尺度、围合程度、限定要素以及改变建筑的高度和类型来实现，从而产生不同的空间效果，各种不同性质的空间可以通过大小对比、围合要素的改变来加以区别，相邻空间可用渐变或突变方式来连接（图 3-19～图 3-22）。

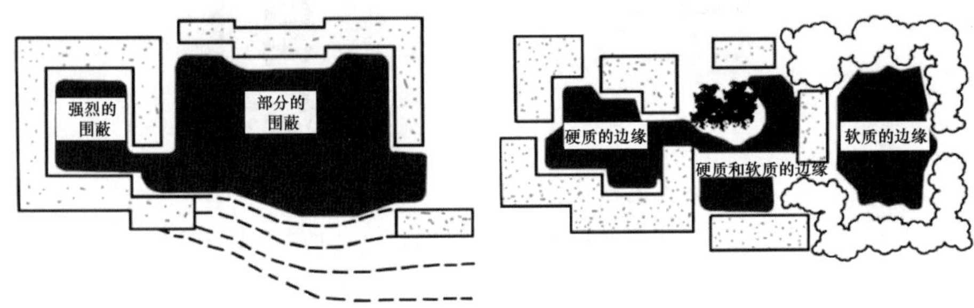

图 3-19　变化空间围合的要素

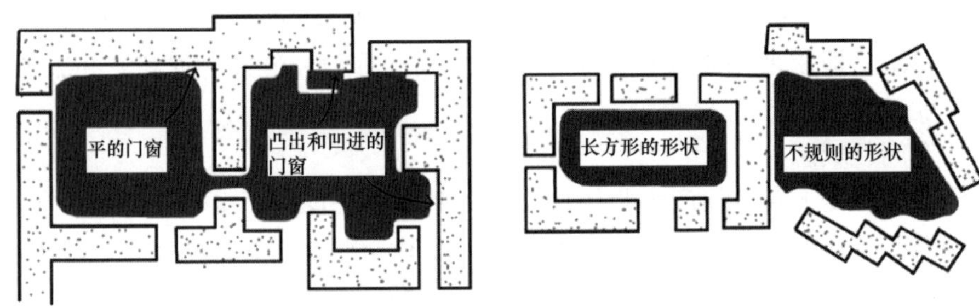

图 3-20　变化围合住宅的类型

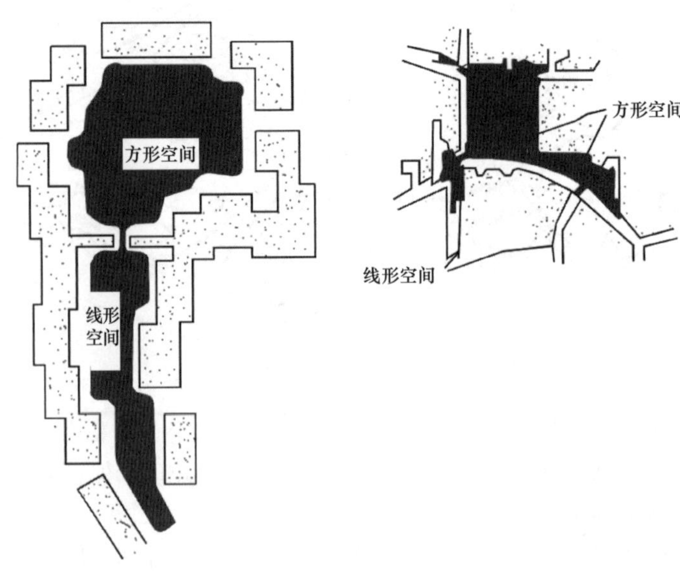

图 3-21　变化空间的类型

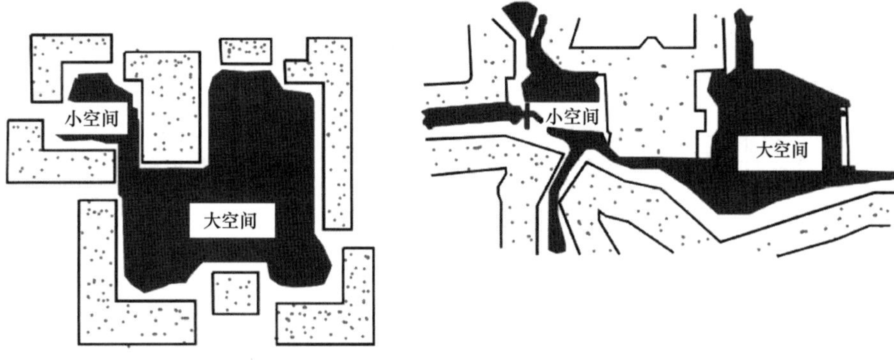

图 3-22　变化空间的大小与尺度

3.3　重要指标要素

三类重要指标要素包括分区分类、强度和用地指标，并细分为 8 大指标要素，分别是建筑气候区划、层数级别、容积率、建筑高度、建筑密度、绿地率、用地构成、人均用地面积。

3.3.1　分区分类

（1）分区——建筑气候区划

气候分区是为了日照，共划分为三档：一档，即Ⅰ、Ⅶ；二档，即Ⅱ、Ⅵ；三档，即Ⅲ、Ⅳ、Ⅴ（图 3-23）。

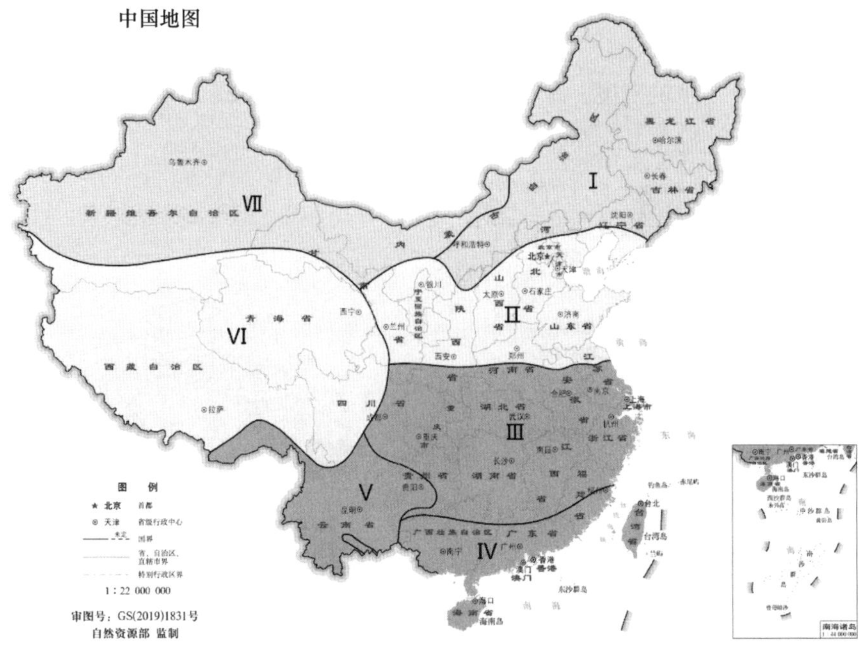

图 3-23　中国建筑气候区划图

(2) 分类——层数级别

住宅的楼层共分三类：低层（1～3 层）；多层Ⅰ类（4～6 层）和多层Ⅱ类（7～9 层）；高层Ⅰ类（10～18 层）和高层Ⅱ类（19～26 层）（图 3-24）。

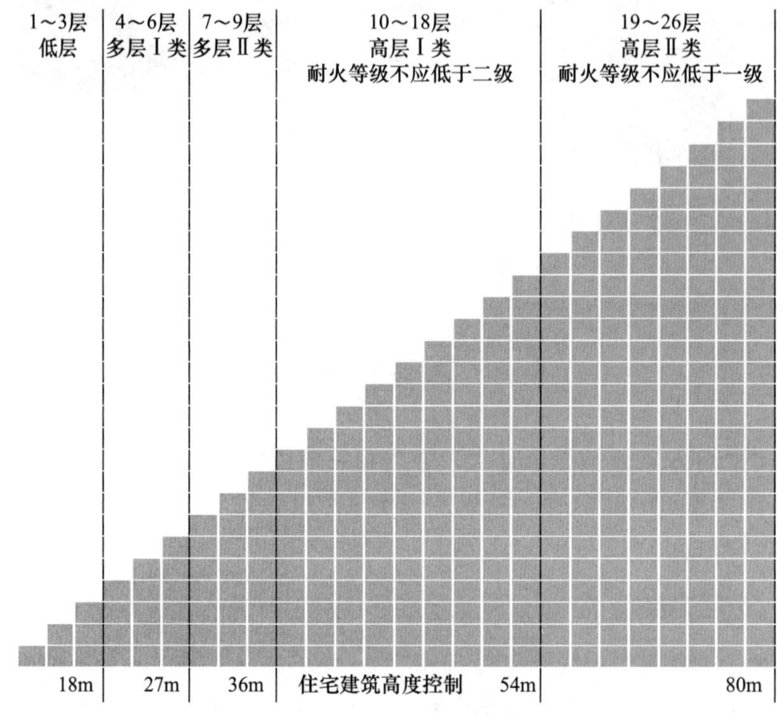

图 3-24　建筑层数级别

3.3.2 强度

强度由容积率、建筑密度、绿地率构成，其关系如图 3-25 所示。

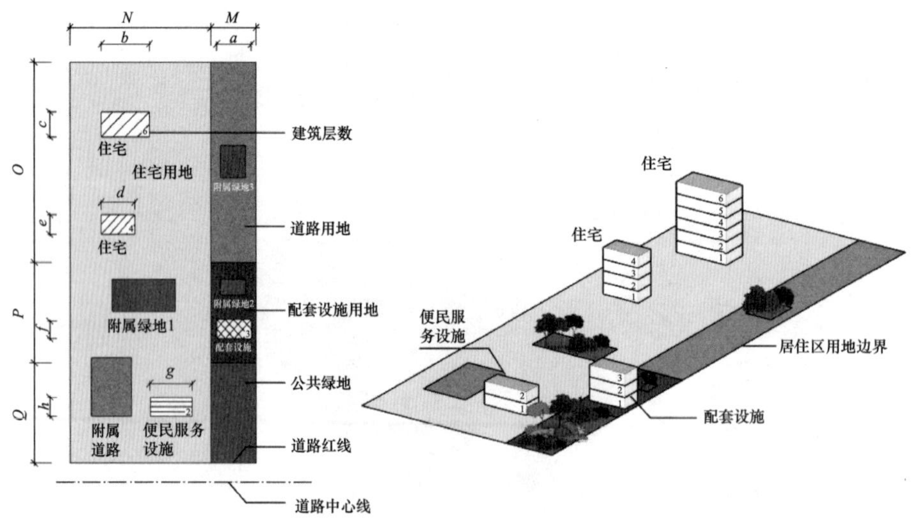

图 3-25　容积率、建筑密度、绿地率图解

（1）容积率

容积率是总建筑面积与用地面积的比值。在此基础上衍生出居住区用地容积率和住宅用地容积率两个概念。居住区分 4 级，即 5 分钟、10 分钟、15 分钟生活圈和居住街坊。因居住街坊属于住宅用地，故此类居住区可以衍生为以下两种容积率及其相应的计算方法。

①居住区用地容积率是生活圈内，住宅建筑及其配套设施地上建筑面积之和与居住区用地总面积的比值。

居住区用地容积率 $R=(d\times e\times 4+b\times c\times 6+g\times h\times 2+f\times a\times 3)/(M+N)\times(O+P+Q)$

注：式中符号见图 3-25。

②住宅用地容积率是居住街坊内，住宅建筑及其便民服务设施地上建筑面积之和与该住宅用地总面积（居住街坊用地面积）的比值。

住宅用地容积率 $R_1=(d\times e\times 4+b\times c\times 6+g\times h\times 2)/N\times(O+P+Q)$

注：式中符号见图 3-25。

（2）建筑高度

住宅建筑高度控制与《建筑设计防火规范》《建筑抗震设计规范》对接，多层指 27m 及以下，高层以 54m 和 80m 两个分界点划分区间，不鼓励大面积建设高层住宅建筑，应控制新建住宅建筑高度，有利于合理控制人口密度和建筑容量的空间分布，缓解城市交通、市政公用设施、公共服务设施的配套压力，缓解应急避难空间、消防救灾能力对城市的挑战。以塑造更加人性化的生活空间为目的，不鼓励超高强度开发居住用地，同时对应规定了新建住宅建筑高度控制最大值为 80m。平均层数配合限高，整体上避免“高低配”形成的高度差（图 3-26），可以形成高低错落的宜居空间。

住宅建筑平均层数是指一定用地范围内，住宅建筑总面积与住宅建筑基底总面积的比值所得的层数。

居住街坊范围住宅建筑平均层数 $=(d\times e\times 4+b\times c\times 6)/(d\times e+b\times c)$

注：式中符号见图 3-25。

图 3-26　粗放的指标控制带来形态的失控

（3）建筑密度

建筑密度是各类建筑的基底总面积与用地面积的比值。《城市居住区规划设计标准》规定，建筑密度是居住街坊内，住宅建筑及其便民服务设施建筑基底面积与该居住街坊用地面积的比率（%）。《城市居住区规划设计标准》允许低层和高层高密度形态，适当提高了建筑密度。

建筑密度＝（$d\times e+b\times c+g\times h$）$/N\times$（$O+P+Q$）

注：式中符号见图 3-25。

（4）绿地率

绿地率是总绿地面积与用地面积的比值。《城市居住区规划设计标准》规定，绿地率只针对街坊，绿地率是居住街坊内绿地面积之和与该居住街坊用地面积的比率（%）。各生活圈的人均绿地面积如图 3-27 所示。

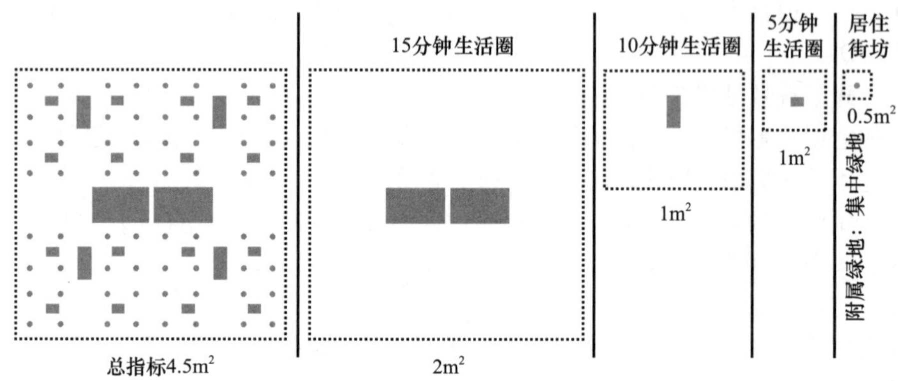

图 3-27　人均绿地面积

3.3.3　用地指标

（1）用地构成

居住区用地的构成包括住宅用地、配套设施用地、公共绿地和城市道路用地 4 个部分。居住区用地控制指标表、用地构成指标非强制性条文，在不同地区执行标准具有一定的弹性。

（2）人均用地面积

人均用地面积与建筑平均层数成反比，即层数越多、建筑高度越高，人均用地面积越小。有两个人均用地指标，分别是人均居住用地面积和人均住宅用地面积。

人均住宅用地面积＝居住街坊用地面积/总居住人数

人均居住用地面积＝居住区用地总面积/总居住人数

这三大类重要指标要素如图 3-28 所示。

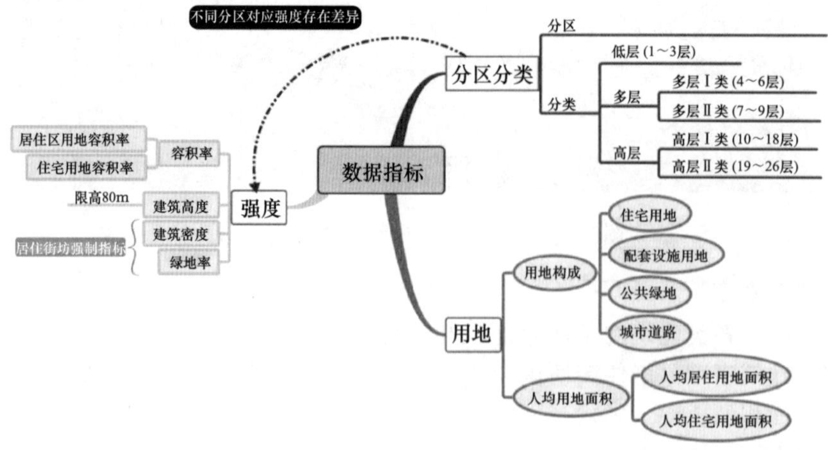

图 3-28　重要指标要素图

3.4 居住区的规划布局形态

居住区的规划布局形态是规划结构的具体表现，但它绝非凭空而产生的。规划的核心是人，是为满足人的使用需求而制订的实施计划。规划的布局形态应以人为本，符合居住区生活习性和居住行为轨迹，以及管理制度的规律性、方便性和艺术性。

居住区的规划布局形态主要有以下几种形式。

3.4.1 向心式布局

向心式布局也叫集中式布局，将居住空间围绕占主导地位的特定空间要素组合排列，表现出强烈的向心性，易于形成中心，具有较强的灵活性，是现在规划设计方案中常见的布局形态，以自然顺畅的环状路网造就了向心的空间布局。

向心式布局往往选择有特征的自然地理地貌（水体、山体）为构图中心，同时结合布置居民物质与文化所需的配套设施，形成居住中心。该布局可以按居住分区逐步实施，实施过程不影响其他居民的生活活动，具有较强的灵活性。因此，向心式布局是目前规划设计方案中比较常见的布局形态（图 3-29～图 3-32）。如图 3-30 所示，场地周围环绕着群山，有一条小溪，依山就势设计结合了山丘和水轴，创造一个舒适的居住环境。

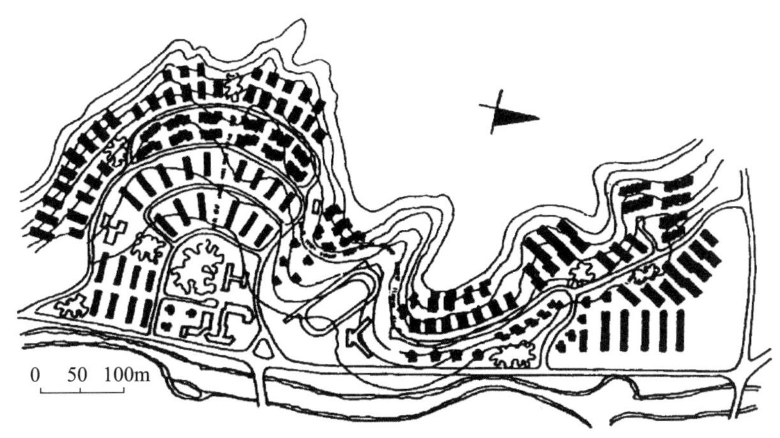

图 3-29 福建龙山居住区向心式规划布局

优点：顺应自然地形布置的环状路网造就了向心的空间布局，易于形成中心。各居住分区围绕中心分布，既可用同样的住宅组合方式形成统一格局，也可以允许不同的组织形态控制各个部分，强化可识别性。

缺点：资源分配存在一定的不均匀性。

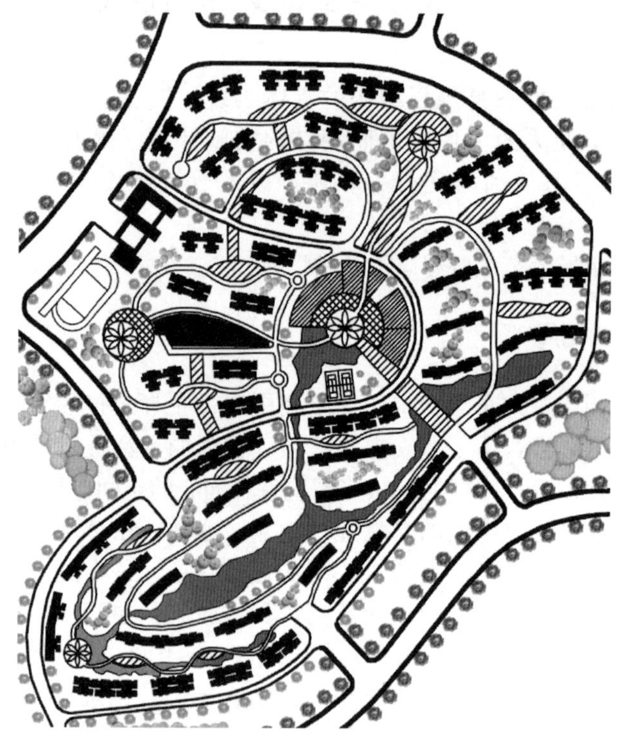

图 3-30　山峦起伏（源自 SCIENCE CITY RESIDENCE）

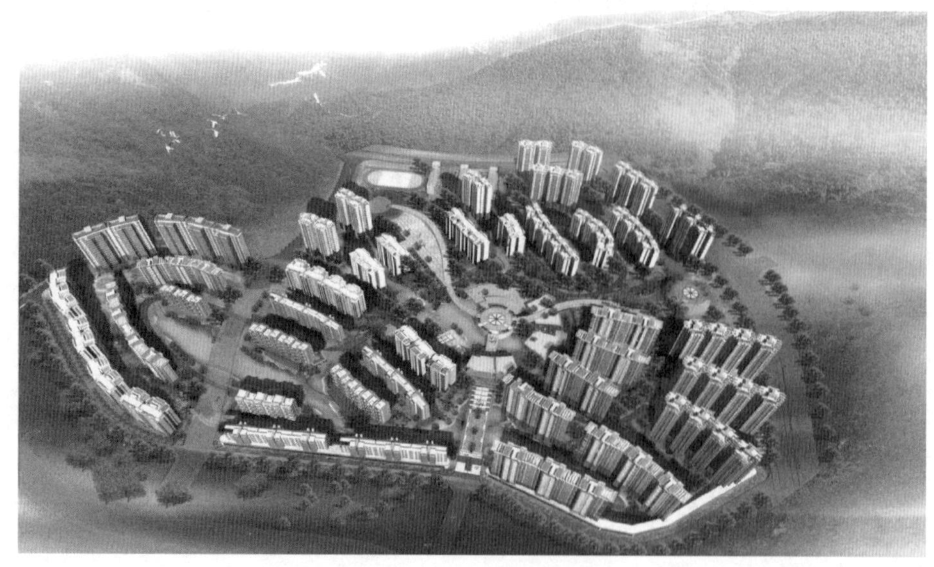

图 3-31　山峦起伏效果图

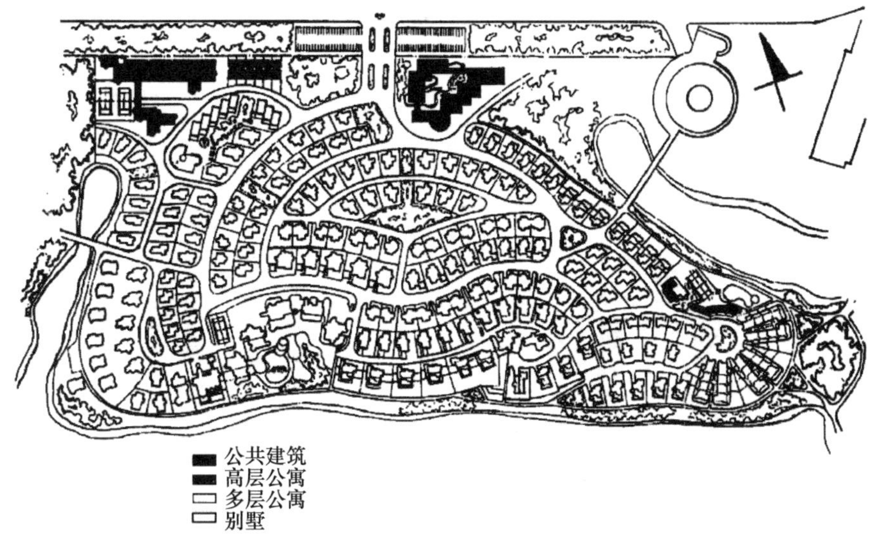

图 3-32 深圳东方花园小区向心式规划布局

3.4.2 围合式布局

围合式布局是指住宅沿基地外围周边布置，形成一定数量的次要空间，并共同围绕一个主导空间，构成后的空间无方向性。主入口按环境条件可设于任一方位，中央主导空间一般尺度较大，统率次要空间，也可以以其形态的特异突出其主导地位（图 3-33～图 3-36）。

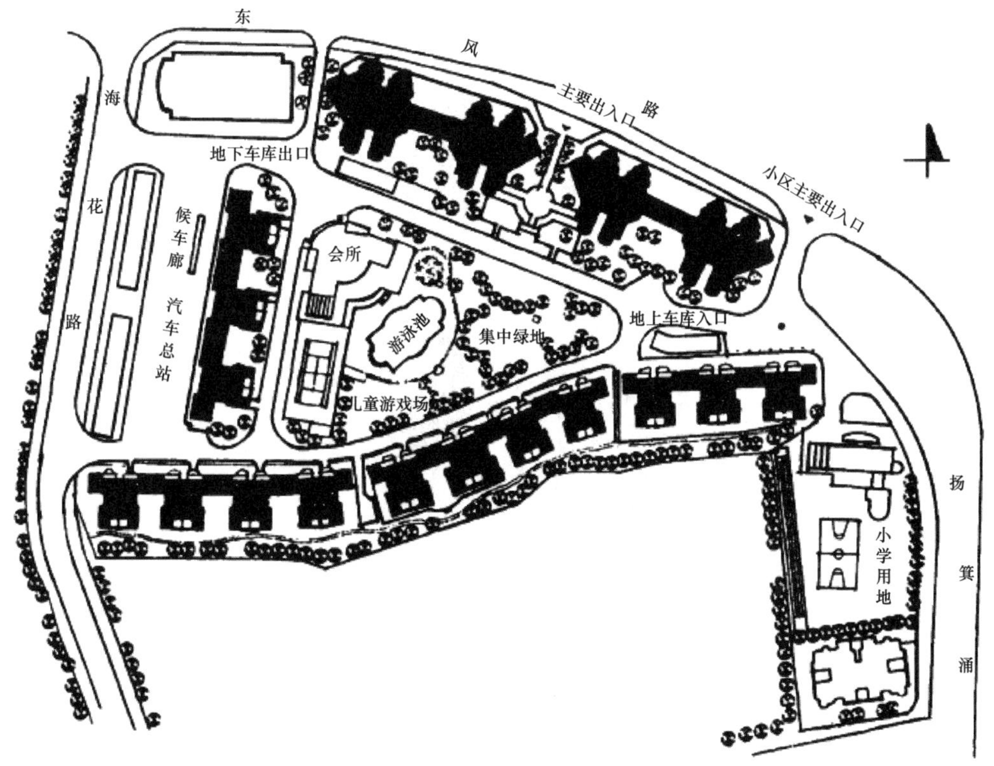

图 3-33 广州锦城花园小区围合式规划布局

优点：围合式布局可形成宽敞的绿地和舒展的空间，日照、通风和视觉环境相对较好，可以更好地组织和丰富居民的邻里交往及生活活动内容。

缺点：由于围合式布局容积率较大，不易控制适当的建筑层数和建筑间距；若无法适度安排次要空间尺度，则可能喧宾夺主；同时，过高的建筑容易导致压抑感。

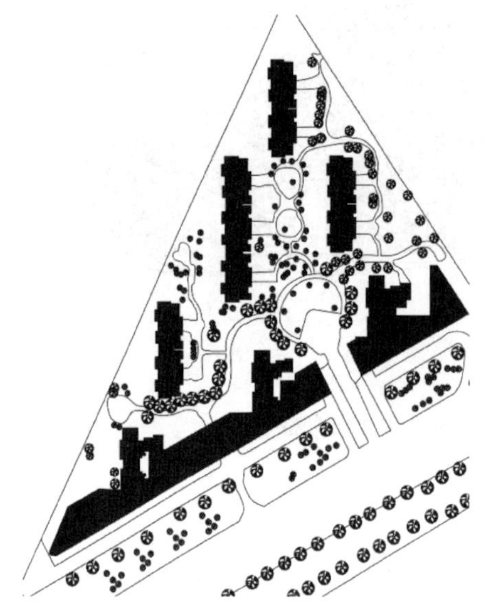

图 3-34　沈阳翡翠城

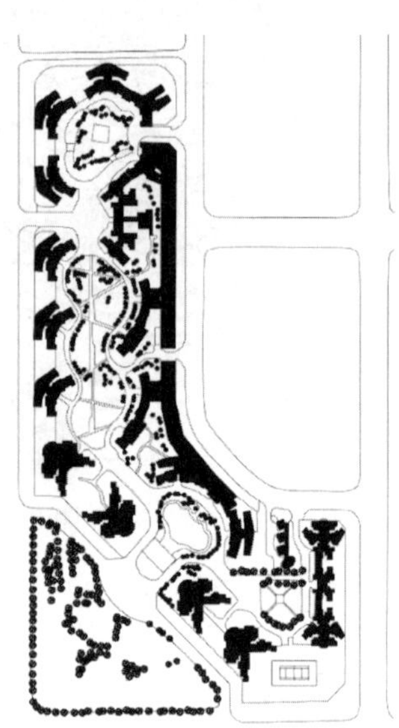

图 3-35　海逸世家

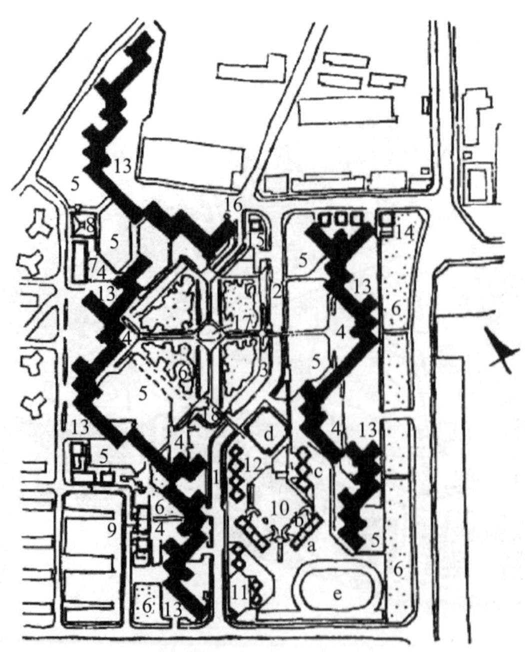

图 3-36　日本广岛市基街高层住宅区围合式规划布局

1—住宅区内干道；2—公共汽车站；3—架空步道；4—车站月台；5—幼儿游戏场；6—绿地；7—商店；8—公共浴场；9—医疗站；10—小学校（a. 教室；b. 活动场；c. 专用教室；d. 地下有游泳池的体育馆；e. 运动场）；11—托儿所；12—幼儿园；13—停车场；14—消防站；15—警察所；16—地下停车场入口；17—中心商场入口；18—集会场、老人之家、儿童馆、管理处入口日本广岛市基街高层住宅区：由 15 栋 12 层点式住宅拼接，并随地形自然围合，住宅旁绿地小空间和中央集中绿地组成一个整体，同时将住宅底层架空，形成室内外绿化的渗透，以形成穿堂风贯通调节小气候，为住户提供户内外的活动和交往场所。停车场设于地下。住宅采用曲尺形自由组合体，利于争取好的朝向，并使道路和空间富有变化，建筑间距达 120～200m，形成大的开敞空间，里面布置小学、幼儿园、托儿所、老人之家、集会广场等配套设施和大片绿地。

3.4.3 轴线式布局

轴线式布局常以一条主要空间轴线做引导，辅以其他次要空间轴线。空间轴线或可见或不可见，常由线性的道路、绿带、水体等构成，但无论轴线的虚实，都具有强烈的聚集性和导向性。一定的空间要素沿轴布置，或对称或均衡，通过空间轴线的引导，轴线的宽窄变化，大小变化等灵活设计轴线，从而改善空间序列。在轴线上形成几个主、次节点控制节奏和尺度，形成具有节奏的空间序列，整个居住区呈现出层次递进、起落有致的均衡特色。轴线式布局中，应注意空间的收放、长短、宽窄、急缓等对比，并仔细刻画空间节点。当轴线长度过长时，可以通过转折、曲化等设计手法，并结合建筑物及环境小品、绿化树种的处理，减少单调感。

优点：具有强烈的聚集性和导向性，居住区呈现层次递进、起落有致的均衡性。

缺点：轴线长度较长时不易处理，如果处理不好易出现单调感。

北京大吉城小区（图 3-37）：以小区西北角的康有为故居广场为起点的斜向轴线，形成统贯小区的一建筑对称轴，对建筑群起着全局的支配作用，外围建筑高，中间建筑低，围合成一处具有视线开度的内向性空间。中央轴线方向建筑空间具有强烈的节奏烘托，使小区形成庄重华贵的空间品质。

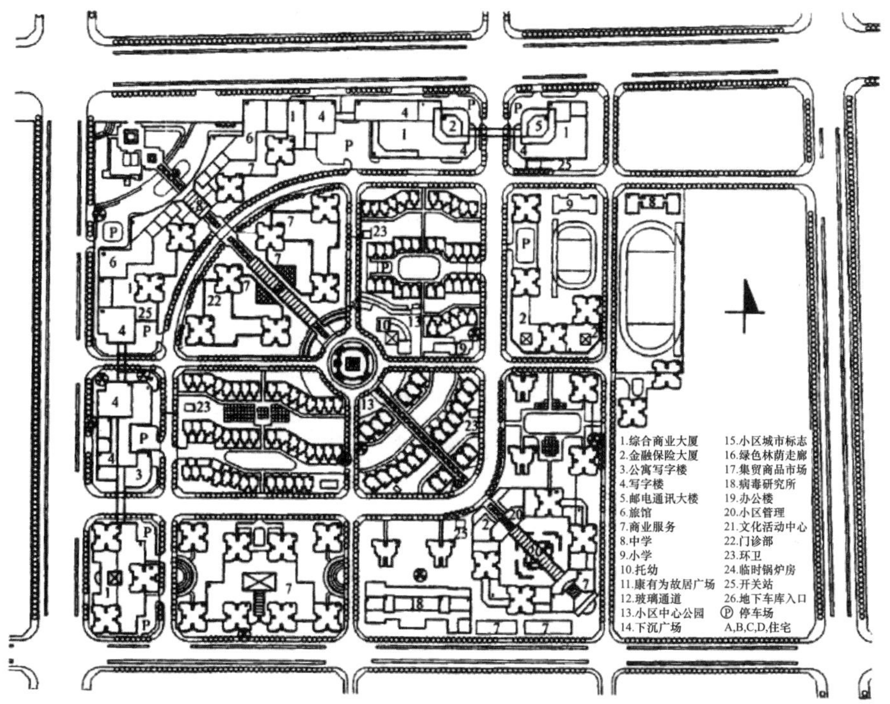

图 3-37 北京大吉城小区轴线式规划布局（建筑空间对称轴）

天津海和院（图 3-38）：中轴空间以流动韵律感的构图表达，把建筑设计语言融入到景观设计的细节中，营造出与后者相匹配的环境氛围，结合天津当地文化特色，中西结合，雅致尊贵。

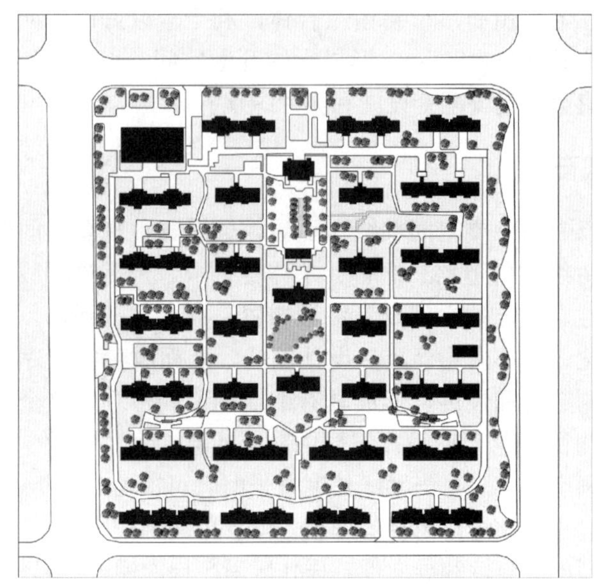

图 3-38 天津海和院（中心景观轴）

重庆江北海尔路小区（图 3-39），构建十字形的道路景观轴线，东西的道路形成主要景观轴，南北的道路为次要轴线，中轴空间与各街坊的次轴形成景观节点，互相渗透穿插。

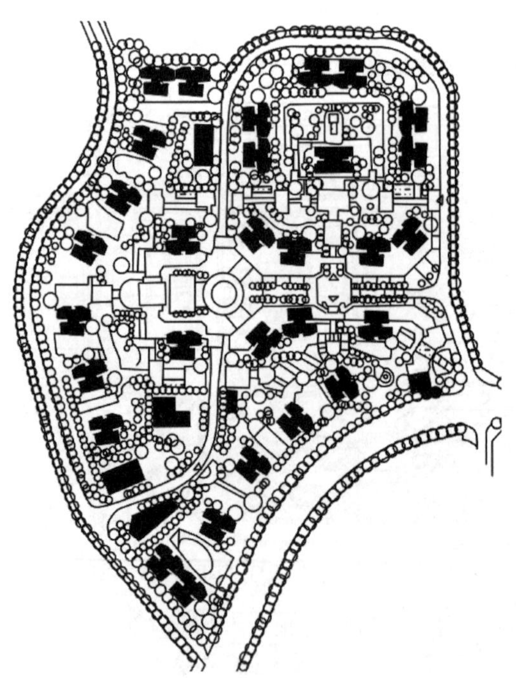

图 3-39 重庆江北海尔路小区（路轴）

广东番禺星河湾荟心园（图 3-40）：构建流动的景观主次轴线，依据居住环境景观大于朝向的市场诉求，规划突破传统南北坐向的局限性，以景观为主导布局建筑物，创新的自然村落式布局，保证更多的单元享受到江景，实现户户有景的景观均好性。

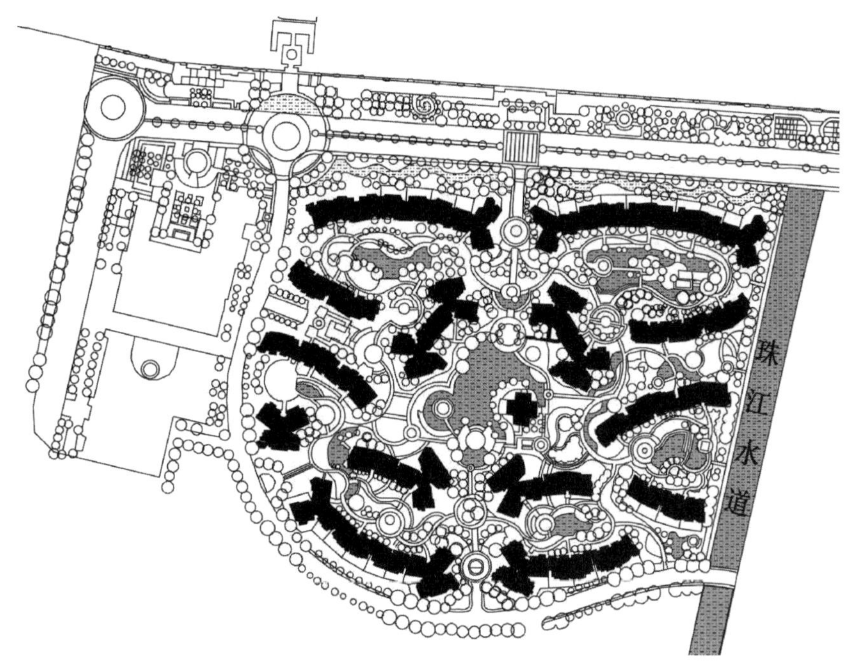

图 3-40 广东番禺星河湾荟心园（景观轴）

3.4.4 隐喻式布局

隐喻式布局是将某种事物作为原型，经过概括、提炼、抽象成建筑于环境的形态语言，使人产生视觉上和心理上的某种联想与领悟，从而增强环境的感染力，构成“意出象外”的升华境界。隐喻式布局注重对形态的概括，讲求形态的简洁、明了、易懂，同时要紧密联系相关理论，做到形、神、意融合。

深圳白沙岭居住区（图 3-41）：整个居住区的空间轮廓中间高、四周低，中央由 14 幢 24～30 层的塔式住宅围绕一大片中心绿地形成核心，挺拔的塔式楼群犹如一束花蕾，而周围 15 幢向心布置的长条曲板式高层住宅好像自然生长的一片片花瓣，组成一朵形似菊花的图案。长条形住宅可以增加居住建筑面积的净宽度，获得较好的朝向，总体布置取得简洁、明朗、整体性强的效果。板式住宅底层大部分架空，可改善居住区内的通风，增加半室外的公共活动空间，又可使得各住宅之间的庭院互相贯通、渗透，形成多层次的居住空间。

上海“绿色细胞组织”社区规划（图 3-42）：整体布局形式以植物细胞为原形，将细胞组织“细胞核—细胞质—细胞膜”，抽象为相似的规划形态语言——“房包围树，树包围房，房树相拥，连绵生长”，如同细胞核裂变繁殖的自然生态。让缺乏自然生态和山水景色的喧嚣的上海感受“房在树丛，人在画中”的悦目怡情。

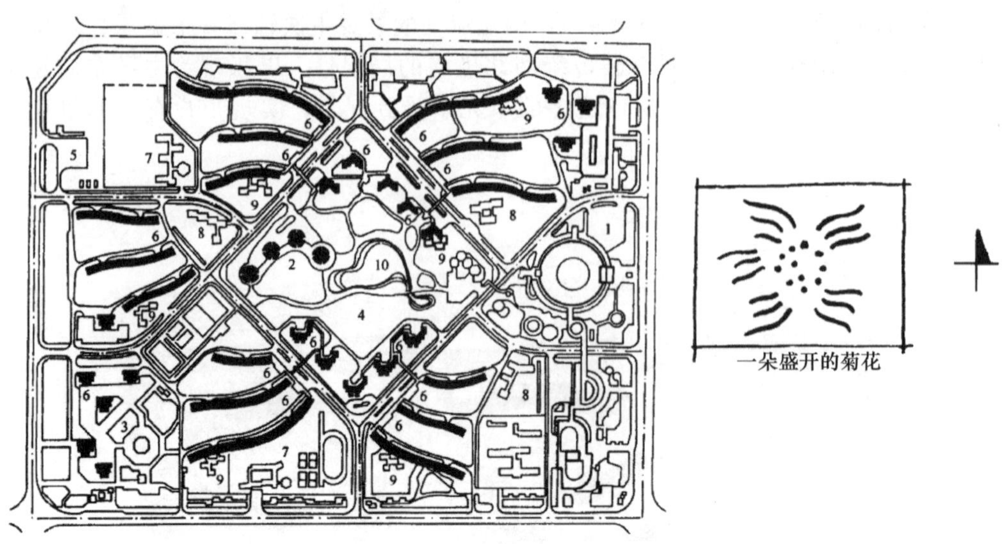

图 3-41 深圳白沙岭居住区隐喻式规划布局

1—地区中心；2—居住区文化中心；3—居住区商业中心；4—居住区公园；5—多层车库；
6—居委会和小商店；7—中学；8—小学；9—托幼；10—人工湖

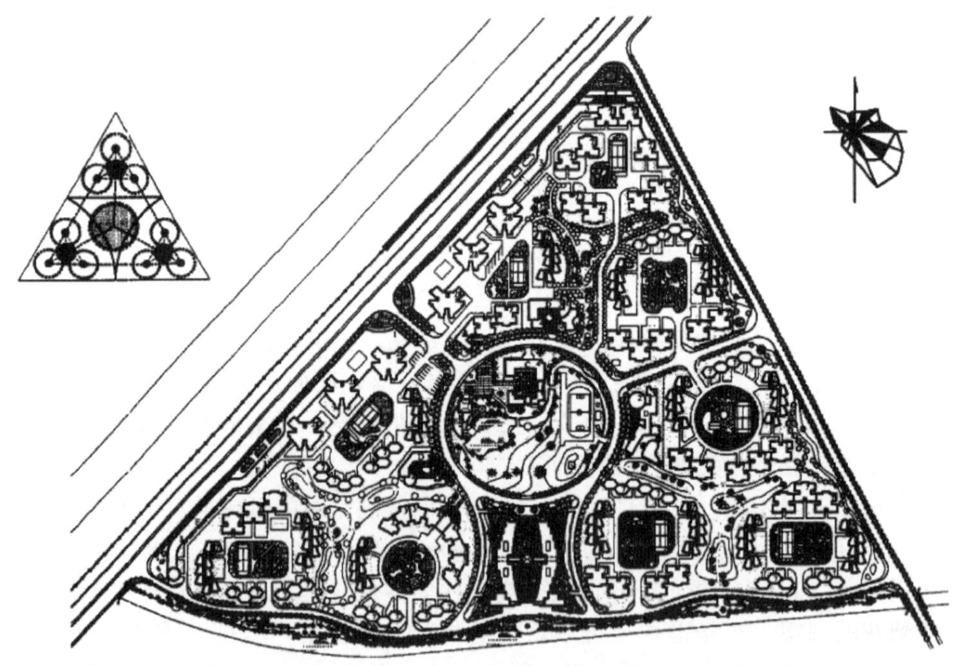

图 3-42 上海“绿色细胞组织”社区规划

3.4.5 片块式布局

片块式布局是传统居住区规划中最常用的一种布局形态。住宅建筑以日照间距为主要依据，遵循一定规律排列组合，形成紧密联系的群体。住宅建筑在尺度、形体、朝向等方面具有较多相同的因素，它们不强调主次等级，成片成块地布置，形成片块式布局形态。

片块式布局应控制相同组合方式的住宅数量及空间位置，尽量采取按区域变化的方法，以强调可识别性。可通过采用成组变换方向，增加景观轴线并沿线布置，结合富有变化的道路网等方法，实现片块式布局的多样性。同时，片块之间应有绿地或水体、公共设施、道路等分隔，保证居住空间的舒适性（图 3-43）。

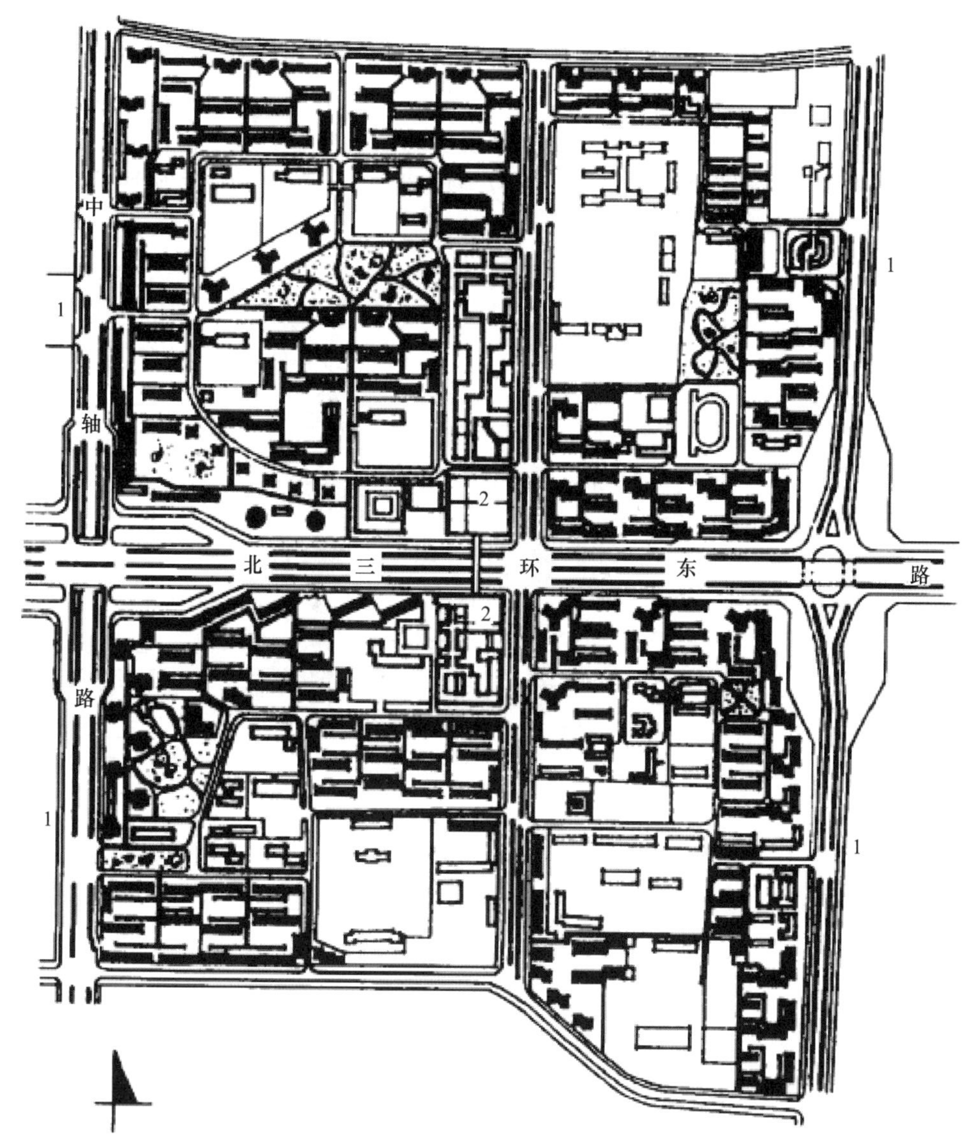

图 3-43 北京五路居居住区片块式规划布局

1—小区商业中心；2—居住区商业文娱中心

优点：强调平等互爱，不强调主次等级，成片成块、成组成团地团结在一起，而且各片块组团相对独立，便于施工及管理。

缺点：无主次空间之分，缺乏层次感。

3.4.6 集约式布局

集约式布局将住宅和公共配套建设集中紧凑布置，并依靠科技进步，尽力开发地下空间，使地下、地上空间垂直贯通，室内、室外空间渗透延伸，形成居住生活功能完善、水平和垂直空间流通的集约式整体布局空间。集约式布局注重节约用地，在有限的空间里很好地满足城市居民的各种要求，可以同时组织和丰富居民的邻里交往及生活活动，尤其适用于旧区改造和用地较为紧张的地区。

香港南丰新村（图 3-44）：用地仅 3.2hm²，居住人口达 12700 人。其布局特点是，12 幢 28～32 层的塔式住宅楼沿矩形用地三面布置，北面开口朝向海湾，可眺望维多利亚港全景。用地的中央部分为地下汽车库，可容 800 个车位，库内有梯道直通屋顶平台花园，花园内设有儿童游戏场、球场等活动场地。车行道围绕平台四周布置。由于用地东西两面的高差，平台分别以两个步行地道和两个天桥与各住宅楼连接，居民到中心平台花园不必横穿车道。

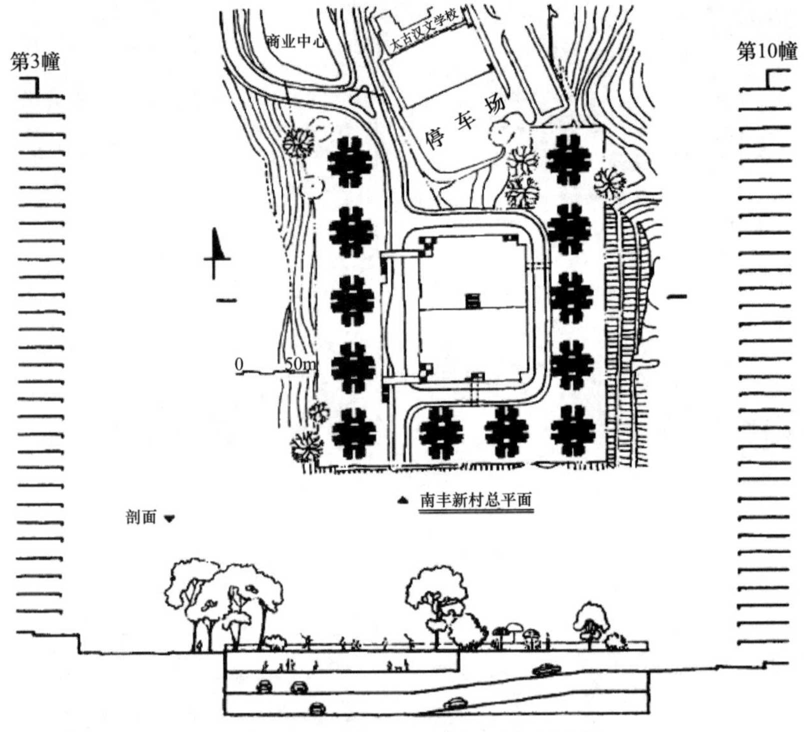

图 3-44　香港南丰新村集约式规划布局

3.4.7　综合式布局

实际规划中，因为地形等各种外在因素的影响，各种布局形态，在实际操作中常常以一种形式为主兼容多种形式而形成组合式或自由式布局。山东建大·教授花园居住区的独特之处在于临近校园人文环境的营造。该居住区由一条景观主轴、一块核心绿地、八个街坊组成，居住区以“文化、品位、科技”为卖点，在对自然和人工资源的充分精解和最佳利用基础之上，突出“山中有仙，水中有龙”的人文环境特色，画龙点睛，形成自然与人文环境和谐相容的、有灵性的独特社区（图 3-45）。重庆鹏润蓝湾居住区为轴线型与围合型形式，充分利用现有自然环境，强调山、林等自然环境利用的最大化，在尊重原有山体、地形的基础上提升环境的品质。通过一条主轴形成绿脉；三个围合式的组团形成的次要轴线，连接起主要景观轴，随性自然，形成人与天际、景与建筑的和谐之韵，缔造出臻美生活品质，充分体现了“繁华之中拥抱宁静，园林之中点缀建筑”的现代自然生活（图 3-46）。

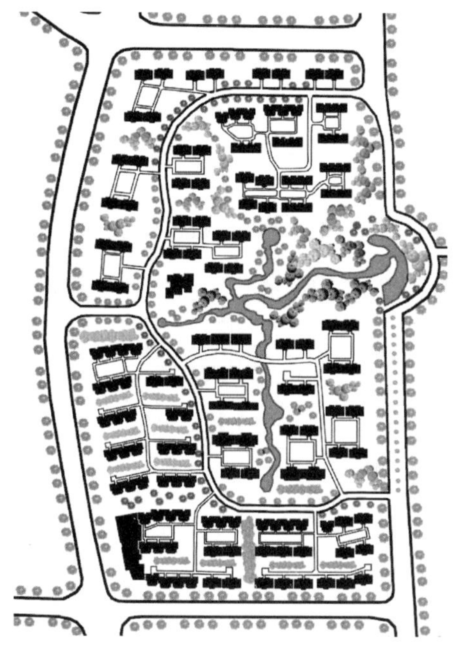

图 3-45 山东建大·教授花园居住小区（轴线型＋片块型）

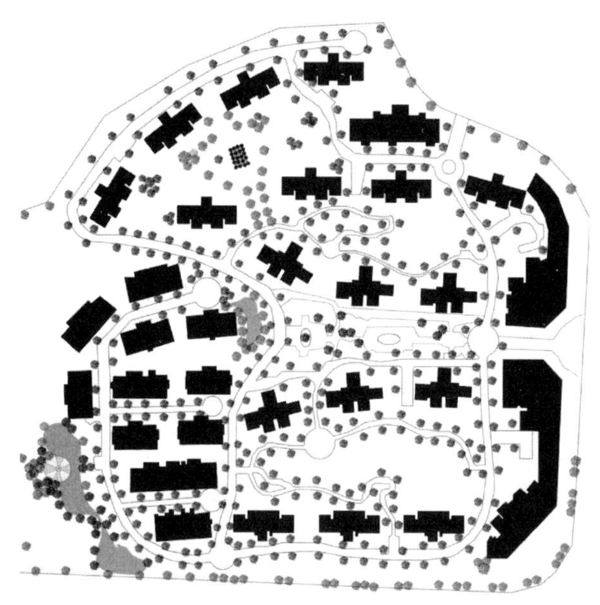

图 3-46 重庆鹏润蓝湾居住区（轴线型＋围合型）

3.5 技术指标与用地面积计算方法

生活圈居住区用地范围与居住街坊范围划定有差异。居住区街坊绿地计算时，应符合相关规定。

3.5.1 居住区用地面积

生活圈居住区范围内通常会涉及不计入居住区用地的其他用地，主要包括：企事业单位用地、城市快速路和高速路及防护绿带用地、城市级公园绿地及城市广场用地、城市级公共服务设施及市政设施用地等，这些不是直接为本居住区生活服务的各项用地，都不应计入居住区用地（图 3-47、图 3-48）。

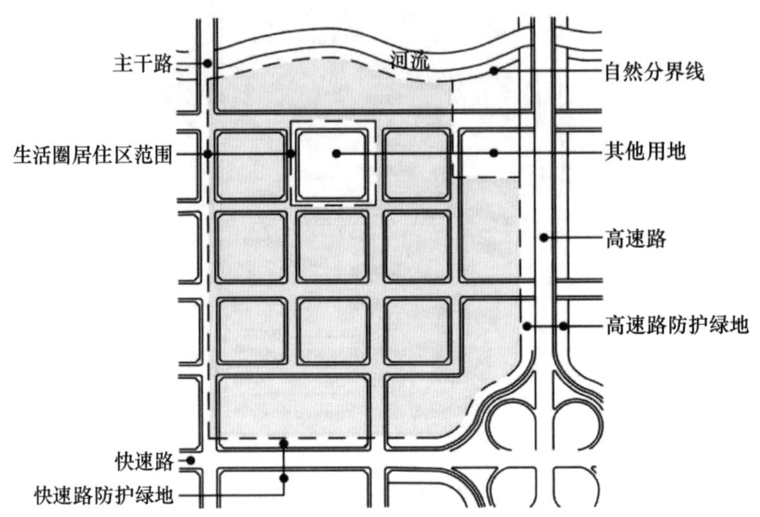

图 3-47 生活圈居住区用地范围划定规则示意

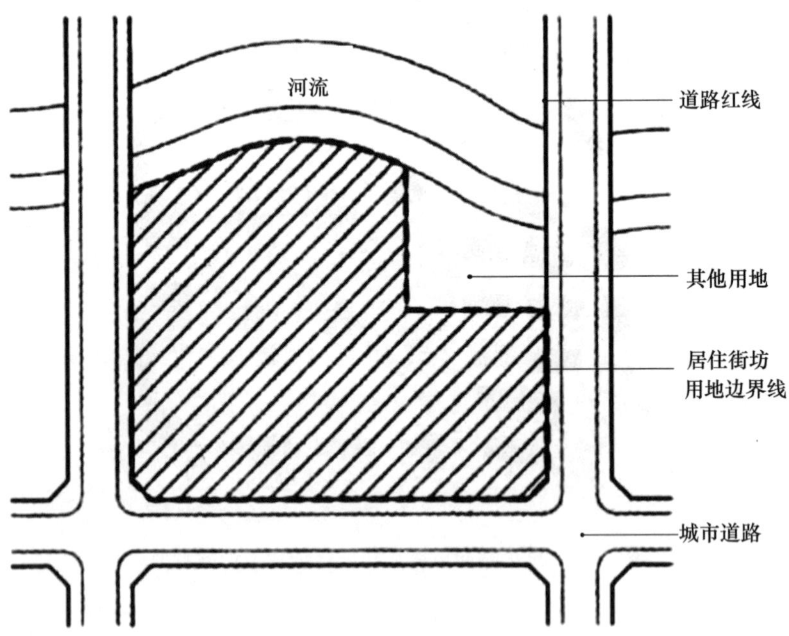

图 3-48 居住街坊范围划定规则示意

居住区用地面积应包括住宅用地、配套设施用地、公共绿地和城市道路用地，其计算方法应符合下列规定。

①居住区范围内与居住功能不相关的其他用地以及本居住区配套设施以外的其他公共服务设施用地，不应计入居住区用地。

②当周界为自然分界线时，居住区用地范围应算至用地边界。

③当周界为城市快速路或高速路时，居住区用地边界应算至道路红线或其防护绿地边界。快速路或高速路及其防护绿地不应计入居住区用地。

④当周界为城市干路或支路时，各级生活圈的居住区用地范围应算至道路中心线。

⑤居住街坊用地范围应算至周界道路红线，且不含城市道路。

⑥当与其他用地相邻时，居住区用地范围应算至用地边界。

⑦当住宅用地与配套设施（不含便民服务设施）用地混合时，其用地面积应按住宅和配套设施的地上建筑面积占该幢建筑总建筑面积的比例分摊计算，并应分别计入住宅用地和配套设施用地。

3.5.2 居住街坊内绿地

居住街坊内绿地面积的计算方法应符合下列规定。

①满足当地植树绿化覆土要求的屋顶绿地可计入绿地（通常满足当地植树绿化覆土要求、方便居民出入的地下或半地下建筑的屋顶绿地应计入绿地，不应包括其他屋顶、晒台的人工绿地）。绿地面积计算方法应符合所在城市绿地管理的有关规定。

②根据《建筑地面设计规范》（GB 50037—2013）的规定，建筑四周应设置散水，散水的宽度宜为 600～1000mm。因此，绿地计算至距建筑物墙脚 1.0m 处。当绿地边界与城市道路临接时，应算至道路红线；当与居住街坊附属道路临接时，应算至路面边缘；当与建筑物临接时，应算至距房屋墙脚 1.0m 处；当与围墙、院墙临接时，应算至墙脚。

③居住街坊集中绿地是方便居民户外活动的空间，为保障安全，其边界距建筑和道路应保持一定距离，因此集中绿地比其他宅旁绿地的计算规则更为严格。当集中绿地与城市道路临接时，应算至道路红线；当与居住街坊附属道路临接时，应算至距路面边缘 1.0m 处；当与建筑物临接时，应算至距房屋墙脚 1.5m 处。

居住街坊内绿地及集中绿地的计算规则示意如图 3-49 所示。

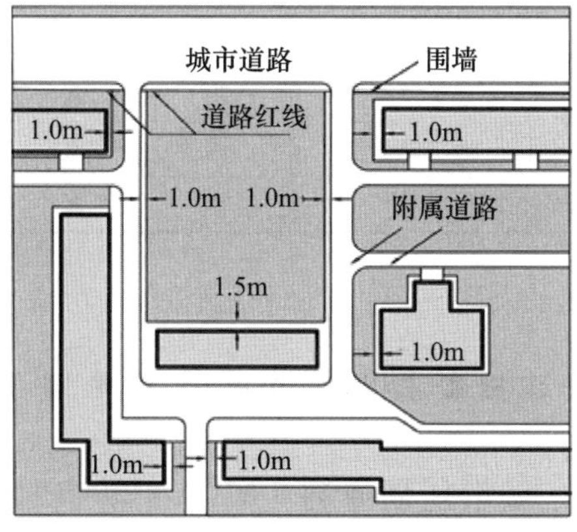

图 3-49 居住街坊内绿地及集中绿地的计算规则示意

3.5.3 居住区综合技术指标

居住区综合技术指标应符合表 3-1 的要求。

表 3-1 居住区综合技术指标［《城市居住区规划设计标准》(GB 50180—2018)］

项目				计量单位	数值	所占比例（%）	人均面积指标（m²/人）
各级生活圈居住区指标	居住区用地	总用地面积		hm²	▲	100	▲
		其中	住宅用地	hm²	▲	▲	▲
			配套设施用地	hm²	▲	▲	▲
			公共绿地	hm²	▲	▲	▲
			城市道路用地	hm²	▲	▲	—
	居住总人口			人	▲	—	—
	居住总套（户）数			套	▲	—	—
	住宅建筑总面积			×10⁴hm²	▲	—	—
居住街坊指标	用地面积			hm²	▲	—	▲
	容积率			—	▲	—	—
	地上建筑面积	总建筑面积		×10⁴m²	▲	100	—
		其中	住宅建筑	×10⁴m²	▲	▲	—
			便民服务设施	×10⁴m²	▲	▲	—
	地下总建筑面积			×10⁴m²	▲	▲	—
	绿地率			%	▲	—	—
	集中绿地面积			m²	▲	—	▲
	住宅套（户）数			套	▲	—	—
	住宅套均面积			m²/套	▲	—	—
	居住人数			人	▲	—	—
	住宅建筑密度			%	▲	—	—
	住宅建筑平均层数			层	▲	—	—
	住宅建筑高度控制最大值			m	▲	—	—
	停车位	总停车位		辆	▲	—	—
		其中	地上停车位	辆	▲	—	—
			地下停车位	辆	▲	—	—
	地面停车位			辆	▲	—	—

注：▲为必列指标。

推荐阅读书目

［1］ 吴志强，李德华．城市规划原理［M］．4 版．北京：中国建筑工业出版社，2010.

［2］ 吴良镛．人居环境科学导论［M］．北京：中国建筑工业出版社，2001.

[3] 柴彦威. 城市空间 [M]. 北京：科学出版社，2000.
[4] 中华人民共和国住房和城乡建设部. 城市绿地规划标准：GB/T 51346—2019 [S] 北京：中国建筑工业出版社，2019.
[5] 朱家瑾. 居住区规划设计 [M]. 2版. 北京：中国建筑工业出版社，2007.

课后复习、思考与讨论题

1. 请在一张A4纸上绘制出本章重点内容的思维导图。要求手写、要点突出、全面，并布局合理。

2. 请查找居住区规划案例，结合案例说明居住区规划结构在规划设计中的作用和意义。

3. 请说明居住生活空间的围合、领域和空间变化对居住者心理的感知影响。

4. 请论述建筑密度、绿地率、建筑高度与容积率的关系。

5. 请举例说明配套设施与服务半径的关系。

6. 请分析不同居住区规划布局形式的优缺点。

7. 请选择你熟悉的居住区，从配套设施系统、道路系统、景观绿地系统等多方面，进行居住区规划布局分析。

4 住宅用地规划设计

住宅用地是住宅建筑组合形成的居住基本单元。住宅用地规划设计对城市整体风貌、房地产业发展等有直接的影响。住宅用地规划设计主要包括住宅套型、住宅日照、住宅层数、住宅建筑布置（朝向、间距、防噪）、住宅群体空间组合等。

4.1 住宅设计

住宅设计应综合考虑多种因素，住宅设计应从使用功能的角度，根据家庭的人口构成、生活习惯进行设计，同时满足住宅的间距、日照和通风等基本要求。

4.1.1 住宅套型

住宅建筑应能提供不同的套型居住空间供各种不同户型的住户使用。户型是根据住户家庭人口构成（如人口规模、户代际数和家庭结构）的不同而划分的住户类型。套型则是指为满足不同户型住户的生活居住需要而设计的不同类型的成套居住空间。

住宅套型设计的目的就是为不同户型的住户提供适宜的住宅套型空间。这既取决于住户家庭人口的构成和家庭生活模式，又与人的生理和心理对居住环境的需求密切相关；同时，还受到空间组合关系、技术经济条件和社会意识形态的影响和制约。

（1）套型各功能空间设计

一套住宅需要提供不同的功能空间，满足住户的各种使用要求。它应包括睡眠、起居、工作、学习、进餐、炊事、便溺、洗浴、储藏及户外活动等功能空间，而且必须是独门独户使用的成套住宅。成套就是指各功能空间必须组成齐全。这些功能空间可归纳划分为居住、厨卫、交通及其他三大部分（图 4-1）。

居住空间是一套住宅的主体空间，它包括睡眠、起居、工作、学习、进餐等功能空间，根据住宅套型面积标准的不同包含不同的内容。在套型设计中，需要按不同的户型使用功能要求划分不同的居住空间，确定空间的大小和形状，并考虑家具的布置，合理组织交通，安排门窗位置，同时还需考虑房间朝向、通风、采光及其他空间环境处理问题。根据不同的套型标准和居住对象，居住空间可划分为卧室、起居室、工作学习室、餐室等。

厨卫空间是住宅设计的核心部分，它对住宅的功能与质量起着关键作用。厨卫空间内设备及管线多，其平面布置涉及操作流程、人体工效学以及通风换气等多种因素。

由于设备安装后移动困难，改装更非易事，设计时必须精益求精，认真对待。

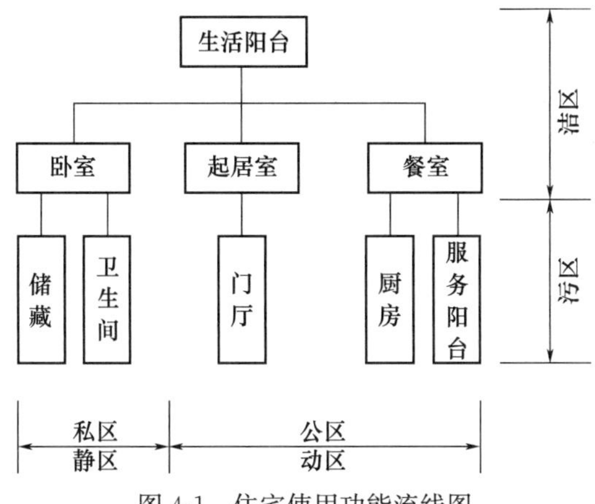

图 4-1　住宅使用功能流线图

在住宅套型设计中，除考虑其居住部分和厨卫部分空间的布置外，尚需考虑交通联系空间、杂物储藏空间以及生活服务阳台等室外空间和设施（图 4-2）。

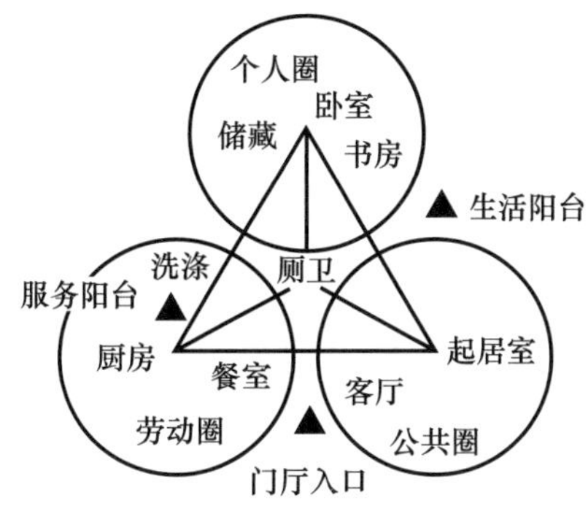

图 4-2　家庭生活功能关系

（2）套型空间的组合设计

套型空间的组合，就是考虑户内的使用要求、功能分区、厨卫布置、朝向通风以及套型的发展趋势等多方面因素，将户内不同功能的空间，通过一定的方式有机地组合在一起，从而满足不同住户使用的需要，并留有发展余地。

套内功能空间的数量、组合方式往往与家庭的人口构成、生活习惯、社会经济条件以及地域、气候条件等密切相关。住户的不同户型要求不同的套型组合方式，因此户型是住宅套型空间组合设计的基本依据之一。而户型往往又随着时间的推移而不断变化着，所以套型也应根据户型的变化而留有发展余地。

4.1.2　住宅的日照条件

住宅建筑间距分正面间距和侧面间距两大类，凡泛指的住宅间距，均为正面间距。日照间距则是从日照要求出发的住宅正面间距。住宅的日照要求以“日照标准”表述。决定住宅日照标准的主要因素有两个。一是所处地理纬度。我国地域辽阔，南北跨纬度近 50°，在同一条件下达到日照标准高纬度的北方地区比低纬度的南方地区难度大得多。二是所处城市的规模大小。大城市人口集中，用地紧张的矛盾比一般中小城市大。综合上述两大因素，在计量方法上，力求提高日照标准的科学性、合理性与适用性，规定两级“日照标准日”，即冬至日和大寒日。“日照标准”则以日照标准日里的日照时数作为控制标准。这样，综合上述“日照标准”可概述为：不同建筑气候地区、不同规模大小的城市地区，在所规定的“日照标准日”内的“有效日照时间带”里，保证住宅建筑底层窗台达到规定的日照时数即为该地区住宅建筑日照标准（表 4-1）。

表 4-1 住宅建筑日照标准

建筑气候区划	Ⅰ、Ⅱ、Ⅲ、Ⅶ气候区		Ⅳ气候区		Ⅴ、Ⅵ气候区
城区常住人口（万人）	≥50	<50	≥50	<50	无限定
日照标准日	大寒日			冬至日	
日照时数（h）	≥2	≥3		≥1	
有效日照时间带（当地真太阳时）	8—16 时			9—15 时	
计算起点	底层窗台面				

注：底层窗台面是指距室内地坪 0.9m 高的外墙位置。

（1）标准日照间距

所谓标准日照间距，即当地正南向住宅，满足日照标准的正面间距。具体的日照间距关系如图 4-3、图 4-4 所示。

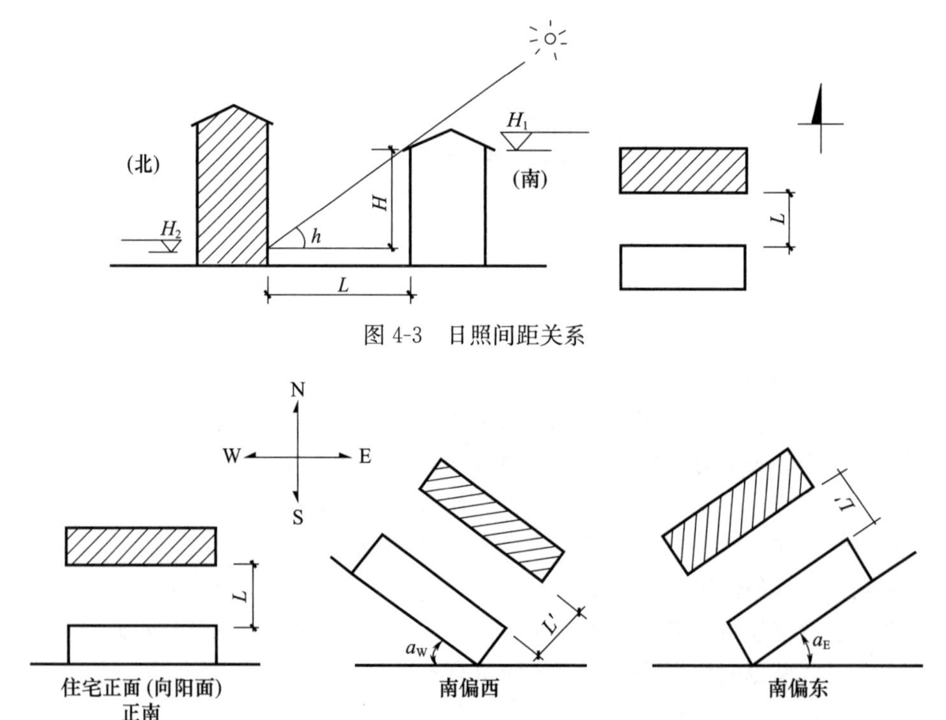

图 4-3 日照间距关系

图 4-4 不同范围日照间距关系

$$\tan h = H/L$$

则

$$L = H/\tan h$$

式中 $H = H_1 - H_2$

令

$$a = 1/\tan h$$

$$L = a \cdot (H_1 - H_2)$$

式中 L——标准日照间距，m；

H——前排建筑屋檐标高至后排建筑底层窗台标高之高差，m；

H_1——前排建筑屋檐标高，m；

H_2——后排建筑底层窗台标高，m；

h——日照标准日太阳高度角；

a——日照标准间距系数（表 4-2）。

表 4-2 全国主要城市不同日照标准的间距系数

序号	城市	纬度	冬至日		大寒日				现行标准
			正午影长率	日照 1h	正午影长率	日照 1h	日照 2h	日照 3h	
1	漠河	53°00′	4.14	3.88	3.33	3.11	3.21	3.33	—
2	齐齐哈尔	47°20′	2.86	2.68	2.43	2.27	2.32	2.43	1.8～2.0
3	哈尔滨	45°45′	2.63	2.46	2.25	2.1	2.15	2.24	1.5～1.8
4	长春	43°54′	2.39	2.24	2.07	1.93	1.97	2.06	1.7～1.8
5	乌鲁木齐	43°47′	2.38	2.22	2.06	1.92	1.96	2.04	—
6	多伦	42°12′	2.21	2.06	1.92	1.79	1.83	1.91	—
7	沈阳	41°46′	2.16	2.02	1.88	1.76	1.8	1.87	1.7
8	呼和浩特	40°49′	2.07	1.93	1.81	1.69	1.73	1.8	—
9	大同	40°00′	2	1.87	1.75	1.63	1.67	1.74	—
10	北京	39°57′	1.99	1.86	1.75	1.63	1.67	1.74	1.6～1.7
11	喀什	39°32′	1.96	1.83	1.72	1.6	1.61	1.71	—
12	天津	39°06′	1.92	1.8	1.69	1.58	1.61	1.68	1.2～1.5
13	保定	38°53′	1.91	1.78	1.67	1.56	1.6	1.66	—
14	银川	38°29′	1.87	1.75	1.65	1.54	1.58	1.64	1.7～1.8
15	石家庄	38°04′	1.84	1.72	1.62	1.51	1.55	1.61	1.5
16	太原	37°55′	1.83	1.71	1.61	1.5	1.54	1.6	1.5～1.7
17	济南	36°41′	1.74	1.62	1.54	1.44	1.47	1.53	1.3～1.5
18	西宁	36°35′	1.73	1.62	1.53	1.43	1.47	1.52	—
19	青岛	36°04′	1.7	1.58	1.5	1.4	1.44	1.5	—
20	兰州	36°03′	1.7	1.58	1.5	1.4	1.44	1.49	1.1～1.2；1.4
21	郑州	34°40′	1.61	1.5	1.43	1.33	1.36	1.42	—
22	徐州	34°19′	1.58	1.48	1.41	1.31	1.35	1.4	—
23	西安	34°18′	1.58	1.48	1.41	1.31	1.35	1.4	1.0～1.2
24	蚌埠	32°57′	1.5	1.4	1.34	1.25	1.28	1.34	—
25	南京	32°04′	1.45	1.36	1.3	1.21	1.24	1.3	1.0；1.1～1.8
26	合肥	31°51′	1.44	1.35	1.29	1.2	1.23	1.29	1.2
27	上海	31°12′	1.41	1.32	1.26	1.17	1.21	1.26	0.9～1.1
28	成都	30°40′	1.38	1.29	1.23	1.15	1.18	1.24	1.1

续表

序号	城市	纬度	冬至日		大寒日				现行标准
			正午影长率	日照 1h	正午影长率	日照 1h	日照 2h	日照 3h	
29	武汉	30°38′	1.38	1.29	1.23	1.15	1.18	1.24	0.7～0.9 1.0～1.1
30	杭州	30°19′	1.36	1.27	1.22	1.14	1.17	1.22	0.9～1.0 1.1～1.2
31	拉萨	29°42′	1.33	1.25	1.19	1.11	1.15	1.2	—
32	重庆	29°34′	1.33	1.24	1.19	1.11	1.14	1.19	0.8～1.1
33	南昌	28°40′	1.28	1.2	1.15	1.07	1.11	1.16	—
34	长沙	28°12′	1.26	1.18	1.13	1.06	1.09	1.14	1.0～1.1
35	贵阳	26°35′	1.19	1.11	1.07	1	1.03	1.08	—
36	福州	26°05′	1.17	1.1	1.05	0.98	1.01	1.07	—
37	桂林	25°18′	1.14	1.07	1.02	0.96	0.99	1.04	0.7～0.8；1.0
38	昆明	25°02′	1.13	1.06	1.01	0.95	0.98	1.03	0.9～1.0
39	厦门	24°27′	1.11	1.03	0.99	0.93	0.96	1.01	—
40	广州	23°08′	1.06	0.99	0.95	0.89	0.92	0.97	0.5～0.7
41	南宁	22°49′	1.04	0.98	0.94	0.88	0.91	0.96	1
42	湛江	21°02′	0.98	0.92	0.88	0.83	0.86	0.91	—
43	海口	20°00′	0.95	0.89	0.85	0.8	0.83	0.88	—

注：本表按沿纬向平行布置的六层条式住宅（楼高 18.18m，首层窗台距室外地面 1.35m）计算；表中数据为 20 世纪 90 年代初调查数据；摘自中华人民共和国国家标准《城市居住区规划设计标准》（GB 50180—2018）

（2）不同方位日照间距

当住宅正面偏离正南方向时，其日照间距以标准日照间距进行折减换算。公式为：

$$L' = b \cdot L$$

式中 L'——不同方位住宅日照间距，m；

L——正南向住宅标准日照间距，m；

b——不同方位日照间距折减系数（表 4-3）。

表 4-3 不同方位日照间距折减换算系数

方位	0°～15°（含）	>15°～30°（含）	>30°～45°（含）	>45°～60°（含）	>60°
折减系数值	1.00L	0.90L	0.80L	0.90L	0.95L

注：表中方位为正南向（0°）偏东、偏西的方位角；L 为当地正南向住宅的标准日照间距（m）；本表仅适用于无其他日照遮挡的平行布置的条式住宅建筑。

日照间距计算示例：重庆地区某居住区，前排房屋檐口标高为 20m，后排房屋底层窗台标高为 1.5m。试求：①该房屋的日照间距；②该房屋朝向为南偏东 20°的日照间距。

解：① $L=a\cdot(H_1-H_2)$

先确定标准日照间距系数 a：

根据重庆属Ⅲ类建筑气候区、城区常住人口大于 50 万人查表：

由（表 4-1），重庆日照标准日为“大寒日”；日照时数≥2h。

由（表 4-2），标准日照间距系数 $a=1.14$，现行值为 0.8～1.1。

低限值和高限值分别为 0.8 和 1.14。

则 $L_1=0.8\times(20-1.5)=14.8$（m）

$L_2=1.14\times(20-1.5)=21.09$（m）

所以日照间距为 14.8～21.1m（21.1m 为标准日照间距）。

② $L'=b\cdot L$

已知：房屋方位角度南偏东 20°。

由（表 4-3），$b=0.9$

则 $L_1'=0.9\times14.8=13.32$（m）

$L_2'=0.9\times21.1=18.99$（m）

所以南偏东 20°时的日照间距为 13.32～18.99m（18.99m 为标准折减日照间距）。

4.1.3 住宅层数、容积率等控制指标

居住区的物质空间形态主要通过建筑来体现，可从多种角度对其进行分析，如材料运用、结构方式、装饰风格、细部手法等，其中也包含了经济、社会、文化、生态等方面的一些重要信息。《城市居住区规划设计标准》将居住区住宅按照建筑平均层数分为低层（1～3 层）、多层Ⅰ类（4～6 层）、多层Ⅱ类（7～9 层）、高层Ⅰ类（10～18 层）和高层Ⅱ类（19～26 层）共 5 种类型（图 4-5～图 4-7）。

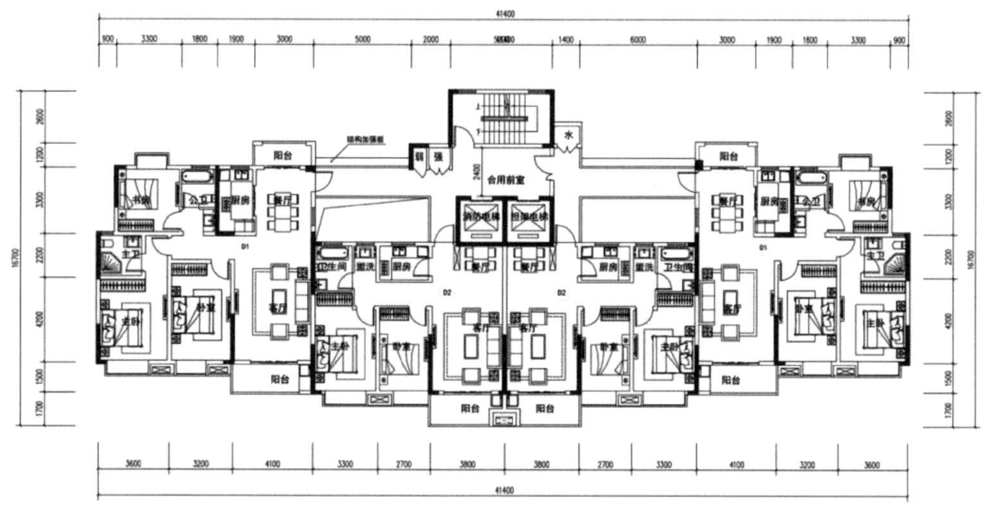

图 4-5　7～9 层住宅平面图

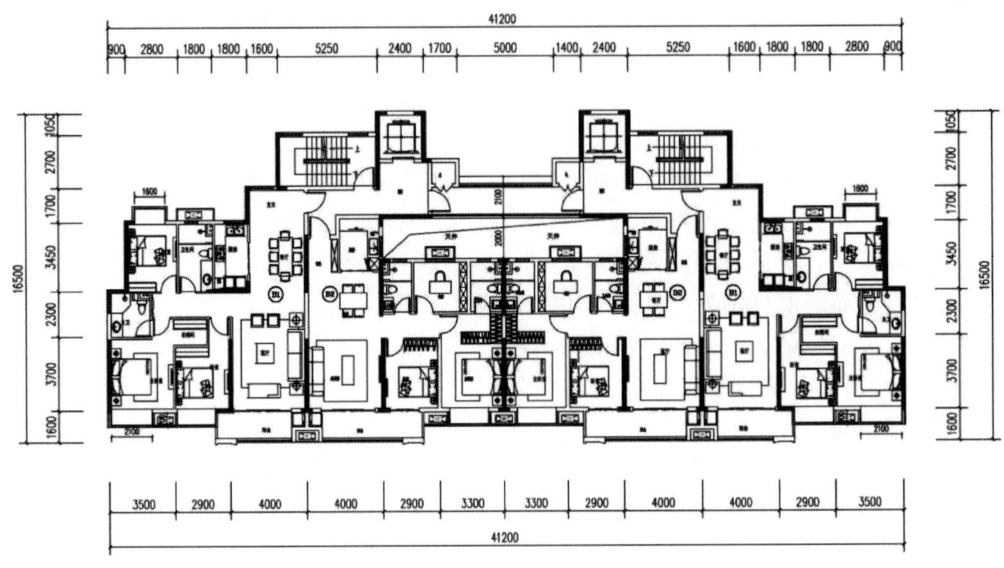

图 4-6　10～18 层住宅平面图

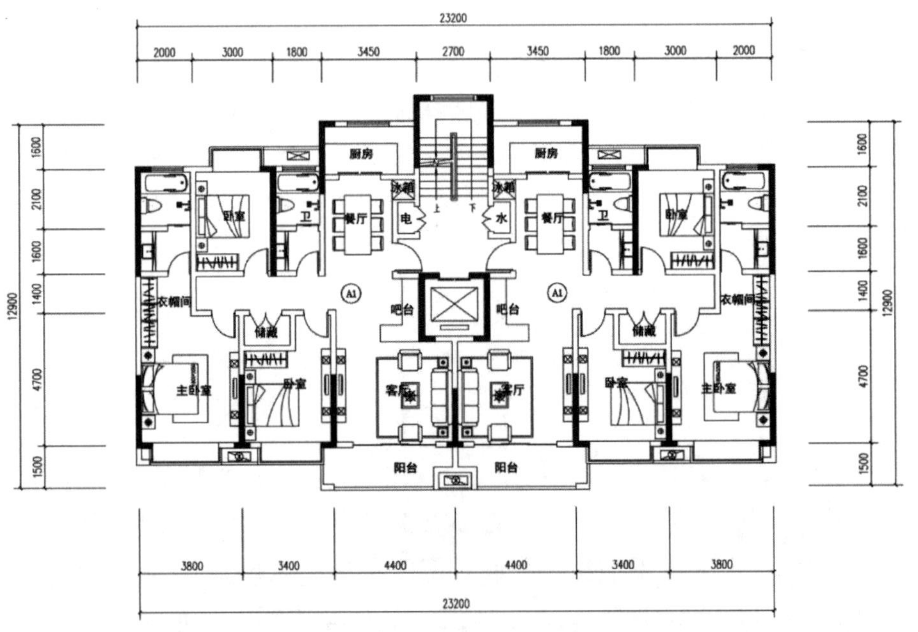

图 4-7　19 层以上住宅平面图

《城市居住区规划设计标准》明确了 15 分钟生活圈、10 分钟生活圈、5 分钟生活圈居住区用地以及居住街坊用地的住宅用地建筑高度、容积率、建筑密度最大值、绿地率最小值等指标（表 4-4～表 4-8），通过多项指标控制开发强度，避免出现高低配的现象。

表 4-4　15 分钟生活圈居住区用地控制指标

建筑气候区划	住宅建筑平均层数类别	人均居住区用地面积（m²/人）	居住区用地容积率	居住区用地构成（%）				
				住宅用地	配套设施用地	公共绿地	城市道路用地	合计
Ⅰ、Ⅶ	多层Ⅱ类（4～6 层）	40～54	0.8～1.0	58～61	12～16	7～11	15～20	100
Ⅱ、Ⅵ	多层Ⅱ类（4～6 层）	38～51	0.8～1.0	58～61	12～16	7～11	15～20	100
Ⅲ、Ⅳ、Ⅴ	多层Ⅱ类（4～6 层）	37～48	0.9～1.1	58～61	12～16	7～11	15～20	100
Ⅰ、Ⅶ	多层Ⅱ类（7～9 层）	35～42	1.0～1.1	52～58	13～20	9～13	15～20	100
Ⅱ、Ⅵ	多层Ⅱ类（7～9 层）	33～41	1.0～1.2	52～58	13～20	9～13	15～20	100
Ⅲ、Ⅳ、Ⅴ	多层Ⅱ类（7～9 层）	31～39	1.1～1.3	52～58	13～20	9～13	15～20	100
Ⅰ、Ⅶ	高层Ⅰ类（10～18 层）	28～38	1.1～1.4	48～52	16～23	11～16	15～20	100
Ⅱ、Ⅵ	高层Ⅰ类（10～18 层）	27～36	1.2～1.4	48～52	16～23	11～16	15～20	100
Ⅲ、Ⅳ、Ⅴ	高层Ⅰ类（10～18 层）	26～34	1.2～1.5	48～52	16～23	11～16	15～20	100

表 4-5　10 分钟生活圈居住区用地控制指标

建筑气候区划	住宅建筑平均层数类别	人均居住区用地面积（m²/人）	居住区用地容积率	居住区用地构成（%）				
				住宅用地	配套设施用地	公共绿地	城市道路用地	合计
Ⅰ、Ⅶ	低层（1～3 层）	49～51	0.8～0.9	71～73	5～8	4～5	15～20	100
Ⅱ、Ⅵ	低层（1～3 层）	45～51	0.8～0.9	71～73	5～8	4～5	15～20	100
Ⅲ、Ⅳ、Ⅴ	低层（1～3 层）	42～51	0.8～0.9	71～73	5～8	4～5	15～20	100
Ⅰ、Ⅶ	多层Ⅰ类（4～6 层）	35～47	0.8～1.1	68～70	8～9	4～6	15～20	100
Ⅱ、Ⅵ	多层Ⅰ类（4～6 层）	33～44	0.9～1.1	68～70	8～9	4～6	15～20	100
Ⅲ、Ⅳ、Ⅴ	多层Ⅰ类（4～6 层）	32～41	0.9～1.2	68～70	8～9	4～6	15～20	100
Ⅰ、Ⅶ	多层Ⅱ类（7～9 层）	30～35	1.1～1.2	64～67	9～12	6～8	15～20	100
Ⅱ、Ⅵ	多层Ⅱ类（7～9 层）	28～33	1.2～1.3	64～67	9～12	6～8	15～20	100
Ⅲ、Ⅳ、Ⅴ	多层Ⅱ类（7～9 层）	26～32	1.2～1.4	64～67	9～12	6～8	15～20	100
Ⅱ、Ⅵ	高层Ⅰ类（10～18 层）	23～31	1.2～1.6	60～64	12～14	7～10	15～20	100
Ⅰ、Ⅶ	高层Ⅰ类（10～18 层）	22～28	1.3～1.7	60～64	12～14	7～10	15～20	100
Ⅲ、Ⅳ、Ⅴ	高层Ⅰ类（10～18 层）	21～27	1.4～1.8	60～64	12～14	7～10	15～20	100

表 4-6　5 分钟生活圈居住区用地控制指标

建筑气候区划	住宅建筑平均层数类别	人均居住区用地面积（m²/人）	居住区用地容积率	居住区用地构成（%）				
				住宅用地	配套设施用地	公共绿地	城市道路用地	合计
Ⅰ、Ⅶ	低层（1～3 层）	46～47	0.7～0.8	76～77	3～4	2～3	15～20	100
Ⅱ、Ⅵ	低层（1～3 层）	43～47	0.8～0.9	76～77	3～4	2～3	15～20	100
Ⅲ、Ⅳ、Ⅴ	低层（1～3 层）	39～47	0.8～0.9	76～77	3～4	2～3	15～20	100

续表

建筑气候区划	住宅建筑平均层数类别	人均居住区用地面积（m²/人）	居住区用地容积率	居住区用地构成（%）				
				住宅用地	配套设施用地	公共绿地	城市道路用地	合计
Ⅰ、Ⅶ	多层Ⅰ类（4～6层）	32～43	0.8～1.1	74～76	4～5	2～3	15～20	100
Ⅱ、Ⅵ		31～40	0.9～1.2					
Ⅲ、Ⅳ、Ⅴ		29～37	1.0～1.2					
Ⅰ、Ⅶ	多层Ⅱ类（7～9层）	28～31	1.2～1.3	72～74	5～6	3～4	15～20	100
Ⅱ、Ⅵ		25～29	1.2～1.4					
Ⅲ、Ⅳ、Ⅴ		23～28	1.3～1.6					
Ⅰ、Ⅶ	高层Ⅰ类（10～18层）	20～27	1.4～1.8	69～72	6～8	4～5	15～20	100

表 4-7　居住街坊用地与建筑控制指标

建筑气候区划	住宅建筑平均层数类别	居住宅用地容积率	建筑密度最大值（%）	绿地率最小值（%）	住宅建筑高度控制最大值（m）	人均住宅用地面积最大值（m²/人）
Ⅰ、Ⅶ	低层（1～3层）	1.0	35	30	18	36
	多层Ⅰ类（4～6层）	1.1～1.4	28	30	27	32
	多层Ⅱ类（7～9层）	1.5～1.7	25	30	36	22
	高层Ⅰ类（10～18层）	1.8～2.4	20	35	54	19
	高层Ⅱ类（19～26层）	2.5～2.8	20	35	80	13
Ⅱ、Ⅵ	低层（1～3层）	1.0～1.1	40	28	18	36
	多层Ⅰ类（4～6层）	1.2～1.5	30	30	27	30
	多层Ⅱ类（7～9层）	1.6～1.9	28	30	36	21
	高层Ⅰ类（10～18层）	2.0～2.6	20	35	54	17
	高层Ⅱ类（19～26层）	2.7～2.9	20	35	80	13
Ⅲ、Ⅳ、Ⅴ	低层（1～3层）	1.0～1.2	43	25	18	36
	多层Ⅰ类（4～6层）	1.3～1.6	32	30	27	27
	多层Ⅱ类（7～9层）	1.7～2.1	30	30	36	20
	高层Ⅰ类（10～18层）	2.2～2.8	22	35	54	16
	高层Ⅱ类（19～26层）	2.9～3.1	22	35	80	12

注：1. 住宅用地容积率是居住街坊内，住宅建筑及其便民服务设施地上建筑面积之和与住宅用地总面积的比值；
2. 建筑密度是居住街坊内，住宅建筑及其便民服务设施建筑基底面积与该居住街坊用地面积的比例（%）；
3. 绿地率是居住街坊内绿地面积之和与该居住街坊用地面积的比例（%）。

表 4-8 低层或多层高密度居住街坊用地与建筑控制指标

建筑气候区划	住宅建筑层数类别	居住宅用地容积率	建筑密度最大值（%）	绿地率最小值（%）	住宅建筑高度控制最大值（m）	人均住宅用地面积（m^2/人）
Ⅰ、Ⅶ	低层（1～3 层）	1.0、1.1	42	25	11	32～36
	多层Ⅰ类（4～6 层）	1.4、1.5	32	28	20	24～26
Ⅱ、Ⅵ	低层（1～3 层）	1.1、1.2	47	23	11	30～32
	多层Ⅰ类（4～6 层）	1.5～1.7	38	28	20	21～24
Ⅲ、Ⅳ、Ⅴ	低层（1～3 层）	1.2、1.3	50	20	11	27～30
	多层Ⅰ类（4～6 层）	1.6～1.8	42	25	20	20～22

注：1. 住宅用地容积率是居住街坊内，住宅建筑及其便民服务设施地上建筑面积之和与住宅用地总面积的比值；
2. 建筑密度是居住街坊内，住宅建筑及其便民服务设施建筑基底面积与该居住街坊用地面积的比例（%）；
3. 绿地率是居住街坊内绿地面积之和与该居住街坊用地面积的比例（%）。

（1）低层居住区

低层居住区一般是指住宅层数在 1～3 层的居住区。低层居住区与人类社会早期以手工劳作为主的技术水平、建造方式有关，加之那时人地关系不紧张，人们对土地的深厚感情和极大依赖，以及传统的居住观念决定了这一时期的住宅层数不会太高。在现代社会，低层居住区也是很常见的一种居住区类型，其中又分为三种不同的种类。

第一类是城市在不断的发展中因保护需要而遗存下来的低层住宅区（大多位于历史城区或街区内），如安徽合肥三河古镇民居、北京南锣鼓巷胡同四合院民居、山西平遥古城民居以及分布于全国各地的历史文化传统村落等，这类居住区往往具有非常高的历史文化保护价值，要“让居民望得见山、看得见水、记得住乡愁”“要处理好传统与现代、继承与发展的关系，让我们的城市建筑更好地体现地域特征、民族特色和时代风貌”。2014 年中央有关部委联合出台指导意见，提出用 3 年时间，使列入中国传统村落名录的村落文化遗产得到基本保护，具备基本的生产生活条件、防灾安全保障、保护管理机制，逐步增强传统村落保护发展的综合能力。

第二类是现在仍然广泛存在于城市与乡村、厂矿企业用地上的老旧住宅区，这些住宅区建造技术比较简单，建筑密度比较高，随着人们生活水平的逐步提高和对居住面积的要求逐渐提升，住宅区内不断填充新的低层住宅，原有的住宅也出现了加层改建的现象。随着城市建设的快速发展，位于城市区域内的这些住宅（即城中村）将被新的多层住宅甚至中高层住宅所替代。

第三类与前述两类低层住宅区具有较大的差别，在现代城市中土地的价值是最高的，在这样的城市用地上开发建设的低层住宅（别墅住宅区），往往土地利用强度和建筑密度均比较低，住宅价格却非常昂贵，对于一般城市居民来说，能够住上这样的住宅，代价是巨大的。这些居住区环境优美，管理精细，多位于城郊，也有少量分布于旧城中。历史上比较久远的低层居住区以院落型住宅为主，为近 30 年新建的低层。

（2）多层居住区

多层居住区一般是指住宅层数在 4～9 层的居住区，其中多层Ⅰ类（4～6 层）是 20 世纪六七十年代发展起来的最常见的住宅区类型。在用地相对平整的情况下，层数的计算相对比较简单，一般是从底层能够住人的一层算至顶层的层数，也有的住宅将 6

层以上的空间设计为阁楼层，即6+1层，底层以下也可以再挖一层作为储藏室层或车库层。而位于山地城市中的多层住宅，常常利用地势形成不同的地面层。地势起伏越大，地面层的认定就越复杂。对于这样一座住宅而言，从最底层算起的话可能是5层，但是如果将位置较高的地面层作为一层的话，可能只有3层了。

在我国的大多数多层居住区中，住宅通常采用单元拼接的方式集结为更大的体量，形成某种围合或空间秩序，其中一梯两户型最受欢迎。此外，为了节省空间，也有一梯三户至一梯六户型的。户型的合理与舒适始终是人们最关心的方面之一，而外部空间富于变化和有着景观处理的多层居住区也会受到广大购房者的欢迎。我国多数居住区的容积率一般在1.1～1.7，如果容积率过高，多层居住区的外部空间就很难避免呆板并呈现兵营式格局。不过，目前随着城市居民对居住区环境景观需求不断提高，较低容积率的居住区开始成为众多房地产开发商所追求的建设目标。

（3）高层居住区

高层居住区的优点是可以节约土地，增加住房和居住人口，如同样的地基建6层住宅与建12层住宅，后者的土地利用率、住房和居住人口相较于前者可以提高近一倍。尤其是在我国人口密度和建筑密度较高的地区，拆迁的费用很高，动员人口外迁的工作难度很大，但通过建设高层住宅就能较好地处理各方面的矛盾。

高层居住区的住宅一般可以分为单元式高层住宅、塔式高层住宅和通廊式高层住宅。单元式高层住宅是指由多个住宅单元组合而成，每单元均设有楼梯、电梯的高层住宅；塔式高层住宅是指以公用楼梯、电梯为核心布置多套住房的高层住宅；通廊式高层住宅是指以共用楼梯、电梯通过内（外）廊进入各套住房的高层住宅。

当高层住宅的标准层户数一定时，电梯越多，每户的公摊面积越大，建造成本越高。当电梯数量一定时，每层户数越多，则公摊面积越少，经济性较好，但是居民等候电梯的时间成本较高。此外，在高层住宅的建筑设计中，重点要做好每户内各个房间的采光与通风问题，无论是开发商和设计师，都应该解决好经济效益和居住质量之间的矛盾。

从体量上看，高层住宅大致分为板式与点式两种。板式多采用核心体加公共走廊的平面组合模式，点式则多为核心体放射模式。板式高层相对经济，但对城市外围环境产生的压力过大，对风、光、视野的阻挡比较严重，因此一般要求板式高层间距与高度之比为1∶1，甚至更高；点式住宅的间距要求则低很多，平面宽度往往在40m以上。

近年来，我国高层、高密度的居住区与日俱增，百米高的住宅建筑也日益增多，对城市风貌影响极大；同时，过多的高层住宅，给城市消防、城市交通、市政设施、应急疏散、配套设施等都带来了巨大的压力和挑战。《中共中央 国务院关于进一步加强城市规划建设管理工作的若干意见》针对营造城市宜居环境提出了“进一步提高城市人均公园绿地面积和城市建成区绿地率，改变城市建设中过分追求高强度开发、高密度建设、大面积硬化的状况，让城市更自然、更生态、更有特色”。《城市居住区规划设计标准》（GB 50180—2018）中对居住区的开发强度提出了限制要求，不鼓励高强度开发居住用地及大面积建设高层住宅建筑，在相同的容积率控制条件下，对住宅建筑控制高度最大值进行了限制，未来城市居住区的住宅建筑最大高度80m成为常态化，通过合理控制住宅建筑的高度，既可以有效避免住宅建筑群比例失态的“高低配”现象，又能够为合理设置高低错落的住宅建筑群留出空间。高层住宅建筑形成的居住街坊由于建筑密度低，应设置更多的绿地空间。

4.2 住宅建筑布置

与居民生活的生理和物理条件相关的因素，主要有住宅朝向、住宅间距和住宅防噪等方面，在住宅规划设计中应充分利用自然条件，减小环境负担。

4.2.1 住宅的朝向

住宅朝向主要要求能获得良好自然通风和日照条件。我国大部分地区处北温带，南北气候差异较大：寒冷地区居室避免朝北，不忌西晒，以争取冬季能获得一定质量的日照，并能避风防寒；炎热地区居室要避免西晒，尽量减少太阳对居室及其外墙的直射与辐射，并要有利自然通风，避暑防湿。

从住宅获得良好的自然通风出发，当风向正对建筑时，要求不遮挡后面的住宅，那么房间距需在4～5H以上，布置如此之大的通风间距是不现实的，只能在日照间距的前提下来考虑通风问题。从不同的风向对建筑组群的气流影响情况看，当风正面吹向建筑物，风向入射角为0°时（风向与受风面法线夹角）背风面产生很大涡旋，气流不畅，若将建筑受风面与主导风向成一角度布置时，则有明显改善，当风向入射角加大至30°～60°时，气流能较顺利地导入建筑的间距内，从各排迎风面进风（图4-8、图4-9）。因此，加大间距不如加大风向入射角对通风更有利；此外，还可在建筑的布置方式上来寻求改善通风的方法，如将住宅左右、前后交错排列或上下高低错落以扩大迎风面，增多迎风口；将建筑疏密组合增加风流量；利用地形、水面、植被增加风速、导入新鲜空气等（图4-10），这样，在丰富居住空间的同时充实了环境的生态、科学内涵。住宅朝向的确定，可参考我国城市建筑的适宜朝向（表4-9）。该表主要综合考虑了不同城市的日照时间、太阳辐射强度、常年主导风向等因素制成，对具体的规划基地还与地区小气候、地形地貌、用地条件等因素有关，组织通风时需一并考虑（图4-11）。

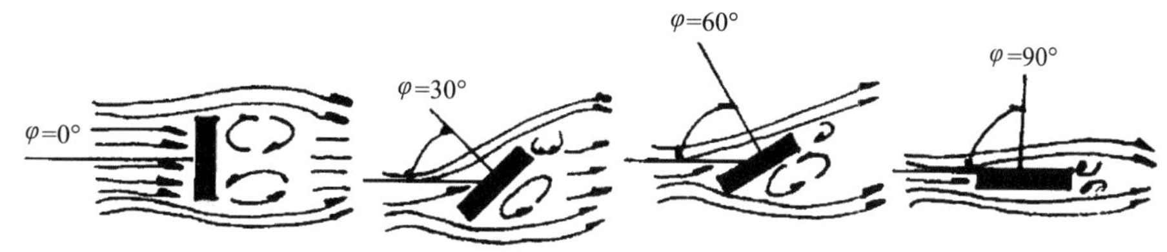

图4-8 风向入射角对建筑气流影响

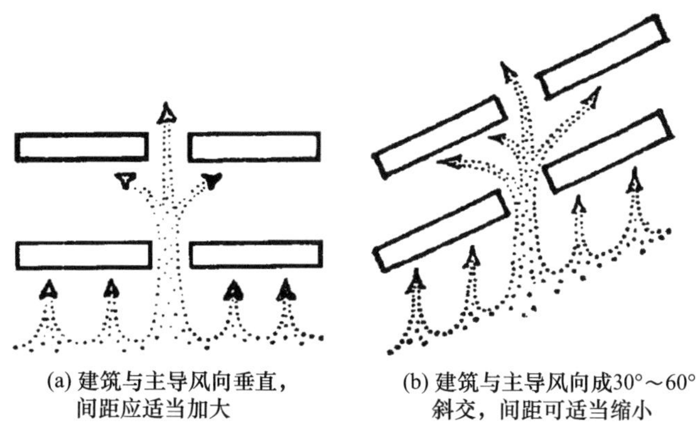

(a) 建筑与主导风向垂直，间距应适当加大

(b) 建筑与主导风向成30°～60°斜交，间距可适当缩小

图4-9 通风与建筑间距关系

住宅错列布置增大迎风面，利用山墙间距，将气流导入住宅群内部

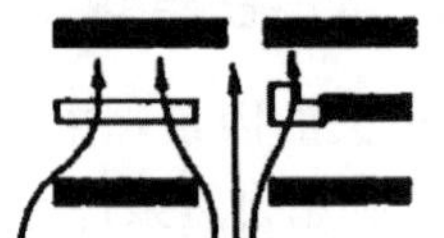

低层住宅或公建布置在多层住宅群之间，可改善通风效果

住宅疏密相间布置，密处风速加大，改善了群体内部通风

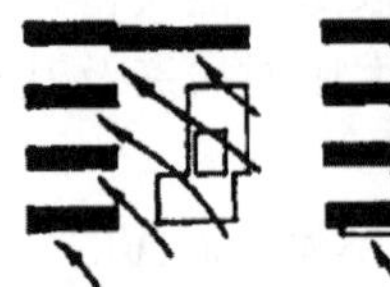

高低层住宅间隔布置，或将低层住宅或低层公建布置在迎风面一侧以利进风

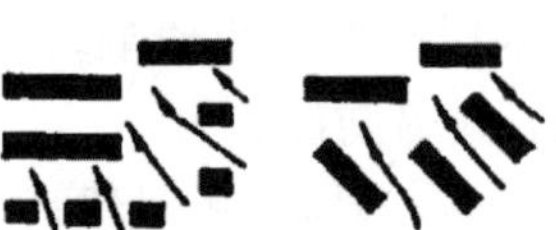

住宅组群豁口迎向主导风向，有利通风。如防寒则在通风面上少设豁口

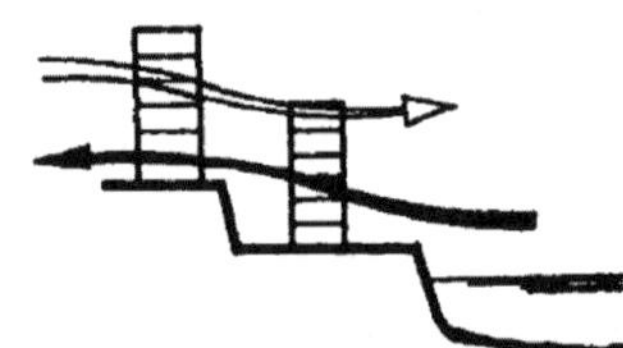

利用水面和陆地温差加强通风

利用局部风候改善通风

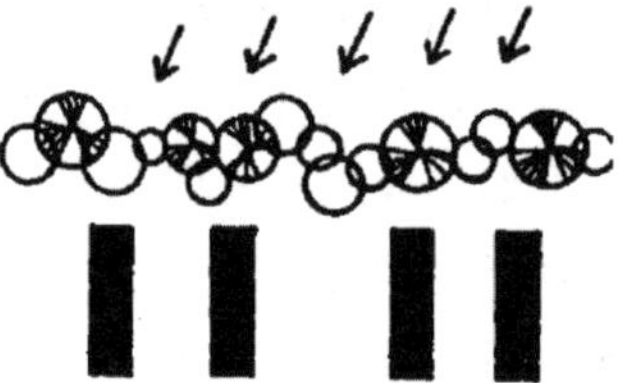

利用绿化起导风或防风作用

图 4-10 住宅群体通风和防风措施

表 4-9 全国部分建议建筑朝向表

地区	最佳朝向	适宜朝向	不宜朝向
北京地区	正南至南偏东 30°以内	南偏东 45°范围内 南偏西 35°范围内	北偏西 35°～60°
上海地区	正南至南偏东 15°	南偏东 30°、南偏西 15°	北、西北
石家庄地区	南偏东 15°	南至南偏东 30°	西
太原地区	南偏东 15°	南偏东至东	西北
呼和浩特地区	南至南偏东、南至南偏西	东南、西南	北、西北
哈尔滨地区	南偏东 15°～20°	南至南偏东 15°、南至南偏西 15°	西北、北
长春地区	南偏东 30°、南偏西 10°	南偏东 25°、南偏西 10°	北、东北、西北
沈阳地区	南、南偏东	南偏东至东、南偏西至西	东北东至西北西
济南地区	南、南偏东 10°～15°	南偏东 30°	西偏北 5°～10°
南京地区	南、南偏东 15°	南偏东 15°、南偏西 10°	西、北
合肥地区	南偏东 5°～15°	南偏东 15°、南偏西 5°	西
杭州地区	南偏东 10°～15°	南、南偏东 30°	北、西
福州地区	南、南偏东 5°～10°	南偏东 20°以内	西
郑州地区	南偏东 15°	南偏东 25°	北、西

续表

地区	最佳朝向	适宜朝向	不宜朝向
武汉地区	南、南偏西 15°	南偏东 15°	西、西北
长沙地区	南偏东 9°	南	西、西北
广州地区	南偏东 15°、南偏西 5°	南偏东 22°30′、南偏西 5°至西	
南宁地区	南、南偏东 15°	南偏东 15°～25°、南偏西 5°	东、西
西安地区	南偏东 10°	南、南偏西	西、西北
银川地区	南至南偏东 23°	南偏东 34°、南偏西 20°	西、西北
西宁地区	南至南偏西 30°	南偏东 30°、南偏西 30°	北、西北
乌鲁木齐地区	南偏东 40°、南偏西 30°	东南、东、西	北、西北
成都地区	南偏东 45°至南偏西 15°	南偏东 45°至东偏北 30°	西、北
昆明地区	南偏东 25°～50°	东至南至西	北偏东 35°北偏西 35°
拉萨地区	南偏东 10°、南偏西 5°	南偏东 15°、南偏西 10°	西、北
厦门地区	南偏东 5°～10°	南偏东 22°30′、南偏西 10°	南偏西 25°西偏北 30°
重庆地区	南、南偏东 10°	南偏东 15°、南偏西 5°、北	东、西
旅顺、大连地区	南、南偏西 15°	南偏东 45°至南偏西至西	北、西北、东北
青岛地区	南、南偏东 5°～15°	南偏东 15°至南偏西 15°	西、北
桂林地区	南偏东 10°、南偏西 5°	南偏东 22°30′、南偏西 20°	

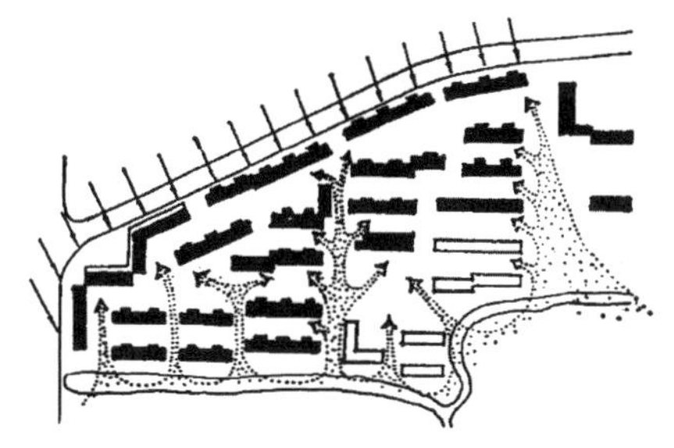

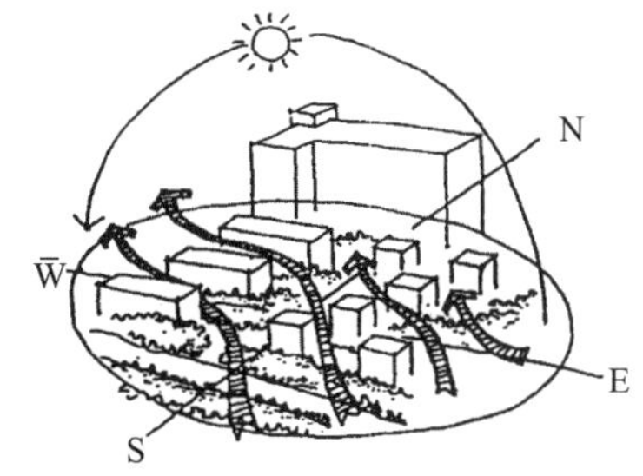

图 4-11　建筑布置与通风关系

（图为上海天钥新村，周围比较空旷，布置成西北封闭，东南开敞，有利夏季迎东南风，冬季挡西北风）

4.2.2 住宅的间距

住宅间距包括住宅前后（正面和背面）以及两侧（侧面）的距离。住宅建筑的间距应符合规定，对特定情况，还应符合下列规定：

①老年人居住建筑日照标准不应低于冬至日日照数 2h；

②在原设计建筑外增加任何设施不应使相邻住宅原有日照标准降低，既有住宅建筑进行无障碍改造加装电梯外；

③旧区改建项目内新建住宅建筑日照标准不应低于大寒日日照时数 1h。

建筑间距的控制要求不仅仅是保证每家住户均能获得基本的日照量和住宅的安全要求，同时还要求考虑一些户外场地的日照需要，如幼儿和儿童游戏场地、老年人活动场地和其他一些公共绿地，以及由于视线干扰引起的私密性保证问题。

任何一种建筑形式和建筑布置方式在我国大部分地区均会产生终年的阴影区（图 4-12）。终年阴影区的产生与建筑的外形、建筑的布置有关，因此，在考虑建筑外形的设计和建筑的布局时，需要对住宅建筑群体或单体的日照进行分析，避免那些需要日照的户外场地处于终年的阴影区中。

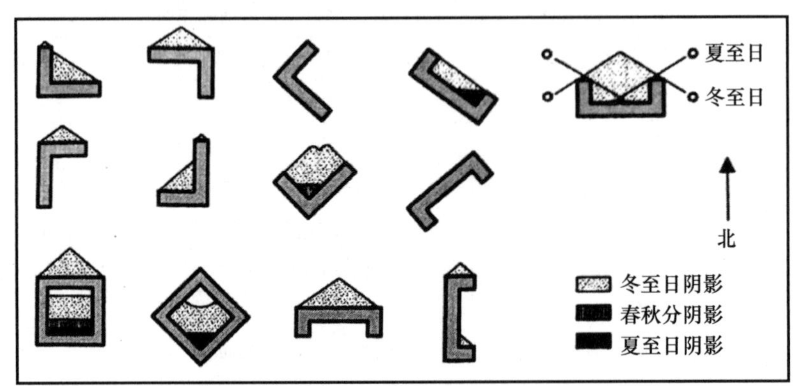

图 4-12　建筑阴影区分析

由视线干扰引起的住户私密性保证问题，有住户与住户的窗户间和住户与户外道路或场地间两个方面。住户与住户的窗户间的视线干扰主要应该通过住宅设计、住宅群体组合布局以及住宅间距的合理控制来避免，而住户与户外道路或场地间的视线干扰可以通过植物、竖向变化等视线遮挡的处理方法来解决（图 4-13）。

图 4-13　考虑住户私密性的布置示例

4.2.3　住宅防噪

住宅区的噪声源主要来自 3 个方面，即交通噪声、人群活动噪声和工业生产噪声。住宅区噪声的防治可以从住宅区的选址、区内外道路与交通的合理组织、区内噪声源相对集中以及通过绿化和建筑的合理布置等方面来进行。

交通噪声主要来自区内外的地面交通的噪声：对于来自区外的城市交通噪声主要采用“避”与“隔”的方法处理；而对于产生于区内的交通噪声则通过住宅区自身的规划布局在交通组织和道路、停车设施布局上采用分区或隔离的方法来降低噪声对居住环境的影响。

为了有效地保证居住生活环境的质量，针对住宅区所处的位置分别实行不同的噪声控制标准。国际标准组织（ISO）制定的居住环境室外允许噪声标准为 35～45dB（A）。

为了减少噪声影响，外部空间设计应注意：减少机动交通量，降低平均速度；合理运用景观屏障以及由建筑构成的声障；动静空间合理分区，减少人群活动等对住户的影响。

住宅防噪的方法：控制噪声源和削弱噪声的传递，对居住区中一些主要噪声源，如学校、工业作坊、菜场、青少年及儿童活动场地等，在满足使用要求的前提下，应与住宅组群有一定的距离和间距，尽量减少噪声对住宅的影响，同时还可以充分利用天然的地形屏障、绿化带等来削弱噪声的传递，降低影响住宅的噪声级（表 4-10）。

表 4-10 降低噪声方法

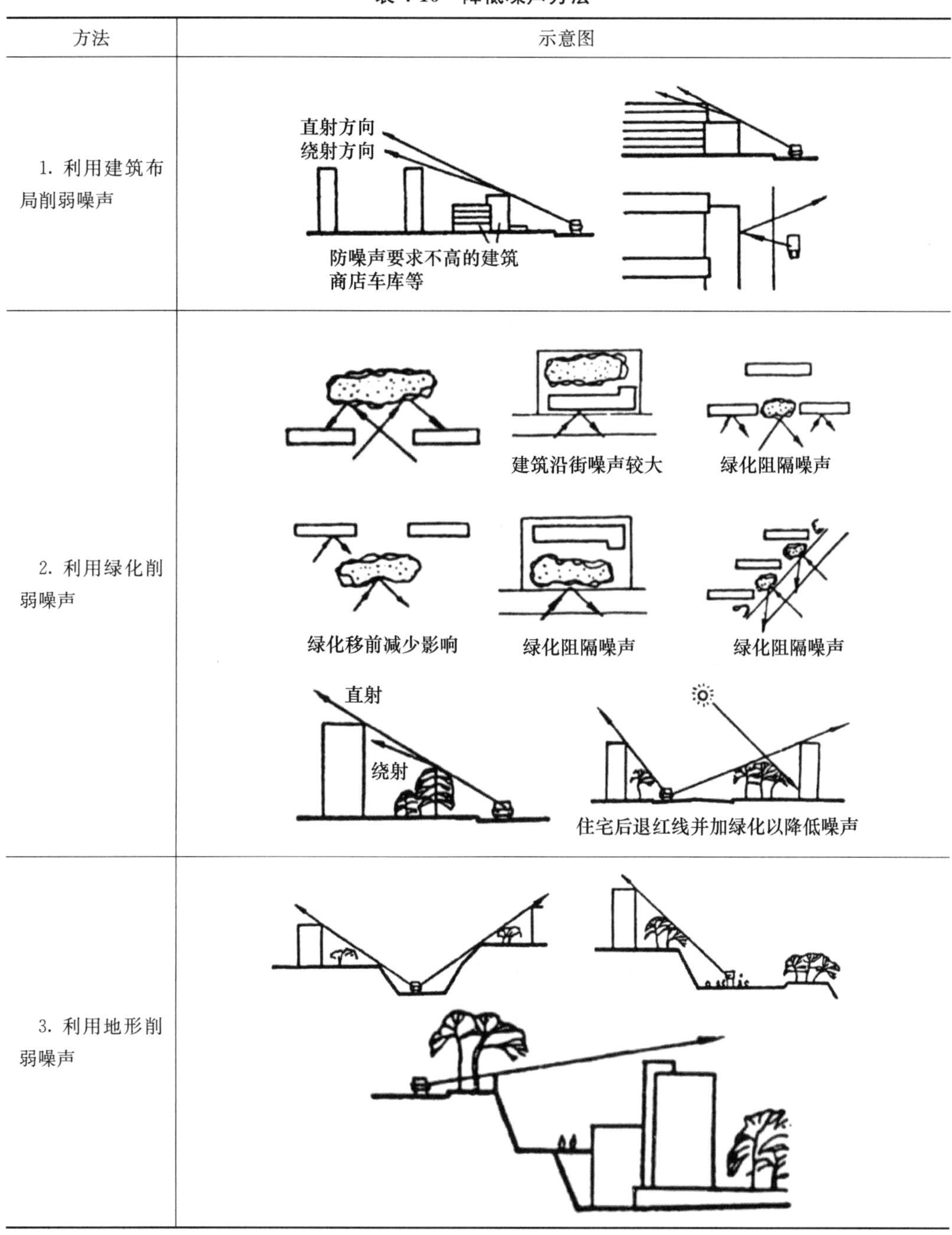

方法	示意图
1. 利用建筑布局削弱噪声	直射方向 绕射方向 防噪声要求不高的建筑 商店车库等
2. 利用绿化削弱噪声	建筑沿街噪声较大 绿化阻隔噪声 绿化移前减少影响 绿化阻隔噪声 绿化阻隔噪声 直射 绕射 住宅后退红线并加绿化以降低噪声
3. 利用地形削弱噪声	

4.3 住宅群体的空间组合

组织室外空间环境的主要物质因素是地形地貌、建筑物、植物 3 类。其中对室外空间影响最大的是建筑对空间的限定与布局，它决定着空间的形态、尺度以及由此而形成的不同空间品质的感受，产生积极或消极的影响。

4.3.1 住宅群体的空间组合形式

住宅及其组群的规划布置必须因地制宜，“行列式”“周边式”和“点群式”是住宅群体组合的 3 个基本原型（图 4-14）。此外，还有 3 种基本原型兼而有之的“混合式”或因地形地貌、用地条件的限制，随圆就方而形成的“自由式”组合。后两种则应属前 3 种基本原型的次生型，其形式多变不定。

(a) “行列式”与线型空间

(b) “周边式”与集中型空间

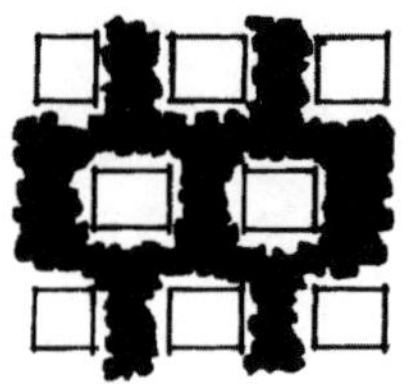
(c) “点群式”与松散空间

图 4-14　住宅群体组合的基本原型

（1）行列式

行列式是指条形住宅或联排式住宅按定朝向和合理的间距成行成列地布置。在我国大部分地区，这种布置形式使每户都能获得良好的日照和通风条件，形式比较整齐，有较强的规律性。道路和各种管线的布置比较容易，是目前应用较为广泛的布置形式。但缺点是行列式布置形成的空间往往比较单调、呆板、识别性差，易在街坊内部产生穿越交通。

因此，在住宅群体组合中，可以存在部分的行列式布置，但应避免居住街坊内部完全的“兵营式”布置，多考虑住宅建筑组群空间的变化，通过在行列式布置的基础上适当改变，就能达到良好的形态特征和景观效果。例如，采用山墙错落、单元错接、短墙分隔以及成组改变朝向等手法，既可以使组群内建筑向夏季主导风向散开，更好地组织通风，也可使建筑群体生动活泼，更好地结合地形、道路，避免交通干扰，丰富院落景观。可以利用主要机动车道的走势，进行错位布置。还可以利用公共绿地与建筑的结合，形成多样化空间，打破单一的行列式布置方式，丰富住宅组群布局（表 4-11）。

表 4-11　行列式布局及空间变化

布置手法	实例	布置手法	实例
1. 平行排列	天津长江道实验小区住宅组团	2. 变化间距	莫斯科齐辽莫斯卡九号

续表

布置手法		实例	布置手法	实例
3. 交错排列	山墙前后交错	**北京翠微小区住宅组团**	5. 变化朝向	**上海蕃瓜弄居住小区**
	山墙左右前后交错	**青岛浮山所小区住宅区**	6. 直线形	**上海凉城新村居住区住宅**
4. 单元错接	不等长拼接	**上海仙霞新村住宅组团**	7. 曲线形	**深圳白沙岭居住区住宅**
	等长拼接	天津川府新村田川里	8. 折线形	常州红梅西村住宅

(2) 周边式

周边式具有内向集中空间，便于绿化、利于邻里交往、节约用地、防风防寒；但东西向比例较大、转角单元空间较差，有旋涡风、噪声及干扰较大、对地形的适应性差等缺点（表 4-12）。

周边式布局的特点如下。

①有利于安全和管理。采用周边式布置的住宅建筑具有向内集中的空间，能形成一定的活动场地，空间领域感强，内外分隔明显，能有效减少外部因素的干扰，利于儿童、老人在居住区内部活动，并利于组织宁静、安全、方便的户外邻里交往的活动空间。从我国经济发展水平和社会成员的层面考虑，居住区目前还没有达到资源共享、

彻底开放的地步，周边式布置方式有利于内部的资源管理。

②便于布置公共绿化和休息园地。各住宅建筑沿街坊边界布置，中心形成比较大的中心花园，居民能最大化地享有中心景观与外围景观。一个中心花园的设计，能够让更多的孩子融入集体活动、嬉戏玩耍，营造出氛围温馨的邻里关系。这种布置形式，还可以节约用地和提高容积率。

③在寒冷及多风沙地区，周边式布置具有防风御寒的作用，可以阻挡风沙及减少院内积雪。对建筑来说可以有效地挡风。适当通风原本是防治疾病的妙法，但建筑的风太多也会带来问题。对于北方一些经常出现扬沙天气的城市来说，周边式布置有利于解决风沙问题。针对中国的雾霾环境，周边式布置能够最大限度打造一个相对洁净的居住空间。

但是这种布置方式会出现一部分东西朝向的住宅，转角单元空间较差，对地形的适应性差，在建筑单体设计中应注意克服和解决，努力做好转角单元的户型设计。

表 4-12 周边式布置及空间变化

布置手法	实例
1. 单周边	长春第一汽车厂居住街坊 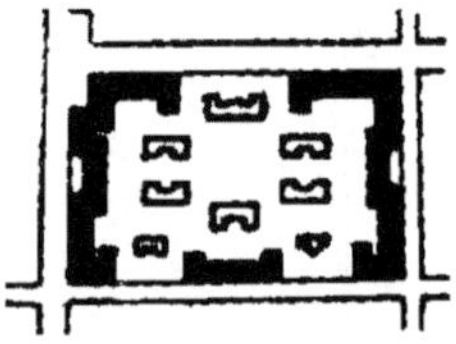　英国米尔顿·凯恩斯新城住宅群 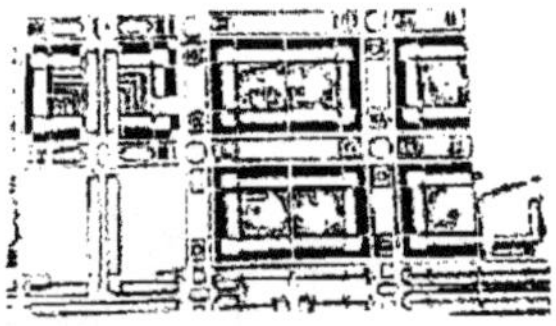
2. 双周边	北京百万庄住宅 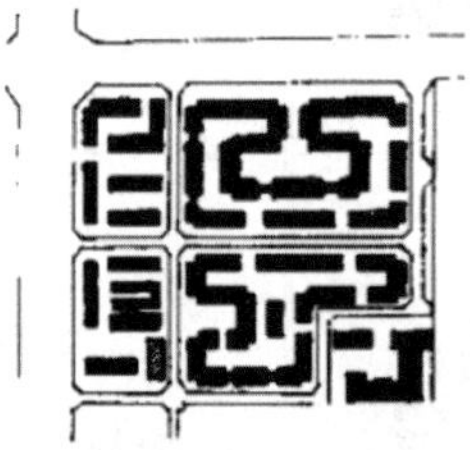　苏联莫斯科市某街坊住宅 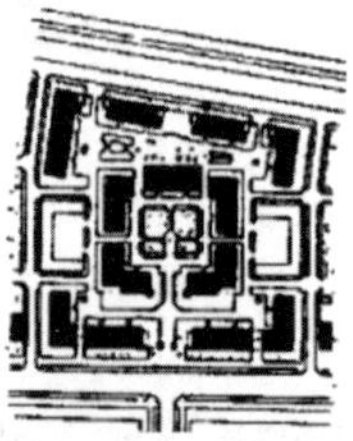
3. 自由周边	天津子牙里住宅群 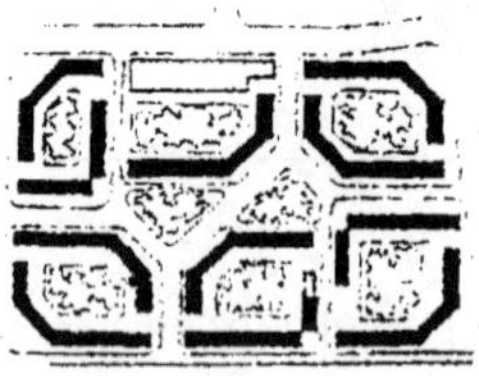　法国巴黎大勃尔恩居住区 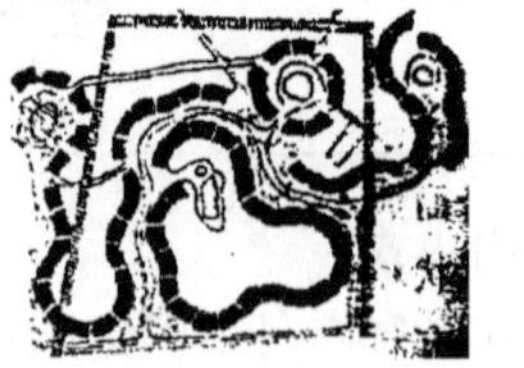

(3) 点群式

点群式是由建筑基底面积较小的建筑相互临近形成的散点状群体空间。点群式布置的住宅建筑一般为点式或塔式住宅，住宅日照和通风条件较好，对地形的适应能力强，可利用地形中的边角余地。但缺点是建筑外墙面积大，太阳辐射热较大，不利于节能，而且形成的外部空间较为分散，空间主次关系不够明确，视线干扰较大，识别性较差（表 4-13）。

表 4-13 点群式布置及空间变化

布置手法	实例
1. 规则式	上海嘉定桃园新村住宅群；桂林漓江滨江住宅组  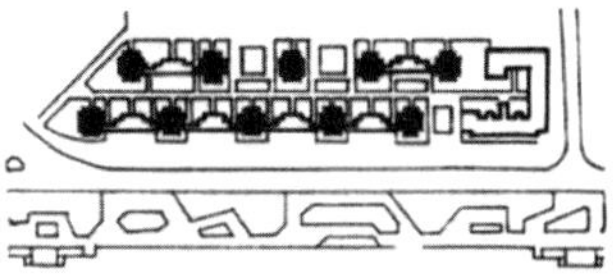
2. 自由式	瑞典斯德哥尔摩达维支斯克潘住宅群；去国巴黎勃非兹芳泰乃·奥克斯斯露斯小区  
3. 混合式	法国博比恩小区住宅组；珠海碧涛花园住宅组 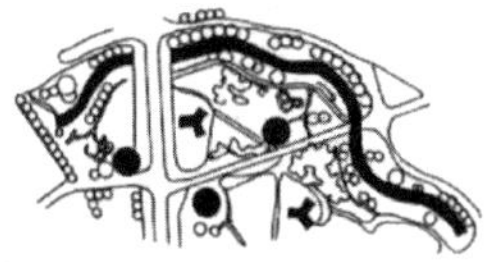 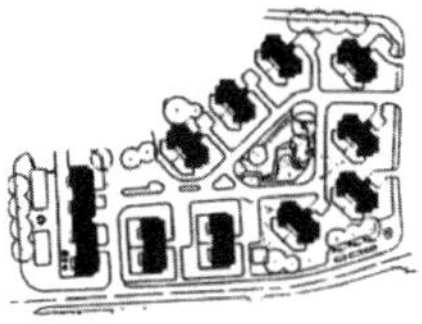

4.3.2 住宅群体组合再创造

由于用地紧缺，住宅群体空间受到日照、防火、工业化模数等多种技术性因素支配的程度极大。小康居住环境要求“用地不多，环境美”，也就是在重重制约中，仍不放弃尽可能的审美境界。运用美学原理将住宅群体构成的元素抽象成美学要素，并以“统一与变化”的基本美学理论进行再创造，仍不失为一种有效途径。

住宅群体构成的美学要素如下。

（1）形态要素

点，包括点式、塔式住宅、水塔、烟囱、树等。

线，包括条形住宅、围墙、连廊、绿篱、林荫道等。

面，包括板式住宅、墙面、地面、树墙、水面等。

（2）视觉要素

视觉要素包括建筑及各构成物的体量、尺度、色彩、肌理等。

（3）关系要素

关系要素包括建筑及各构成物布置的位置、方向、间距等。

将以上构成要素，做有规律的连续变化，使之有节奏、有主次、有呼应、有内在联系，在变化中求统一、在统一中求变化，使之多样而不杂乱、协调而不呆板。例如，住宅群体组织有大量的、简单的重复排列，即各构成要素基本不变化，单调乏味犹如时钟的滴嗒声，催人入睡，如图 4-15（a）所示。若改变其排列的“间距”这一要素

[图 4-15（b）]，则打破原来那种精确的重复，出现变化的节奏。如若再加上“体量”这一要素的变化[图 4-15（c）]，则犹如注入重音，节奏抑扬顿挫。要是变化一下“体形”这一要素[图 4-15（d）]，则如同加上装饰音般生动活泼等。当更多的可变要素被发掘、激活，住宅群体的组合排列形式何止万千，取舍中定要将最基本的功能和技术要素紧密结合起来考虑，避免单纯的形式构图。

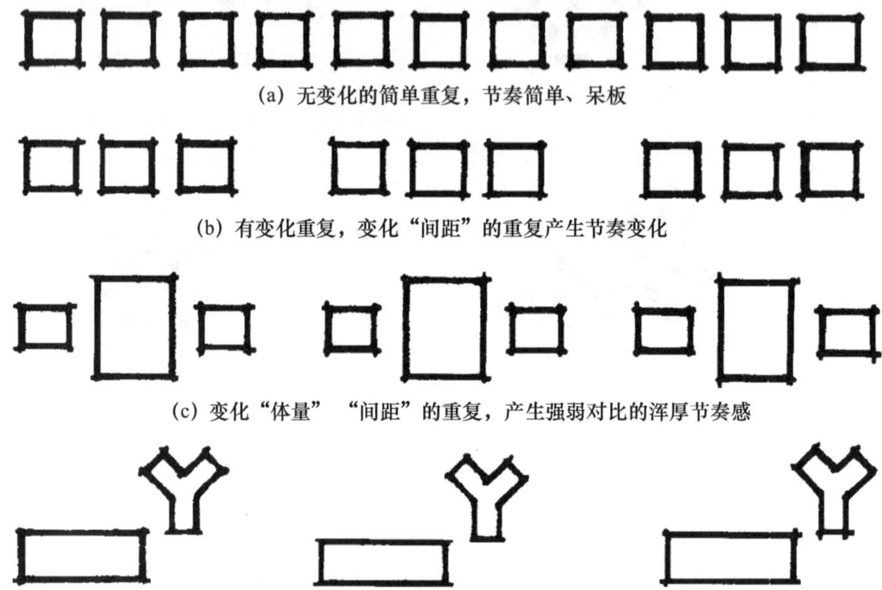

(a) 无变化的简单重复，节奏简单、呆板

(b) 有变化重复，变化“间距”的重复产生节奏变化

(c) 变化“体量”“间距”的重复，产生强弱对比的浑厚节奏感

(d) 变化“体形”“尺度”“方向”的重复，产生轻松节奏感

图 4-15　住宅群体组合的美学运用示意

4.3.3　住宅群体的空间组合实例分析

如图 4-16 所示，变化“尺度”（住宅高低、长短）、“间距”“体形”等要素。住宅在水平、垂直方向有规律的变化，构成两个开敞的院落面向森林，每个院落开口处以点式高层住宅耸入森林，与参天林木浑然一体，使群体内外绿化连成一片，空间大为开阔，同时标志性很强的点式高层住宅更加强了院落的界定，其群体组合形式虽以“行列式”为主，但仅几项“要素”的规律性变化，同样在规律性排列中取得变化与统一的良好效果。

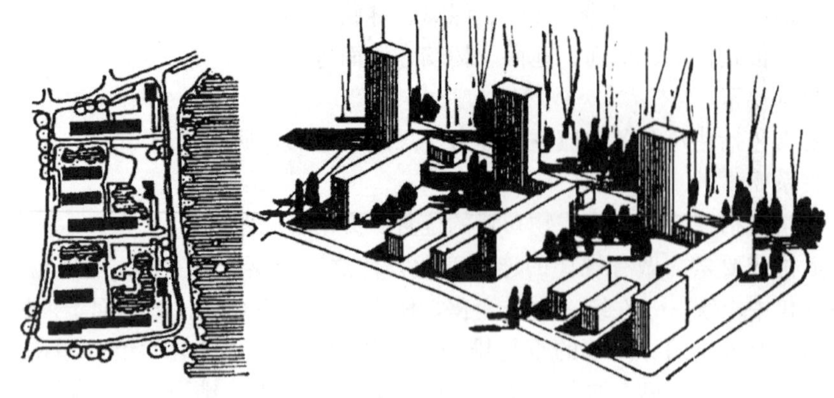

图 4-16　瑞士伯尼尔小区的住宅群

如图 4-17 所示，变化住宅长、高“尺度”及“体形”，变化排列“方向”“间距”等要素。七栋长条形住宅，忽而平行，忽而垂直，忽而偏成角度，排列方向的多种变化形成院落间的穿插，空间活泼多变。另一方向，排列整齐的三栋点式住宅和三栋排列整齐的条形住宅，相呼应又相对比，它们的严谨又和自由变化的另一组形成对比；在自由中求严谨，使空间活而不乱。它们在相互对比的变化中取得了统一，数栋住宅，笔墨不多，蕴含丰富，是一“自由式”住宅群体的优秀之作。

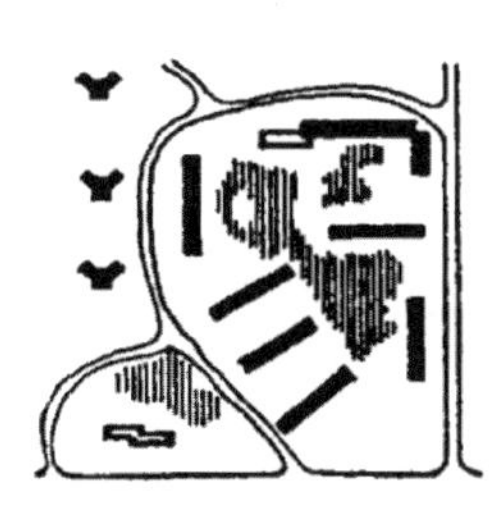
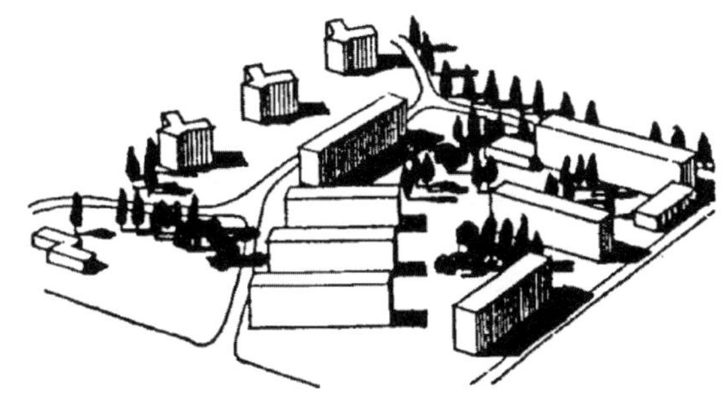

图 4-17　北京古城小区的住宅群

如图 4-18 所示，变化“体形”“方向”“间距”等要素。由扇形住宅单元，以不同方向连续组合成曲线形院落，扇形的概念被消失在整体之中。三五点式宅群点缀一旁，使其体形和空间形式上的强烈对比，衬托院落蜿蜒曲折的动感，如同草原上流淌着的小河边散落着稀疏可见的牛群、羊群，一幅“祥和盛世图”，充满了意境。

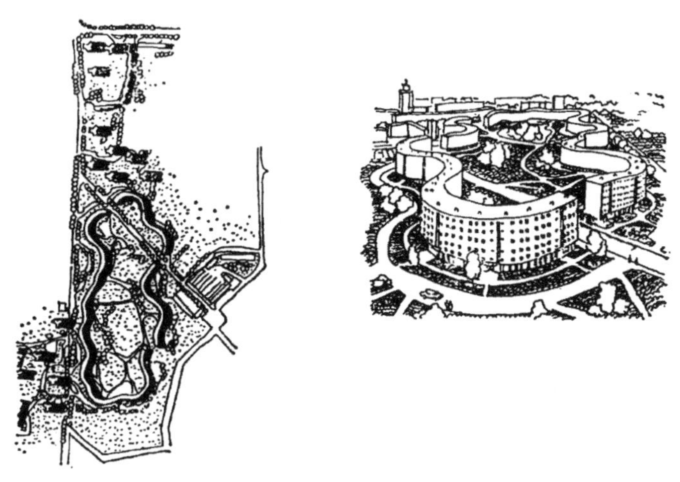

图 4-18　法国庞丹城古迪利哀居住区的住宅群

如图 4-19 所示，变化“体形”“方向”“尺度”等要素。“Y”形点式住宅在一定翼缘方向，采取锯齿形连排延伸，使点式住宅产生了线性效果，从而加强了空间的限定作用，改变了“点群式”群体组合的空间松散性。两相交的道路，一街景为相交建筑两斜面与绿地相拥，具有纵深透视效果，另一街景则以锯齿形重复韵律取胜。丰富的空间与建筑景观，一改“点群式”组群单调的重复。

如图 4-20 所示，变化“位置”（错行、错列的住宅排列）等要素。小区处于山坡地，其西向坡沿街住宅群的处理，采用了叠落的行列式错列布置，顺应坡的走向，形成立体街景层次，富有节奏和韵律感，既保证了住宅的好朝向，又体现了山庄风貌。

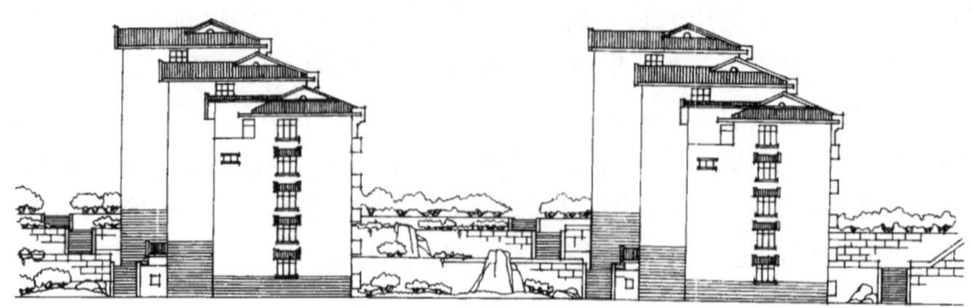

图 4-19 瑞士温特图尔某住宅群

图 4-20 合肥琥珀山庄小区西向坡跌落式住宅群

如图 4-21 所示，变化“尺度”“体形”“位置”等要素。该住宅群处于纽约东河畔，临街面水而筑，类三合院宅群向东河开口层层叠落，高层住宅镇后，视野大展，波光帆影尽收眼底。四组宅群相错布置，形成内外缭绕的庭院空间，使宅群整体更富层次和韵律，成为点缀东河的重要建筑景观。与前述合肥琥珀山庄的住宅群体相比，它们分别处于山地和平原水滨两种截然不同的自然条件，但它们都形成叠落的建筑层次和纵深的环境景观。前者顺应了自然，利用了自然；后者仿照了自然，争得了自然。两者均融入了自然，取得了异曲同工的良好效果。

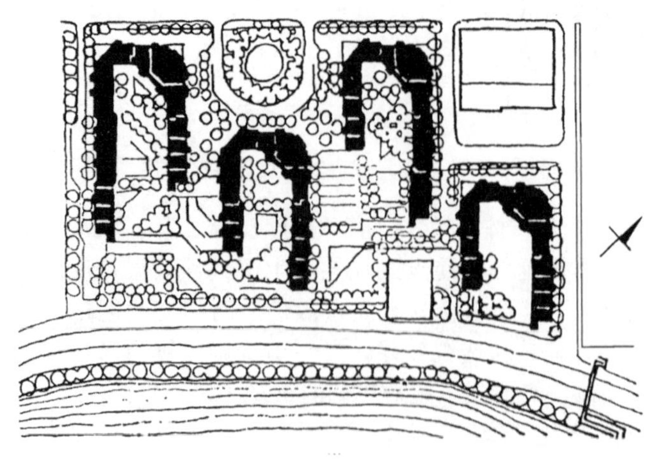

图 4-21 纽约东河住宅区滨河住宅群

推荐阅读书目

[1] 中华人民共和国住房和城乡建设部．建筑设计防火规范：GB 50016—2014［S］.2018 年版．北京：中国计划出版社，2018.

[2] 中华人民共和国住房和城乡建设部．住宅设计规范：GB 50096—2011［S］．北京：中国计划出版社，2012.

[3] 中华人民共和国住房和城乡建设部．民用建筑设计统一标准：GB 50352—2019［S］．北京：中国建筑工业出版社，2019.

[4] 中华人民共和国住房和城乡建设部．城市居住区规划设计标准：GB 50180—2018［S］．北京：中国建筑工业出版社，2018.

[5] 中华人民共和国住房和城乡建设部．建筑给水排水与节水通用规范：GB 55020—2021［S］．北京：中国建筑工业出版社，2022.

[6] 中华人民共和国住房和城乡建设部．建筑节能与可再生能源利用通用规范：GB 55015—2021［S］．北京：中国建筑工业出版社，2022.

课后复习、思考与讨论题

1. 请在一张 A4 纸上绘制出本章重点内容的思维导图。要求手写、要点突出、全面，并布局合理。

2. 住宅朝向主要是满足日照和通风，请列举不同地区如何实现日照和通风。

3. 试论述住宅如何防噪。

4. 请绘制建筑群体组合的基本形式。

5. 请选择你熟悉的居住区，从住宅建筑布置方面，总结住宅设计的思路和方法。

5　居住区配套设施用地规划

配套设施是对应居住区分级配套规划建设，并与居住人口规模或住宅建筑面积规模相匹配的生活服务设施；主要包括基层公共管理与公共服务设施、商业服务设施、市政公用设施、交通场站及社区服务设施、便民服务设施。

5.1　配套设施的构成

居住区配套设施主要服务于本区居民。配套设施构成可按功能性质、使用频率和配建层次进行分类，以利于功能组合、规划布局及分级配建。

5.1.1　分类

(1) 按功能性质分

共分8类：教育、医疗卫生、文化体育、商业服务、金融邮电、市政公用、行政管理及其他。每一类又分为若干项目，如教育类设有托儿所、幼儿园、小学、中学等项目。根据各类公建功能特点可进行分区、选址、组织修建，以及联营管理等，如商业服务设施和文化体育活动设施可邻近设置，两者业务经营上有联系，可综合形成中心，设置于不影响车行交通的人流出入口附近、人流交会或过往人流频繁地段，既方便本区居民又便于过往顾客，以增加营业销售。

(2) 按使用频率分

可分为居民每日或经常使用的公共设施和必要而非经常使用的公共设施两类。前者主要指少年儿童教育设施和满足居民小商品日常性购买的小商店，如副食、菜店、早点铺等，要求近便，宜分散设置；后者主要满足居民周期性、间歇性的生活必需品和耐用商品的消费，以及居民对一般生活所需的修理、服务的需求，如百货商店、书店、日杂、理发、照相、修配等，要求项目齐全，有选择性，宜集中设置，以方便居民选购，并提供综合服务。

(3) 按配建层次分

对应居住区分级配套规划建设，并与居住人口规模或住宅建筑规模相匹配的生活服务设施，主要包括基层公共管理和公共服务设施、商业服务业设施、市政公用设施、交通场站及社区服务设施、便民服务设施（表 5-1）。

表 5-1 居住区配套设施分类

序号	配套设施	
	项目	内容
1	公共管理和公共服务设施	初中、小学、体育馆（场）或全民健身中心、大型多功能运动场地、中型多功能运动场地、卫生服务中心（社区医院）、门诊部、养老院、老年养护院、文化活动中心（含青少年、老年活动中心）、社区服务中心（街道级）、街道办事处、司法所、派出所
2	商业服务业设施	商场、菜市场或生鲜超市、健身房、餐饮设施、银行、电信、邮政营业网点
3	市政公用设施	开闭所、燃料供应站、燃气供应站、供热站或热交换站、通信机房、有线电视基站、垃圾转运站、消防站、市政燃气服务网点和应急抢修站
4	交通场站	轨道交通站点、公交首末站、公交车站、非机动车停车场（库）、机动车停车场（库）
5	社区服务设施	社区服务站（含居委会、治安联防站、残疾人康复室）、社区食堂、文化活动站（含青少年活动站、老年活动站）、小型多功能运动（球类）场地、室外综合健身场地（含老年户外活动场地）、幼儿园、托儿所、老年人日间照料中心（托老所）、社区卫生服务站、社区商业网点（超市、药店、洗衣店、美发店等）、再生资源回收点、生活垃圾收集站、公共厕所、公交车站、非机动车停车场（库）、机动车停车场（库）
6	便民服务设施	物业管理与服务、儿童及老年人活动场地、室外健身器材、便利店（菜店、日杂等）、邮件和快件送达设施、生活垃圾收集点

5.1.2 分级

结合居民对各类设施的使用频率要求和设施运营的合理规模，配套设施分为 4 级，包括 15 分钟、10 分钟、5 分钟 3 个生活圈居住区层级的配套设施以及居住街坊层级的配套设施。

（1）15 分钟生活圈居住区配套设施

必须配建的配套设施：初中、大型多功能运动场地、卫生服务中心（社区医院）、门诊部、养老院、老年养护院、文化活动中心（含青少年、老年活动中心）、社区服务中心（街道级）、街道办事处、司法所、商场、餐饮设施、银行、电信、邮政营业网点等，以及开闭所、公交车站等基础设施。

宜配建的配套设施：体育馆（场）或全民健身中心（或健身房）、派出所、市政公用设施，交通场站设施结合相关专业规划或标准进行配置。

（2）10 分钟生活圈居住区配套设施

必须配建的配套设施：小学、中型多功能运动场地、菜市场或生鲜超市、银行、电信、邮政营业网点、小型商业金融、餐饮、公交首末站等设施。

宜配置的配套设施：健身房、市政公用设施，交通场站设施结合相关专业规划或标准进行配置。

以上两类居住区配套设施的规定及规划建设控制要求见表 5-2、表 5-3。

表 5-2　15 分钟生活圈居住区、10 分钟生活圈居住区配套设施设置规定

类别	序号	项目	15 分钟生活圈居住区	10 分钟生活圈居住区	备注
公共管理和公共服务设施	1	初中	▲	△	应独立占地
	2	小学	—	▲	应独立占地
	3	体育馆（场）或全民健身中心	△		可联合建设
	4	大型多功能运动场地	▲	—	宜独立占地
	5	中型多功能运动场地	—	▲	宜独立占地
	6	卫生服务中心（社区医院）	▲	—	宜独立占地
	7	门诊部	▲	—	可联合建设
	8	养老院	▲	—	宜独立占地
	9	老年养护院	▲	—	宜独立占地
	10	文化活动中心（含青少年、老年活动中心）	▲	—	可联合建设
	11	社区服务中心（街道级）	▲	—	可联合建设
	12	街道办事处	▲	—	可联合建设
	13	司法所	▲	—	可联合建设
	14	派出所	△	—	宜独立占地
	15	其他	△	△	可联合建设
商业服务业设施	16	商场	▲	▲	可联合建设
	17	菜市场或生鲜超市		▲	可联合建设
	18	健身房	△	△	可联合建设
	19	餐饮设施	▲	▲	可联合建设
	20	银行营业网点	▲	▲	可联合建设
	21	电信营业网点	▲	▲	可联合建设
	22	邮政营业场所	▲	—	可联合建设
	23	其他	△	△	可联合建设
市政公用设施	24	开闭所	▲	△	可联合建设
	25	燃料供应站	△	△	宜独立占地
	26	燃气供应鲒	△	△	宜独立占埴
	27	供热站或热交换站	△	△	宜独立占地
	28	通信机房	△	△	可联合建设
	29	有线电视基站	△	△	可联合建设
	30	垃圾转运站	△	△	应独立占地
	31	消防站	△		宜独立占地
	32	市政燃气服务网点和应急抢修站	△	△	可联合建设
	33	其他	△	△	可联合建设

续表

类别	序号	项目	15分钟生活圈居住区	10钟生活圈居住区	备注
交通场站	34	轨道交通站点	△	△	可联合建设
	35	公交首末站	△	△	可联合建设
	36	公交车站	▲	▲	宜独立占地
	37	非机动车停车场（库）	△	△	可联合建设
	38	机动车停车场（库）	△	△	可联合建设
	39	其他	△	△	可联合建设

注：1.▲为应配建的项目；△为根据实际情况按需配建的项目；

2. 在国家确定的一、二类人防重点城市，应按人防有关规定配建防空地下室。

表 5-3　15 分钟生活圈居住区、10 分钟生活圈居住区配套设施规划建设控制要求

类别	设施名称	单项规模（m^2）		服务内容	设置要求
		建筑面积	用地面积		
公共管理和公共服务设施	初中 *	—	—	满足 12～18 周岁青少年入学要求	（1）选址应避开城市干道交叉口等交通繁忙路段； （2）服务半径不宜大于 1000m； （3）学校规模应根据适龄青少年人口确定，且不宜超过 36 个班； （4）鼓励教学区和运动场地相对独立设置，并向社会错时开放运动场地
	小学 *	—	—	满足 6～12 周岁儿童入学要求	（1）选址应避开城市干道交叉口等交通繁忙路段； （2）服务半径不宜大于 500m；学生上下学穿越城市道路时，应有相应的安全措施； （3）学校规模应根据适龄儿童人口确定，且不宜超过 36 个班； （4）应设不低于 200m 环形跑道和 60m 直跑道的运动场，并配置符合标准的球类场地； （5）鼓励教学区和运动场地相对独立设置，并向社会错时开放运动场地

续表

类别	设施名称	单项规模（m^2）		服务内容	设置要求
		建筑面积	用地面积		
公共管理和公共服务设施	体育场（馆）或全民健身中心	2000～5000	1200～15000	具备多种健身设施、专门用于开展体育健身活动的综合体育场（馆）或健身馆	（1）服务半径不宜大于1000m； （2）体育场应设置60～100m直跑道和环形跑道； （3）全民健身中心应具备大空间球类活动、乒乓球、体能训练和体质监测等用房
	大型多功能运动场地	—	3150～5620	多功能运动场地或同等规模的球类场地	（1）宜结合公共绿地等公共活动空间统筹布局； （2）服务半径不宜大于1000m； （3）宜集中设置篮球、排球、7人足球场地
	中型多功能运动场地	—	1310～2460	多功能运动场地或同等规模的球类场地	（1）宜结合公共绿地等公共活动空间统筹布局； （2）服务半径不宜大于500m； （3）宜集中设置篮球、排球、5人足球场地
	卫生服务中心＊（社区医院）	1700～2000	1420～2860	预防、医疗、保健、康复、健康教育、计生等	（1）一般结合街道办事处所辖区域进行设置，且不宜与菜市场、学校、幼儿园、公共娱乐场所、消防站、垃圾转运站等设施毗邻； （2）服务半径不宜大于1000m； （3）建筑面积不得低于1700m^2
	门诊部	—	—	—	（1）宜设置于辖区内位置适中、交通方便的地段； （2）服务半径不宜大于1000m
	养老院＊	7000～17500	3500～22000	对自理、介助和介护老年人给予生活起居、餐饮服务、医疗保健、文化娱乐等综合服务	（1）宜临近社区卫生服务中心、幼儿园、小学以及公共服务中心； （2）一般规模宜为200～500床
	老年养护院＊	3500～17500	1750～22000	对介助和介护老年人给予生活护理、餐饮服务、医疗保健、康复娱乐、心理疏导、临终关怀等服务	（1）宜临近社区卫生服务中心、幼儿园、小学以及公共服务中心； （2）一般规模宜为100～500床

续表

类别	设施名称	单项规模（m^2）		服务内容	设置要求
		建筑面积	用地面积		
公共管理和公共服务设施	文化活动中心＊（含青少年活动中心、老年活动中心）	3000～6000	3000～12000	开展图书阅览、科普知识宣传与教育、影视厅、舞厅、游艺厅、球类、棋类、科技与艺术等活动；宜包括儿童之家服务功能	（1）宜结合或靠近绿地设置；（2）服务半径不宜大于1000m
	社区服务中心（街道级）	700～1500	600～1200	—	（1）一般结合街道办事处所辖区域设置；（2）服务半径不宜大于1000m；（3）建筑面积不应低于700m^2
	街道办事处	1000～2000	800～1500	—	（1）一般结合所辖区域设置；（2）服务半径不宜大于1000m
	司法所	80～240		法律事务援助、人民调解、服务保释、监外执行人员的社区矫正等	（1）一般结合街道所辖区域设置；（2）宜与街道办事处或其他行政管理单位联合建设，应设置单独出入口
	派出所	1000～1600	1000～2000	—	（1）宜设置于辖区内位置适中、交通方便的地段；（2）2.5万～5万人宜设置一处；（3）服务半径不宜大于8000m
商业服务业设施	商场	1500～3000	—	—	（1）应集中布局在居住区相对居中的位置；（2）服务半径不宜大于500m
	菜市场或生鲜超市	750～1500或2000～2500	—	—	（1）服务半径不宜大于500m；（2）设置机动车、非机动车停车场
	健身房	600～2000	—	—	服务半径不宜大于1000m
	银行营业网点	—	—	—	宜与商业服务设施结合或邻近设置
	电信营业场所	—			根据专业规划设置
	邮政营业场所	—	—	包括邮政局、邮政分局等邮政设施以及其他快递营业设施	（1）宜与商业服务设施结合或邻近设置；（2）服务半径不宜大于1000m

续表

类别	设施名称	单项规模（m²）		服务内容	设置要求
		建筑面积	用地面积		
市政公用设施	开闭所 *	200～300	500	—	（1）0.6万～1.0万套住宅设置1所；（2）用地面积不应小于500m²
	燃料供应站 *		—	—	根据专业规划设置
	燃气调压站 *	50	100～200	—	按每个中低压调压站负荷半径500m设置；无管道燃气地区不设置
	供热站或热交换站 *	—	—	—	根据专业规划设置
	通信机房 *	—	—		根据专业规划设置
	有线电视基站 *	—	—		根据专业规划设置
	垃圾转运站 *	—	—	—	根据专业规划设置
	消防站 *	—	—	—	根据专业规划设置
	市政燃气服务网点和应急抢修站 *	—	—	—	根据专业规划设置
交通场站	轨道交通站点 *	—	—	—	服务半径不宜大于800m
	公交首末站 *	—	—	—	根据专业规划设置
	公交车站	—	—	—	服务半径不宜大于500m
	非机动车停车场（库）	—	—	—	（1）宜就近设置在非机动车（含共享单车）与公共交通换乘接驳地区；（2）宜设置在轨道交通站点周边非机动车车程15分钟范围内的居住街坊出入处，停车面积不应小于30m²
	机动车停车场（库）	—	—		根据所在地城市规划相关规定配置

注：1. 加 * 的配套设施，其建筑面积与用地面积规模应满足国家相关规划及标准规范的有关规定；

2. 小学和初中可合并设置九年一贯制学校，初中和高中可合并设置完全中学；

3. 承担应急避难功能的配套设置，应满足国家有关应急避难场所的规定。

（3）5分钟生活圈居住区配套设施——社区服务设施

必须配建的配套设施：社区服务站（含社区居委会、治安联防站、残疾人康复室）、文化活动站（含青少年、老年活动站）、小型多功能运动（球类）场地、室外综合健身场地（含老年户外活动场地）、幼儿园、老年人日间照料中心（托老所）、社区商业网点（超市、药店、洗衣店、美发店等）、再生资源回收点、生活垃圾收集站、公共厕所等。

宜配建的配套设施：社区食堂、托儿所、社区卫生服务站；交通场站设施结合相关专业规划或标准进行配置。

详细的配套设施设置规定及规划建设控制要求见表 5-4、表 5-5。

表 5-4　5 分钟生活圈居住区配套设施设置规定

类别	序号	项目	5 分钟生活圈居住区	备注
社区服务设施	1	社区服务站（含居委会、治安联防站、残疾人康复室）	▲	可联合建设
	2	社区食堂	△	可联合建设
	3	文化活动站（含青少年活动站、老年活动站）	▲	可联合建设
	4	小型多功能运动（球类）场地	▲	宜独立占地
	5	室外综合健身场地（含老年户外活动场地）	▲	宜独立占地
	6	幼儿园	▲	宜独立占地
	7	托儿所	△	可联合建设
	8	老年人日间照料中心（托老所）	▲	可联合建设
	9	社区卫生服务站	△	可联合建设
	10	社区商业网点（超市、药店、洗衣店、美发店等）	▲	可联合建设
	11	再生资源回收点	▲	可联合建设
	12	生活垃圾收集站	▲	宜独立占地
	13	公共厕所	▲	可联合建设
	14	公交车站	△	宜独立占地
	15	非机动车停车场（库）	△	可联合建设
	16	机动车停车场（库）	△	可联合建设
	17	其他	△	可联合建设

注：1. ▲为配建的项目；△为根据实际情况按需配建的项目；

2. 在国家确定的一、二类人防重点城市，应按人防有关规定配建防空地下室。

表 5-5　5 分钟生活圈居住区配套设施规划建设控制要求

设施名称	单项规模（m^2）		服务内容	设置要求
	建筑面积	用地面积		
社区服务站	600～1000	500～800	社区服务站含社区服务大厅、警务室、社区居委会办公室、居民活动用房、活动室、阅览室、残疾人康复室	（1）服务半径不宜大于 300m； （2）建筑面积不得低于 600m^2
社区食堂	—	—	为社区居民尤其是老年人提供助餐服务	宜结合社区服务站、文化活动站等设置
文化活动站	250～1200	—	书报阅览、书画、文娱、健身、音乐欣赏、茶座等，可供青少年和老年人活动的场所	（1）宜结合或靠近公共绿地设置； （2）服务半径不宜大于 500m

续表

设施名称	单项规模（m^2）		服务内容	设置要求
	建筑面积	用地面积		
小型多功能运动（球类）场地	—	770～1310	小型多功能运动场地或同等规模的球类场地	（1）服务半径不宜大于 300m； （2）用地面积不宜小于 800m^2； （3）宜配置半场篮球场 1 个、门球场地 1 个、乒乓球场地 2 个； （4）门球活动应提供休憩服务和安全防护措施
室外综合健身场地（含老年户外活动场地	—	150～750	健身场所，含广场舞场地	（1）服务半径不宜大于 300m； （2）用地面积不宜小于 150m^2； （3）老年人户外活动场地应设置休憩设施，附近宜设置公共厕所； （4）广场舞等活动场地的设置应避免噪声扰民
幼儿园＊	3150～4550	5240～7580	保教 3～6 周岁的学龄前儿童	（1）应设于阳光充足、接近公共绿地、便于家长接送的地段；其生活用房应满足冬至日底层满窗日照不少于 3h 的日照标准；宜设置于可遮挡冬季寒风的建筑物背风面； （2）服务半径不宜大于 300m； （3）幼儿园规模应根据适龄儿童人口确定，办园规模不宜超过 12 个班，每班座位数宜为 20～35 个；建筑层数不宜超过 3 层； （4）活动场地应有不少于 1/2 的活动面积在标准的建筑日照阴影线之外
托儿所	—	—	服务 0～3 周岁的婴幼儿	（1）应设于阳光充足、便于家长接送的地段；其生活用房应满足冬至日底层满窗日照不少于 3h 的日照标准；宜设置于可遮挡冬季寒风的建筑物背风面； （2）服务半径不宜大于 300m； （3）托儿所规模宜根据适龄儿童人口确定； （4）活动场地应有不少于 1/2 的活动面积在标准的建筑日照阴影线之外
老年人日间照料中心＊（托老所）	350～750	—	老年人日托服务，包括餐饮、文娱、健身、医疗保健等	服务半径不宜大于 300m

续表

设施名称	单项规模（m^2）		服务内容	设置要求
	建筑面积	用地面积		
社区卫生服务站＊	120～270	—	预防、医疗、计生等服务	（1）在人口较多、服务半径较大、社区服务中心难以覆盖的社区，宜设置社区卫生站加以补充；（2）服务半径不宜大于300m；（3）建筑面积不得低于120m^2；（4）社区卫生服务站应安排在建筑首层并应有专用出入口
小超市			居民日常生活用品销售	服务半径不宜大于300m
再生资源回收点＊	—	6～10	居民可再生物质回收	（1）1000～3000人设置1处；（2）用地面积不宜小于6m^2，其选址应满足卫生、防疫及居住环境等要求
生活垃圾收集站＊	—	120～200	居民生活垃圾收集	（1）居住人口规模大于5000人的居住区及规模较大的商业综合体可单独设置收集站；（2）采用人力收集的，服务半径宜为400m，最大不宜超过1km；采用小型机动车收集的，服务半径不宜超过2km
公共厕所＊	30～80	60～120	—	（1）宜设置于人流集中处；（2）宜结合配套设施及室外综合健身场地（含老年户外活动场地）设置
非机动车停车场（库）	—	—	—	（1）宜就近设置在自行车（含共享单车）与公共交通换乘接驳地区；（2）宜设置在轨道交通站点周边非机动车车程15分钟范围内的居住街坊出入口处，停车面积不应小于30m^2
机动车停车场（库）	—	—	—	根据所在地城市规划相关规定配置

注：1. 加＊的配套设施，其建筑面积与用地面积规模应满足国家相关规划和建设标准的有关规定；

2. 承担应急避难功能的配套设施，应满足国家有关应急避难场所的规定。

（4）居住街坊配套设施——便民服务设施

应配置便民的日常服务配套设施，通常为本街坊居民服务。

必须配建的配套设施：物业管理与服务、儿童老年人活动场地、室外健身器械、便利店（菜店、日杂等）、邮件和快递送达设施、生活垃圾收集点、居民机动车与非机动车停车场（库）等。

详细的配套设施设置规定及规划建设控制要求见表5-6、表5-7。

表5-6 居住街坊配套设施设置规定

类别	序号	项目	居住街坊	备注
便民服务设施	1	物业管理与服务	▲	可联合建设
	2	儿童、老年人活动场地	▲	宜独立占地
	3	室外健身器械	▲	可联合建设
	4	便利店（菜店、日杂等）	▲	可联合建设
	5	邮件和快件送达设施	▲	可联合建设
	6	生活垃圾收集点	▲	宜独立占地
	7	居民非机动车停车场（库）	▲	可联合建设
	8	居民机动车停车场（库）	▲	可联合建设
	9	其他	△	可联合建设

注：1.▲为应配建的项目；△为根据实际情况按须配建的项目；
2.在国家确定的一、二类人防重点城市，应按人防有关规定配建防空地下室。

表5-7 居住街坊配套设施规划建设控制要求

设施名称	单项规模（m^2）		服务内容	设置要求
	建筑面积	用地面积		
物业管理与服务	—	—	物业管理服务	宜按照不低于物业总建筑面积的2%配置物业管理用房
儿童、老年人活动场地	—	170～450	儿童活动及老年人休憩设施	（1）宜结合集中绿地设置，并宜设置休憩设施； （2）用地面积不应小于170m^2
室外健身器械	—	—	器械健身和其他简单运动设施	（1）宜结合绿地设置； （2）宜在居住街坊范围内设置
便利店	50～100	—	居民日常生活用品销售	1000～3000人设置1处
邮件和快件送达设施	—	—	智能快件箱、智能信报箱等可接收邮件和快件的设施或场所	应结合物业管理设施或居住街坊内设置
生活垃圾收集点*	—	—	居民生活垃圾投放	（1）服务半径不应大于70m，生活垃圾收集点应采用分类收集，宜采用的密闭方式； （2）生活垃圾收集点可采用放置垃圾容器或建造垃圾容器间方式； （3）采用混合收集垃圾容器时，建筑面积不宜小于5m^2； （4）采用分类收集垃圾容器间时，建筑面积不宜小于10m^2

续表

设施名称	单项规模（m^2）		服务内容	设置要求
	建筑面积	用地面积		
非机动车停车场（库）	—	—	—	宜设置于居住街坊出入口附近；并按照每套住宅配建1～2辆配置；停车场面积按照0.8～1.2m^2/辆配置，停车库面积按照1.5～1.8m^2/辆配置；电动自行车较多的城市，新建居住街坊宜集中设置电动自行车停车场，并宜配置充电控制设施
机动车停车场（库）	—	—	—	根据所在地城市规划相关规定配置；服务半径不宜大于150m

注：加＊的配套设施，其建筑面积与用地面积规模应满足国家相关规划标准有关规定。

5.2 配套建筑

为满足城市居民日常生活、购物、教育、文化娱乐、游憩、社交活动等需要，居住区内必须相应设置各种公共服务设施，其内容、项目建设必须综合考虑居民的生活方式、生活水平以及年龄特征等因素。

5.2.1 教育服务设施

居住区的教育配套设施应包括中学、小学、幼儿园、托儿所。

(1) 中小学

中小学规划设计应符合国家有关规定、设计规范和标准。总平面布置应考虑外部道路衔接、地形与地貌的利用，功能分区明确，布局合理，能满足教学与教学卫生的要求，一次或分期建设。处理好朝向、采光、通风、隔声等问题。教学用房冬至日底层满窗日照不小于2h。学校主要出入口不宜开向城镇干道。如无法避免，校前应留出缓冲地带。中小学均应布置校园区，供学生课间及课后活动。主要教学用房的外墙面与铁路的间距不应小于300m；与机动车流量超过每小时270辆的道路距离不应小于80m。如不能满足，应采取有效隔声措施。

①上海仙霞实验小学

小学教学楼采用3个内院的建筑布局，平面设计富于变化，校舍形成了3个不同形状的庭院。教学楼西面布置标准足球场、田径场及篮球场。教学楼平面布置紧凑、分区清楚，可满足教学楼使用的要求（图5-1）。

②唐山新区逸夫中学综合楼

唐山新区逸夫中学校园基地呈东西长的梯形，综合楼采用H形平面，布置在东翼，教学楼布置在综合楼北侧以避免城市噪声。两翼联体部分底层为主要出入口，面向校门，二层以上为教师休息室及厕所。联体部分将两翼间的空间分割成内外两个广场（图5-2～图5-5）。

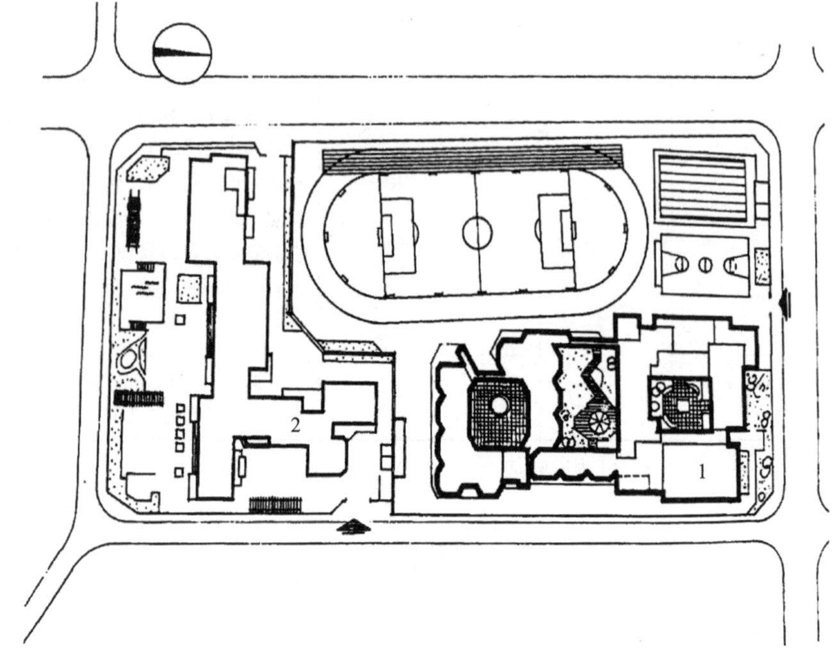

图 5-1　上海仙霞实验小学总平面图

1—小学校教学楼；2—幼儿园活动楼

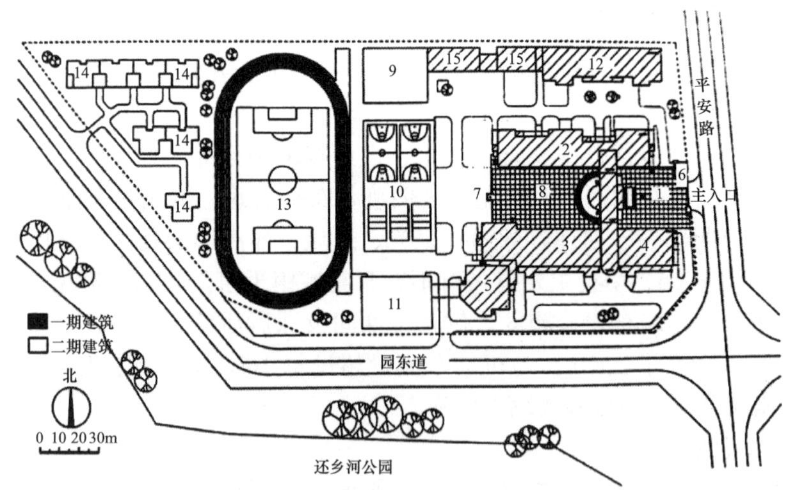

图 5-2　唐山新区逸夫中学综合楼总平面图

1—入口广场；2—教学楼；3—实验楼；4—办公楼；5—报告厅；6—传达室；
7—旗杆；8—内广场；9—体育馆；10—球场；11—礼堂；
12—宿舍（首层餐厅）；13—田径场；14—教工住宅；15—浴室

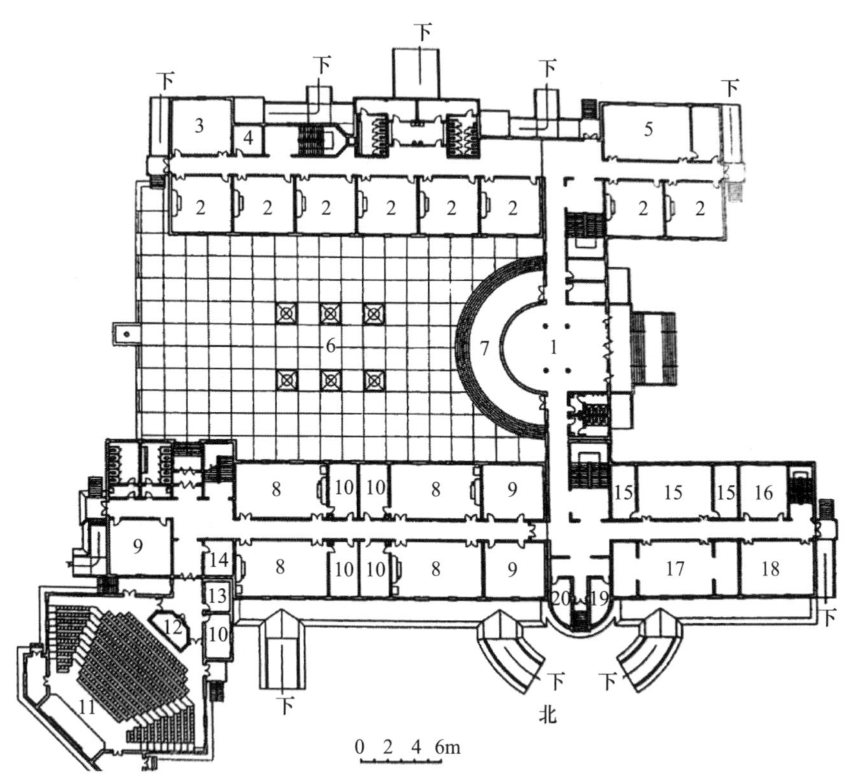

图 5-3　唐山新区逸夫中学综合楼首层平面图

1—门厅；2—普通教室；3—展室；4—教师休息室；5—史地教室；6—内庭；7—小舞台；8—化学实验室；9—仪器室；10—准备室；11—报告厅；12—放映厅；13—暗室；14—储藏室；15—书库；16—音像阅览室；17—阅览室；18—教师阅览室；19—值班室；20—变电室

图 5-4　唐山新区逸夫中学综合楼东立面

图 5-5　唐山新区逸夫中学综合楼南立面

（2）幼儿园、托儿所

托儿所、幼儿园的规划设计要求除执行托幼规范外，还应执行国家有关部门颁发的设计标准、规范的规定。

基地选择应远离各种污染源，避免交通干扰。日照充足，场地干燥，总平面布置应做到功能分区合理，创造符合幼儿生理、心理特点的环境空间。

①上海甘泉新村托儿所

设计充分考虑了幼童的心理特征和功能要求，平面布置富于变化，细部尺度与装饰皆见童趣（图 5-6）。

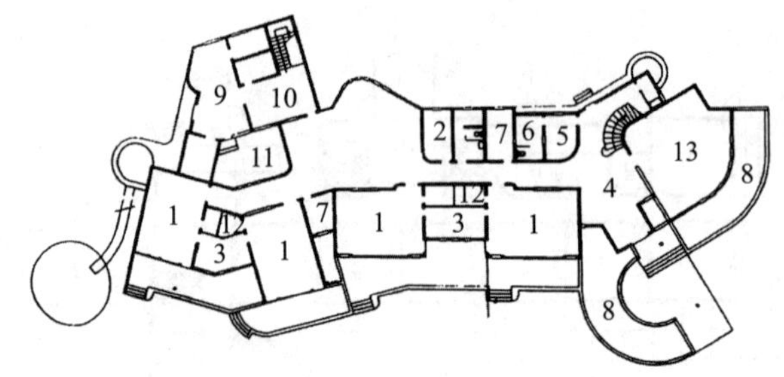

图 5-6 上海甘泉新村托儿所底层平面图

1—活动室；2—浴室；3—盥洗室；4—门厅；5—医务室；6—隔离室；
7—办公室；8—花台；9—厨房；10—备餐室；11—天井；12—储藏室；13—音乐室

②上海梅园新村幼儿园

设计以流畅的圆弧形曲线形成多变、活泼的空间组合，平面布局合理，朝向良好，宽敞、明亮的中庭及户外活动场所，给儿童提供情趣盎然的活动乐园（图 5-7）。

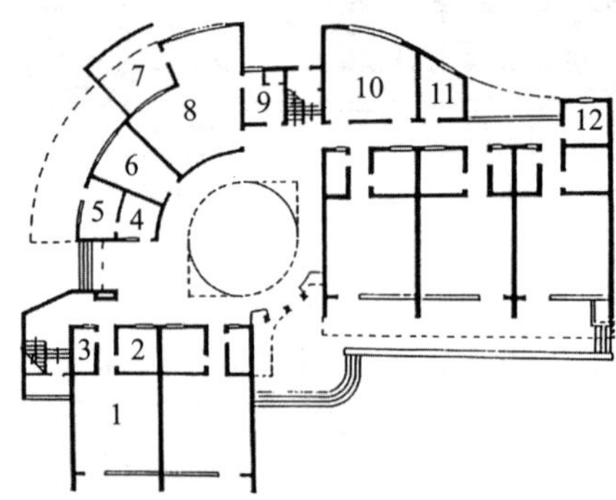

图 5-7 上海梅园新村幼儿园底层平面图

1—活动室；2—盥洗室；3—储藏室；4—门卫室；5—隔离室；6—后勤；7—厨房；
8—后院；9—熟食店；10—办公室；11—更衣室；12—厕所

5.2.2 商业文化服务设施

（1）北京西坝河居住小区综合商店

该工程是两层综合商店，位于小区边缘的主要入口旁，紧靠北三环东路，与四栋高层大楼住宅连接成一体。店内包括百货、饮食、副食和邮局、银行、理发室等（图 5-8）。

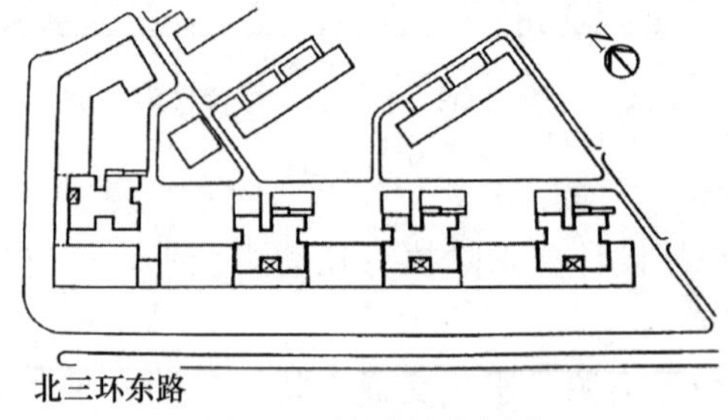

图 5-8 总平面示意图

（2）山东日照石臼港指挥部文化中心俱乐部

文化中心俱乐部包括棋类活动、乒乓球室、图书阅室、教室、美工室等部分，俱乐部的使用者和服务人员的出入口分设，动静分区，避免噪声及人流相互干扰。连廊、水池、石墙不仅使各部分联系密切，也使内院空间层次丰富，既分隔又连续。气候条件较好时，室外活动平台可作为内部空间的补充，建筑形式及色彩与环境协调（图 5-9、图 5-10）。

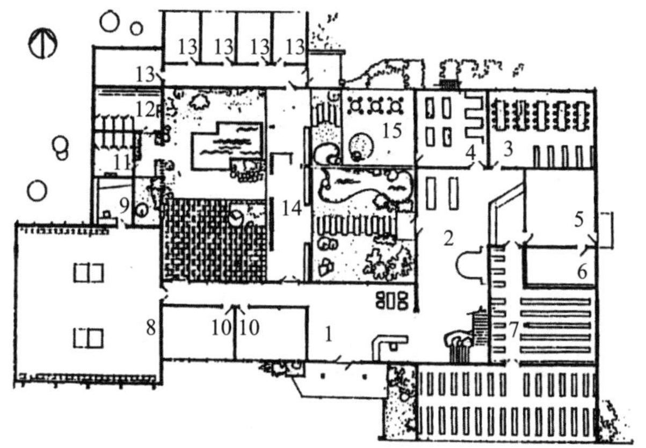

图 5-9　山东日照石臼港指挥部文化中心俱乐部一层平面图

1—门厅；2—目录、出纳；3—成人阅览；4—儿童阅览；5—采编；6—库房；7—书库；8—乒乓球室；9—管理室；10—康乐棋室；11—女厕所；12—男厕所；13—办公室；14—连廊；15—室外活动平台

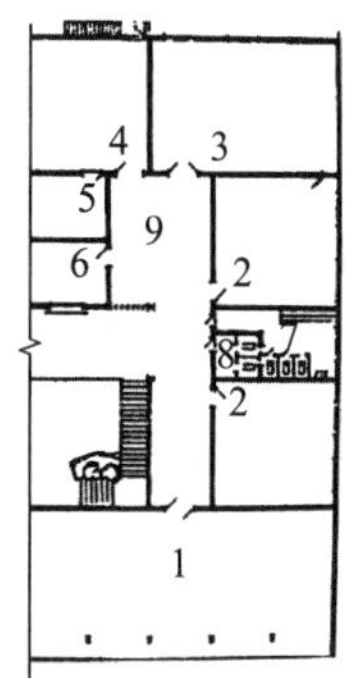

图 5-10　山东日照石臼港指挥部文化中心俱乐部二层平面图

1—棋类活动室；2—电视室；3—教室；4—美工工作室；5—美工办公室；6—管理室；7—男厕所；8—女厕所；9—公用空间

5.2.3　体育服务设施

（1）比赛场地

比赛场地指用于奥运会、洲际运动会等国际级别比赛，国家、省、直辖市及市级比赛的场地。

（2）训练场地

训练场地指用于国家、省、市专业运动队或专业团体组织的训练与练习场地。

（3）休闲健身场地

休闲健身场地指用于除专业比赛、专业队训练以外的所有人员锻炼、休闲、健身的场地。

（4）体育设施

体育设施广义上是作为体育竞技、体育教学、体育娱乐和体育锻炼等活动的体育建筑、场地、室外设施以及体育器材等的总称。图集中的界定范围是指除体育建筑与体育场地之外，还包括与场地或各种与体育活动相关的设备、器材等物品的总称，如图 5-11～图 5-22。

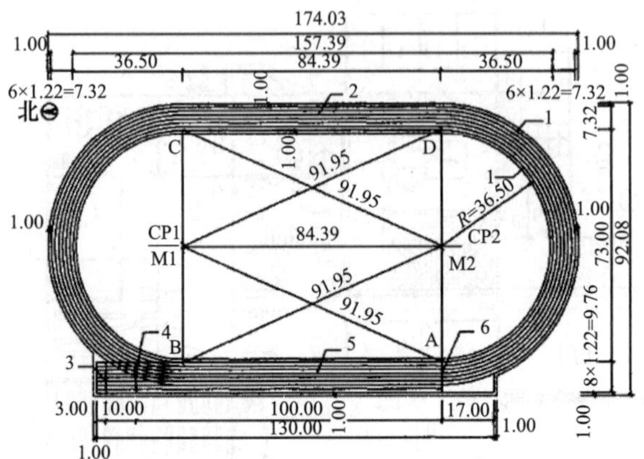

图 5-11　中小学校 400m 跑道平面图（m）

1—安全区；2—6 条跑道；3—110m 栏起点；4—100m 跑起点；5—8 条直跑道；6—终点

注：1. A、B、C、D 四点在跑道内沿上；

2. CP1～CP2（M1～M2）的间距为 84.39m+0.01m；CP1/M1～A 或 D 和 CP2/M2～B 或 C 的距离均为 91.95m；

3. 图中标注的尺寸为有道牙的情况。

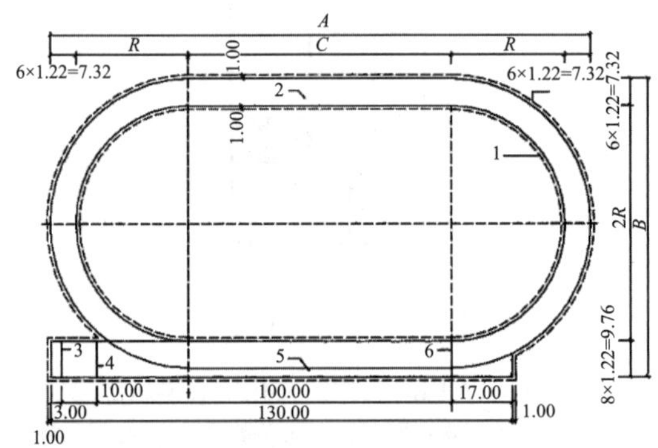

图 5-12　中小学校 350m 跑道平面图（m）

1—安全区；2—6 条分跑道；3—110m 栏起点；4—100m 跑起点；5—8 条直分跑道；6—终点

注：本图为 6 条分跑道、8 条 100m 直分跑道的中小学校 350m 跑道平面布置示意图。

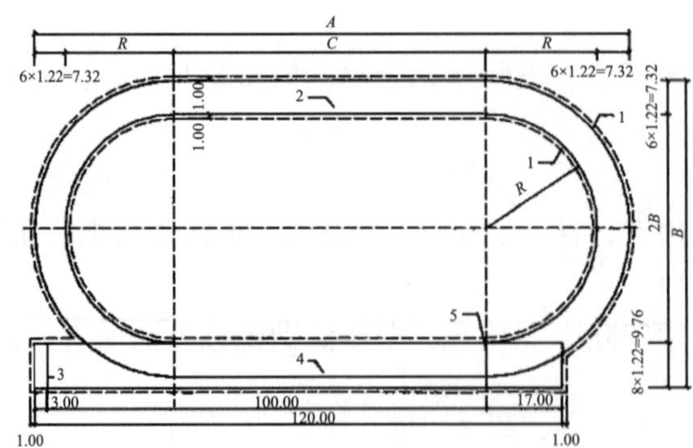

图 5-13　中小学校 300m 跑道平面图（m）

1—安全区；2—6 条分跑道；3—60m 跑起点；4—8 条直分跑道；5—终点

注：本图为 6 条分跑道、8 条 100m 直分跑道的中小学校 300m 跑道平面布置示意图。

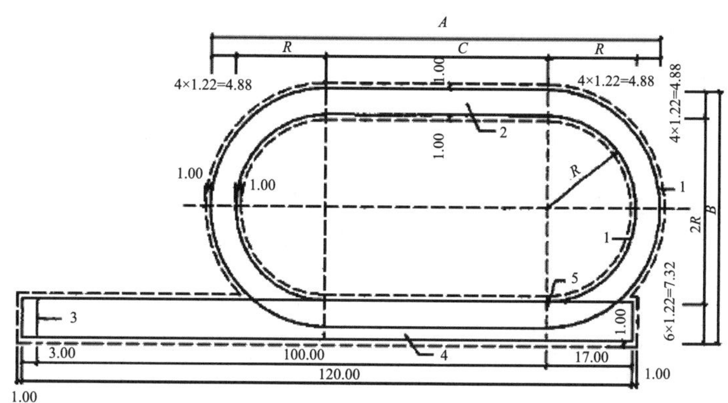

图 5-14 中小学校 200m 跑道平面图（m）（一）

1—安全区；2—4 条分跑道；3—100m 起点；4—6 条直分跑道；5—终点

注：本图为 4 条分跑道、6 条 100m 直分跑道的中小学校 200m 跑道平面布置示意图。

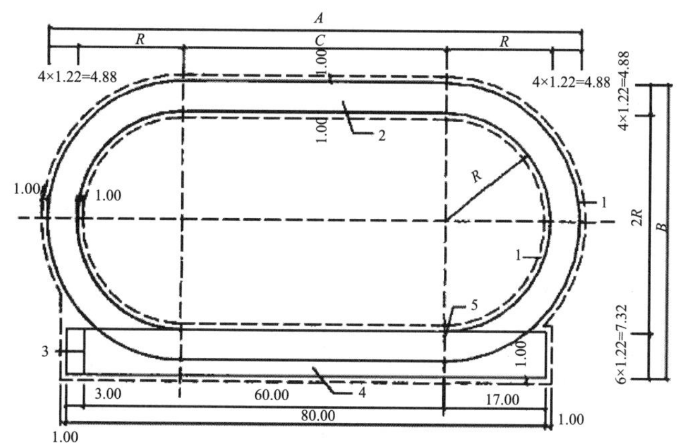

图 5-15 中小学校 200m 跑道平面图（m）（二）

1—安全区；2—4 条分跑道；3—60m 跑起点；4—6 条直分跑道；5—终点

注：本图为 4 条分跑道、6 条 60m 直分跑道的中小学校 200m 跑道平面布置示意图。

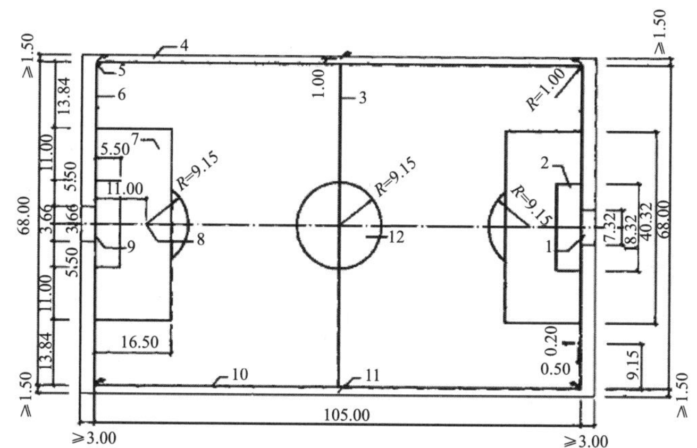

图 5-16 中小学校 11 人制足球场地平面图（m）

1—1 号足球门；2—球门区；3—中线；4—草坪延伸区；5—角球区；6—端线；7—大禁区；8—点球点；9—球门线；10—边线；11—中线旗；12—中圈

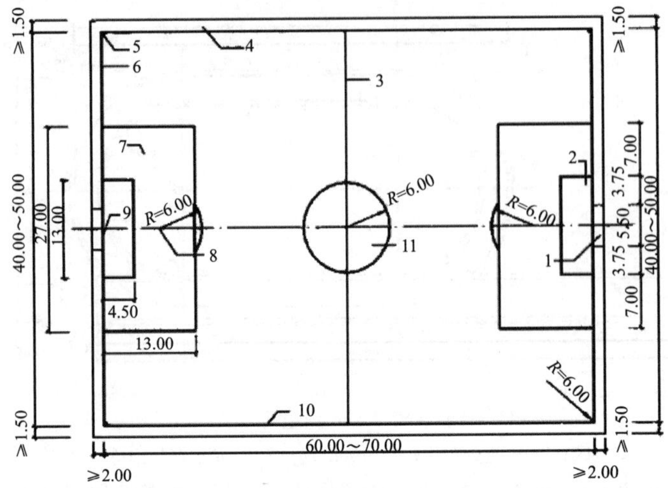

图 5-17 中小学校 7 人制足球场地平面图（m）

1—2 号足球门；2—球门区；3—中线；4—草坪延伸区；5—角球区；6—端线；7—大禁区；8—点球点；9—球门线；10—边线；11—中圈

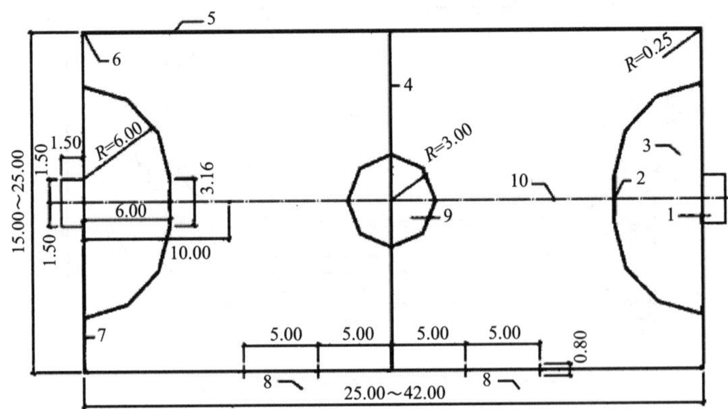

图 5-18 中小学校 5 人制足球场地平面图（m）

1—3 号足球门；2—罚球点；3—罚球区；4—中线；5—边线；6—角球区；7—端线；8—换人区；9—中圈；10—第二罚球点

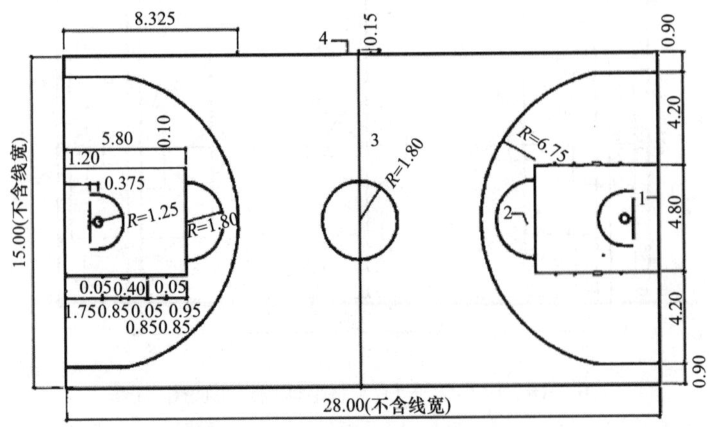

图 5-19 28.00m×15.00m 篮球场地平面图（m）

1—端线；2—罚球区；3—中线；4—边线

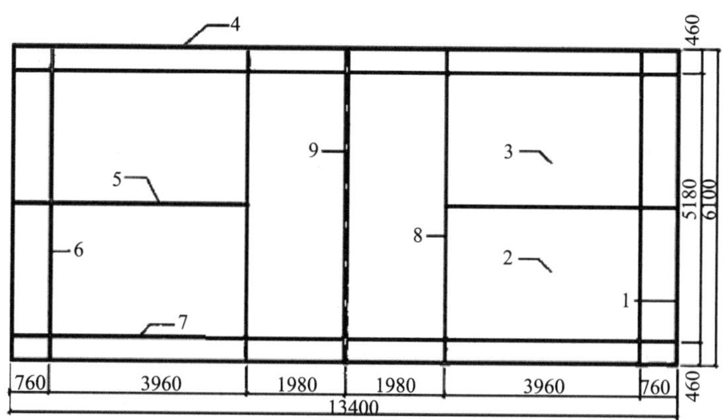

图 5-20 中小学校羽毛球场地平面图（mm）

1—端线即单打后发球线；2—左发球区；3—右发球区；4—双打边线；5—中线；6—双打后发球线；7—单打边线；8—前发球线；9—中线

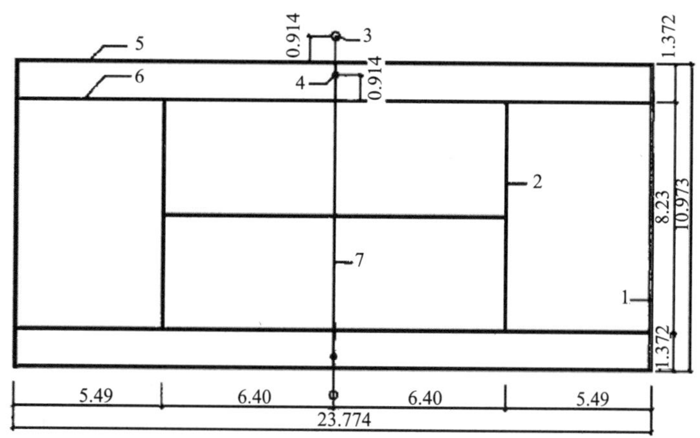

图 5-21 中小学校网球场地平面图（m）

1—端线；2—发球线；3—双打网柱；4—单打网柱；5—双打边线；6—单打边线；7—中线

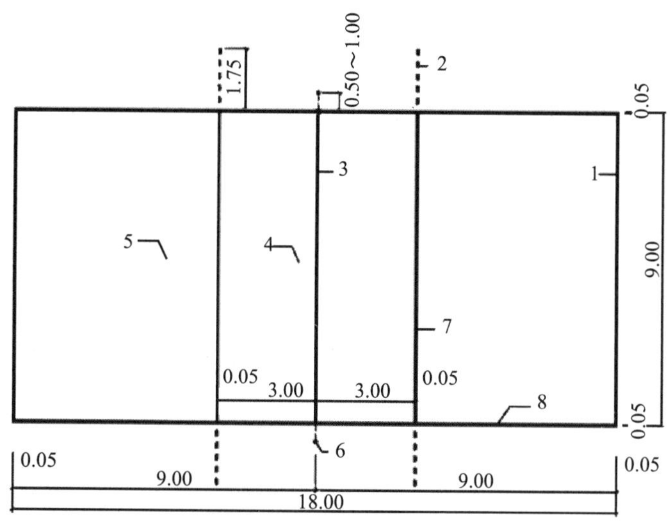

图 5-22 中小学校排球场地平面图（m）

1—端线；2—进攻延长线；3—中线及球网；4—前场区；5—后场区；6—网柱；7—进攻线；8—边线

（5）场地朝向

对于室外足球、篮球、排球、沙滩排球、羽毛球、网球、曲棍球、高尔夫球练习场、地掷球、门球、室外田径场等比赛场地布置方向（以长轴为准）应为南北向，当不能满足要求时，根据地理纬度和主导风向可略偏东或偏西方向，但不宜超过表 5-8 中的规定。具体的场地朝向如图 5-23 所示。

表 5-8　运动场地长轴允许偏角 a

北纬	16°～25°	26°～35°	36°～45°	46°～55°
北偏东	0°	0°	5°	10°
北偏西	15°	15°	10°	5°

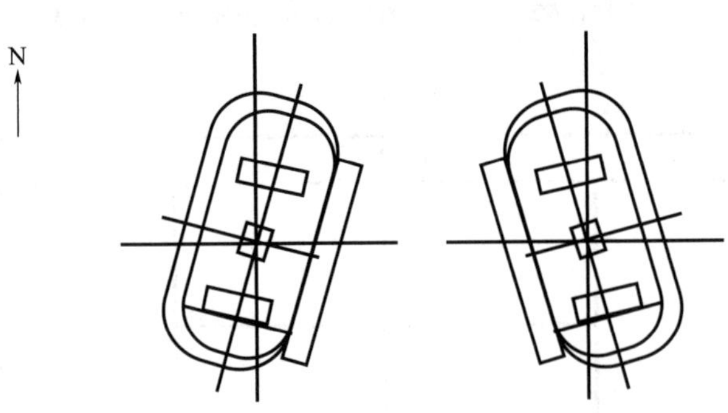

图 5-23　运动场场地朝向

对于室外训练场地、中小学校场地及休闲健身场地布置方向应尽可能按比赛场地的要求布置，如不能满足表 5-8 中要求，可根据实际设计情况做相应调整。

5.3　配套设施布局与规模

配套设施应按照居住人口规模或住宅建筑面积进行规模控制，配套设施布置主要有沿街布置、成片布置、混合布置、集约式布置四种形式。

5.3.1　千人控制指标

千人控制指标是指每千个居民拥有的各级公共服务设施的建筑面积和用地面积，它用于总体上保证住宅区各级公共设施的基本要求。配套设施用地及建筑面积控制指标，应按照居住区分级对应的居住人口规模进行控制，并应符合表 5-9 中所列各项指标。

表 5-9 配套设施控制指标（m²/千人）

类别		15 分钟生活圈居住区		10 分钟生活圈居住区		5 分钟生活圈居住区		居住街坊	
		用地面积	建筑面积	用地面积	建筑面积	用地面积	建筑面积	用地面积	建筑面积
总指标		1600～2910	1450～1830	1980～2660	1050～1270	1710～2210	1070～1820	50～150	80～90
其中	公共管理和公共服务设施 A 类	1250～2360	1130～1380	1890～2340	730～810	—	—	—	—
	交通场站设施 S 类	—	—	70～80	—	—	—	—	—
	商业服务业设施 B 类	350～550	320～450	20～240	320～460	—	—	—	—
	社区服务设施 R12、R22、R32	—	—	—	—	1710～2210	1070～1820	—	—
	便民服务设施 R11、R21、R31	—	—	—	—	—	—	50～150	80～90

注：1. 15 分钟生活圈居住区指标不含 10 分钟生活圈居住区指标，10 分钟生活圈居住区指标不含 5 分钟生活圈居住区指标，5 分钟生活圈居住区指标不含居住街坊指标；

2. 配套设施用地应含与居住区分级对应的居民室外活动场所用地；未含高中用地、市政公用设施用地，市政公用设施应根据专业规划确定。

5.3.2 布局原则

配套设施应遵循配套建设、方便使用、统筹开放、兼顾发展的原则进行配置，其布局应遵循集中和分散兼顾、独立和混合使用并重的原则（图 5-24）。

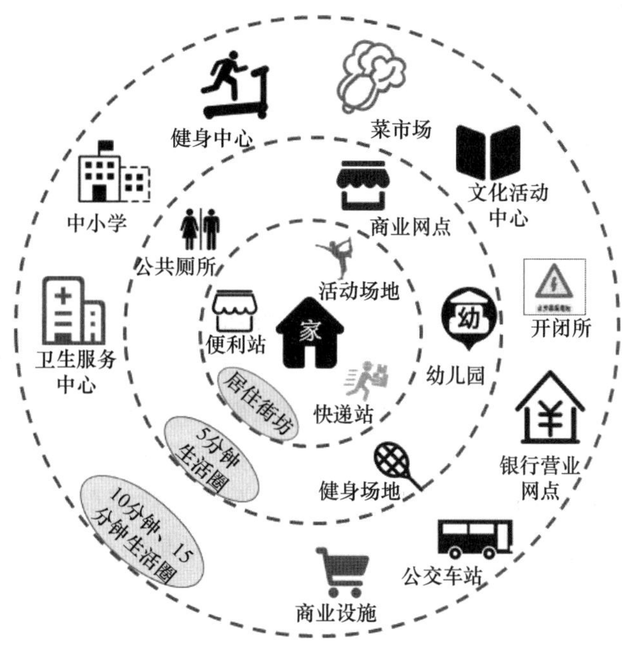

图 5-24 配套设施布置示意图

①15 分钟生活圈居住区和 10 分钟生活圈居住区配套设施，应依照其服务半径相对居中布局。

②15 分钟生活圈居住区配套设施中，文化活动中心、社区服务中心（街道级）、街道办事处等服务设施宜联合建设并形成街道综合服务中心，其用地面积不宜小于 $1hm^2$。

③5 分钟生活圈居住区配套设施中，社区服务站、文化活动站（含青少年、老年活动站）、老年人日间照料中心（托老所）、社区卫生服务站、社区商业网点等服务设施，宜集中布局、联合建设，并形成社区综合服务中心，其用地面积不宜小于 $0.3hm^2$。

④旧区改建项目应根据所在居住区各级配套设施的承载能力合理确定居住人口规模与住宅建筑容量；当不匹配时，应增补相应的配套设施或对应控制住宅建筑增量。

5.3.3 规划布置形式

公建设施的集中布置形式可分为沿街布置、成片布置、沿街成片混合布置以及集约式布置等多种形式。

（1）沿街布置

①沿街双侧布置

在街道不宽、交通量不大的情况下，双侧布置，店铺集中会更显得商品琳琅满目，商业气氛浓厚。居民采购穿行于街道两侧，交通量不大，较安全、省时。如果街道较宽，如居住区的主干道超过 20m 宽，可将居民经常使用的相关商业设施放在一侧，而把不经常使用的商业设施放在另一侧，这样可减少人流与车流的交叉，居民少过马路，安全方便。如辽宁居住区中心街道（图 5-25、图 5-26），将人流多的公共建筑如文化馆、百货商店、副食商店、饭店、体育馆等设置在街道同一侧，并相应配置了较宽的步行活动区，利用地形将其置于台地上，形成绿地，设座椅供休息，在繁华商业街开辟出了一叶绿洲；在台地上与平行道隔离，安全感、领域感油然而生。

②沿街单侧布置

当所临街道较宽且车流较大，或街道另一侧与绿地、水域、城市干道相邻时，沿街单侧布置形式比较适宜。以常州清潭小区（图 5-27）为例：该小区位于城市东南部，商业服务设施布置顺应主要人流方向，由小区主要道路一侧通过小区主入口，沿城市道路向着城市主体方向延伸，这样也有利于隔离城市道路的噪声。北京塔院小区（图 5-28）：北临城市道路，隔路是一所市级医院，小区商业设施布置在小区出入口两侧的临城市道路一边；既便于居民通勤途中顺路购物，还能对外营业，为邻近单位带来方便。

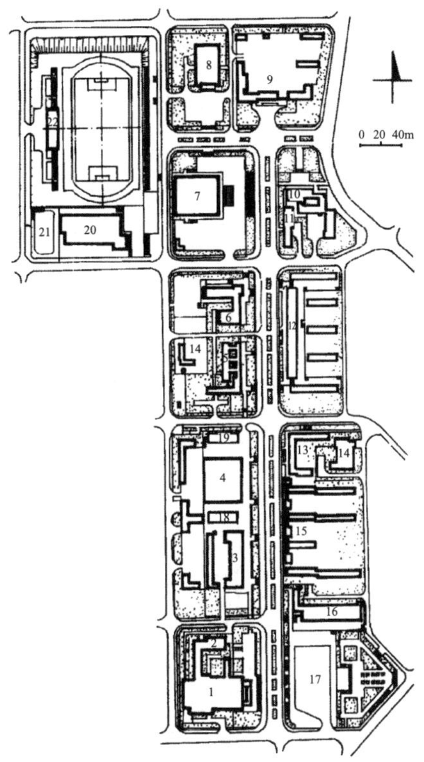

图 5-25 辽宁居住区中心街规划平面图

1—文化宫剧场；2—文化厅；3—百货商店；4—副食商店；5—饮食店；6—旅馆；7—体育馆；8—电影院；9—区政府办公楼；10—邮电局；11—银行；12—底层商店；13—底层商店；14—中心浴室；15—日杂商店；16—底层商店；17—文化广场；18—自行车存放；19—蔬菜商店；20—游泳池；21—旱冰场；22—体育场

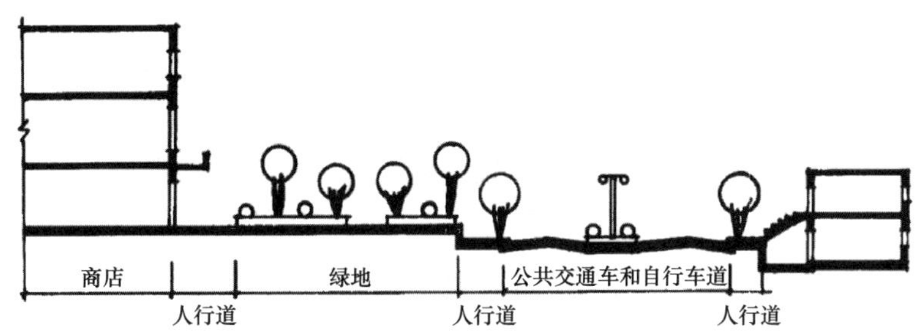

图 5-26 辽宁居住区中心街公建双侧布置

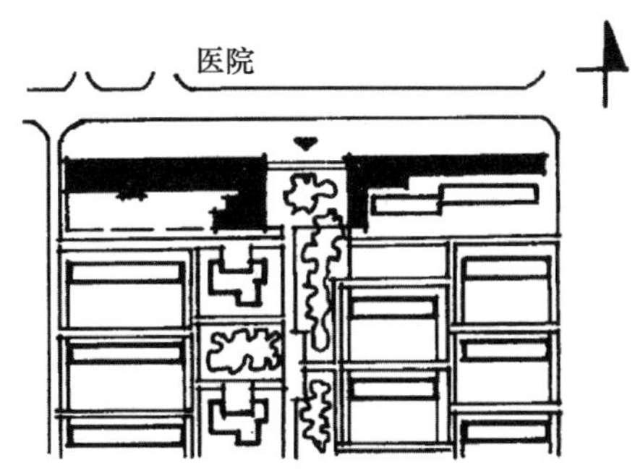

图 5-27 常州清潭小区商业沿街单侧布置

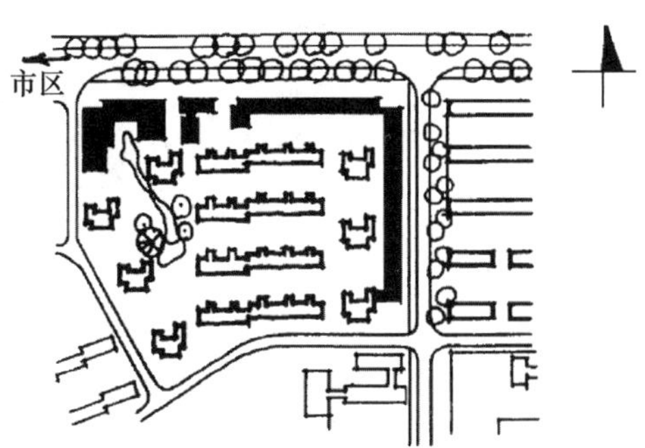

图 5-28 北京塔院小区商业沿街单侧布置

③步行商业街

在沿街布置公共设施的形式中，将车行交通引向外围，没有车辆通行或只有少量供货车辆定时出入，形成步行街。使商业服务业环境比较安宁，居民可自由活动，不受干扰。步行和车行分流形式有环形、分枝形以及立体形等形式（图 5-29）。北京西罗园 11 区（图 5-30）：一条东西走向的步行街与南北走向的小区主干道相交处以绿地隔离；步行街商业楼后面的专用杂务院设专用出入口通向城市车行道，为步行街禁止机动车通行创造了条件。苏州竹园小区（图 5-31）：以过境的护城河为主，临水面结合绿化布置步行商业街，并以林荫小路与各组团连接，丰富居民生活情趣，体现了“临水而居”“择河而市”的江南水乡传统与特色。安徽铜陵新桥新村商业中心（图 5-32）：利用地形设计成下沉式立体步行街，以两座天桥与步行干道相连接，由阶梯与铁路站台建立起联系，从而形成步行区。底层设菜场，二层为百货商场，三层为办公用房，四层以上为住宅。

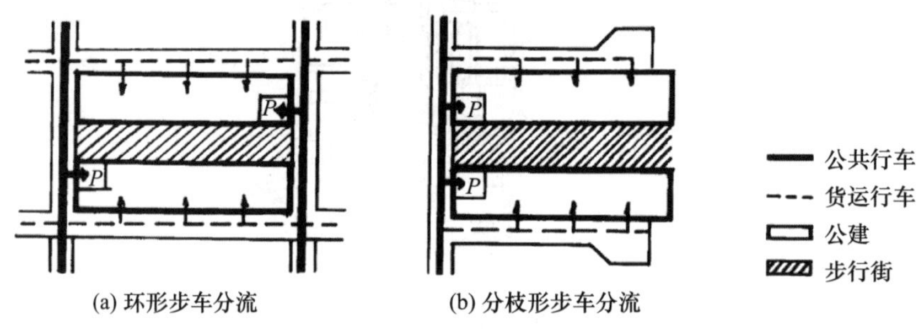

图 5-29 步行街交通组织示意图

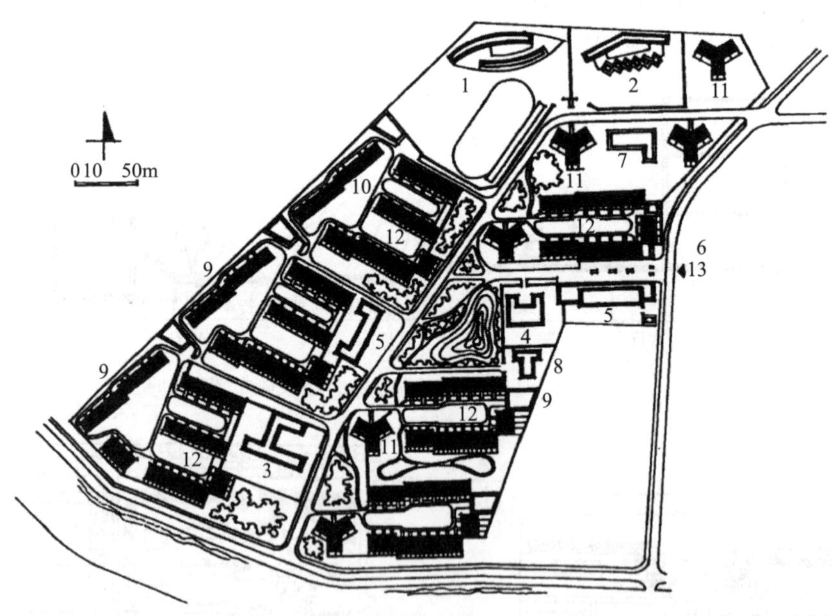

图 5-30 北京西罗园 11 区规划平面及步行商业街

1—中学；2—小学；3—幼儿园；4—托儿所；5—商店；6—住宅底层商店；7—街道办事处；8—小区管理处；9—自行车库；10—14 层住宅；11—20 层住宅；12—6 层住宅；13—步行街

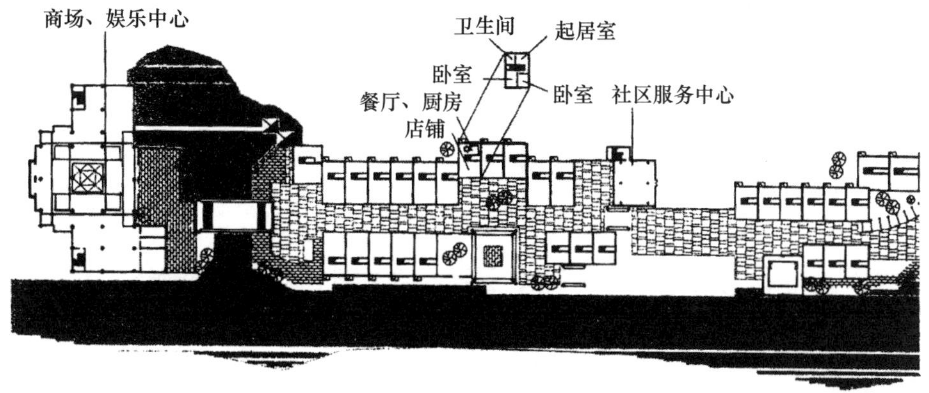

小区商业步行街平面布置图(局部)

小区商业步行街立面图(局部)

图 5-31 苏州竹园小区临水步行商业街

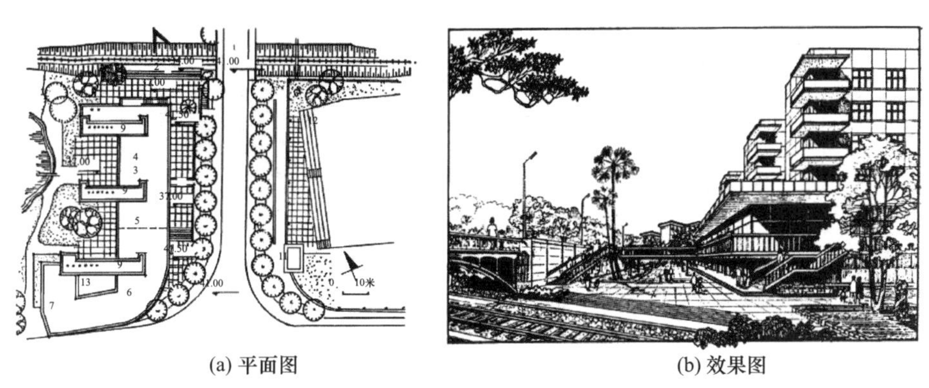

(a) 平面图　　(b) 效果图

图 5-32 安徽铜陵新桥新村立交步行商业中心

1—旱桥；2—火车月台；3—菜店（底层）；4—百货店；5—副食品店；6—小吃店；7—日用杂货店；8—天桥；9—居民住宅；10—画廊；11—小学门房；12—小学操场；13—天井

（2）成片布置

这是一种在干道临街的地块内，以建筑组合体或群体联合布置公共设施的一种形式。它易于形成独立的步行区，方便使用，便于管理，但交通流线比步行街复杂。根据其不同的周边条件，可有几种基本的交通组织形式，如图 5-33 所示。成片布置形式有院落型、广场型、混合型等多种形式。其空间组织主要由建筑围合空间，辅以绿化、铺地、小品等。山东胜利油田孤岛新镇中华社区商业服务中心（图 5-34）：将众多项目组织在一起，形成两个小广场，并以曲折的步道相连，灯具、彩旗、广告悬挂在步行道梁坊富有商业气氛。建筑形体平坡顶结合，大小空间结合，主次分明，使众多建筑组合在一起却杂而不乱，室内外空间变化有序。香港赛西湖大厦商业中心（图 5-35）：巧妙地利用了缓坡地形；有数栋小巧的建筑围合场地，水池绿化小品被置于中心部位，形成向心空间，其用地四周由绿化围合，环境优美。

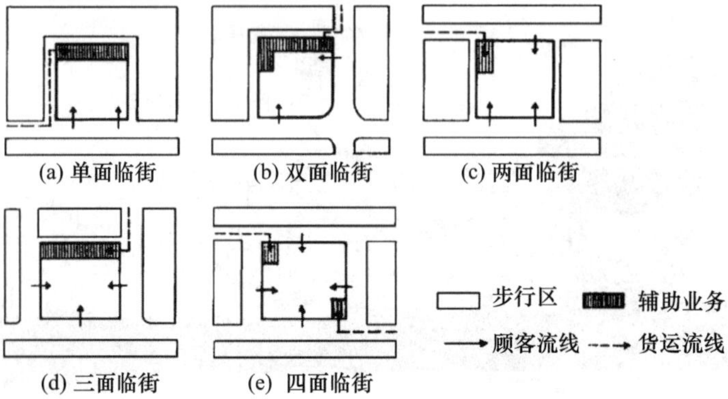

(a) 单面临街　(b) 双面临街　(c) 两面临街

(d) 三面临街　(e) 四面临街

步行区　辅助业务

顾客流线　货运流线

图 5-33　步行交通组织示意图

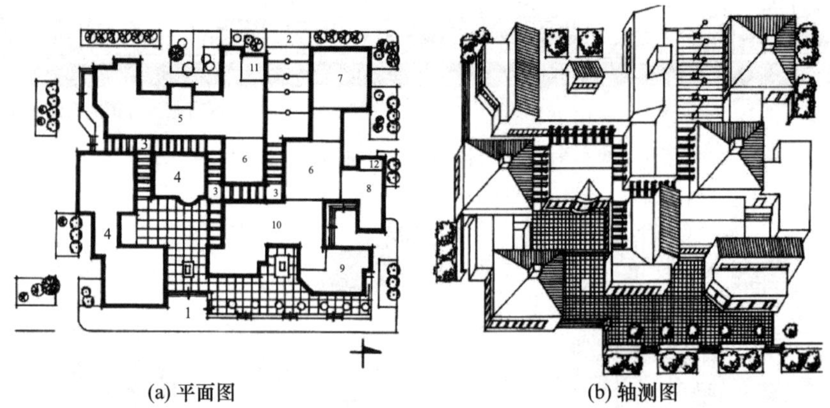

(a) 平面图　(b) 轴测图

图 5-34　山东胜利油田孤岛新镇中华社区商业服务中心

1—休息广场；2—贸易广场；3—步行道；4—餐饮店；5—金融、商业服务；6—食品店；7—菜店；8—冷库；9—粮店；10—百货商店；11—锅炉房；12—公厕

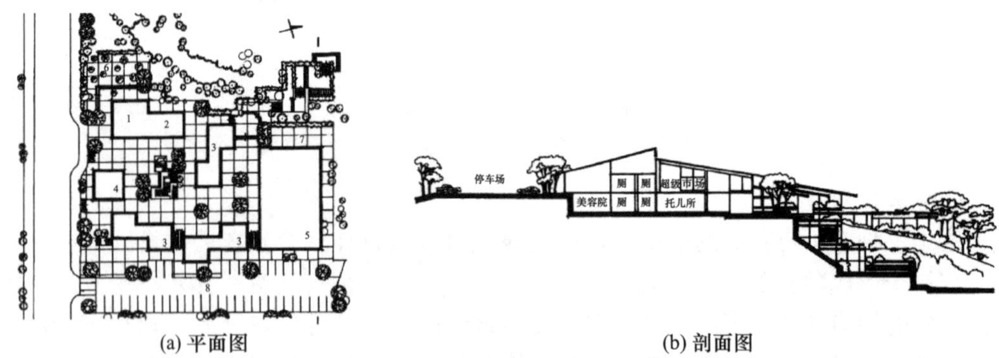

(a) 平面图　(b) 剖面图

图 5-35　香港赛西湖大厦商业中心

1—咖啡室；2—厨房；3—商场；4—银行；5—超级市场；6—花园；7—游乐场；8—停车场

(3) 混合布置

这是一种沿街和成片布置相结合的形式，可综合体现两者的特点；另外，还应根据各类建筑的功能要求和行业特点相对成组结合，同时沿街分块布置，在建筑群体艺术处理上既要考虑街景要求，又要注意片块内部空间的组合，更要合理地组织人流和货流的线路。上海曹杨新村居住区中心（图 5-36）：将人流较大的综合商店、电影院、

饮食店等置于沿街同一侧，其辅助设施如仓库、停车场、厨房等置于后院；沿街两侧分别有支路作为货运线路；电影院、文化馆紧邻支路与人流较少的邮电、医疗对街布置，使集中人流有 3 个方向的疏散口，以免拥塞主干道；建筑以低层单独设置为主，有少量商住楼，高低错落，变化有致。长沙望月村小区商业中心（图 5-37）：兼有单、双向沿街和集中成片布置的混合形式，将主要商业设施布置于沿街一侧，并将部分设施集中布置形成一个开敞的小广场；与街道平行有一支路可达小广场各设施后院，成为货运通道。上海宝山居住区中心（图 5-38）：公建设施布置是双侧沿街和成片结合的形式，由百货大楼、餐厅、科技文化馆、新华书店等围合成三面封闭、一面开敞的步行广场；广场上设置座椅、绿化和铺地，供居民休息、观赏，成为购物和文化活动的好场所，其足够的容量可把不少人流从大街上吸引过去，以免高峰时影响过往交通；广场一侧边缘有过街楼直通后院环形车道，并在转角处设有回车场，使内外人车分流；街道另一侧布置服装、家具、理发、洗染、照相等设施，选择性和间歇性相对较强，街道两侧设施功能有所分工，以减少穿越街道的人流车流交叉。

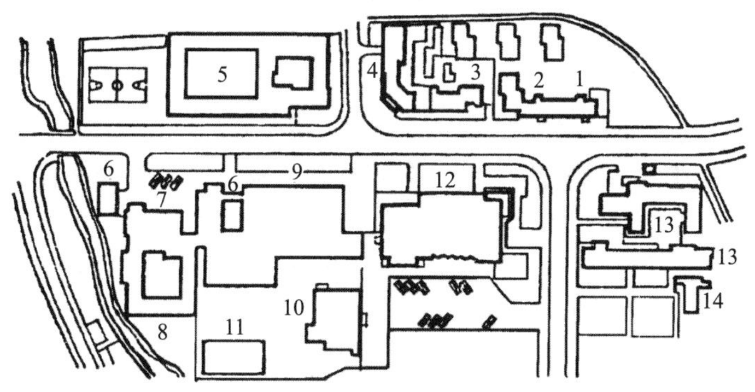

图 5-36　上海曹杨新村居住区中心的平面图

1—街道居民委员会；2—派出所；3—人民银行；4—邮电支局；5—文化馆；6—商店；7—饮食店；8—厨房；9—综合商店；10—浴室；11—商业仓库；12—影剧院；13—街道医院；14—接待室

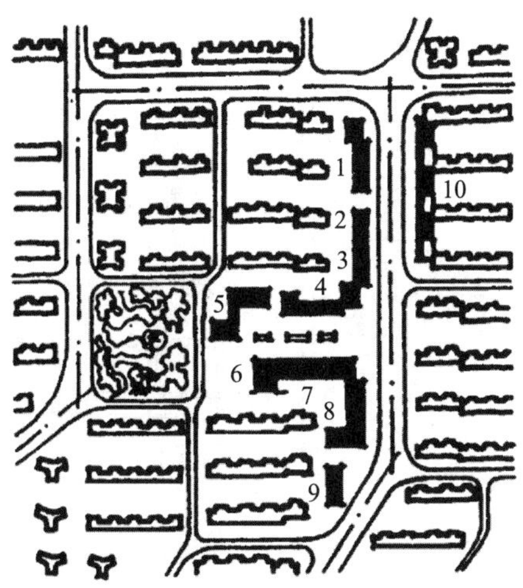

图 5-37　长沙望月村小区商业中心

1—药店；2—日杂、理发、照相；3—百货店；4—保险、储蓄、银行；5—饮食小吃；6—豆腐店；7—菜店、肉店；8—副食店；9—粮店；10—综合修理以上沿街、成片和混合布置 3 种基本方式各有特点，沿街布置对改变城市面貌效果较显著，若采用商住楼的建筑形式比较节约用地，但在使用和经营管理方面不如成片集中布置方式有利。在独立地段，成片集中布置的形式有可能充分满足各类公共建筑布置的功能要求，并易于组成完整的步行区，利于居民使用和经营管理。沿街和成片相结合的布置方式则可采纳两种方式的优点。在具体进行规划设计时，要根据当地居民生活习惯、建设规模、用地情况以及现状条件综合考虑，酌情选用。

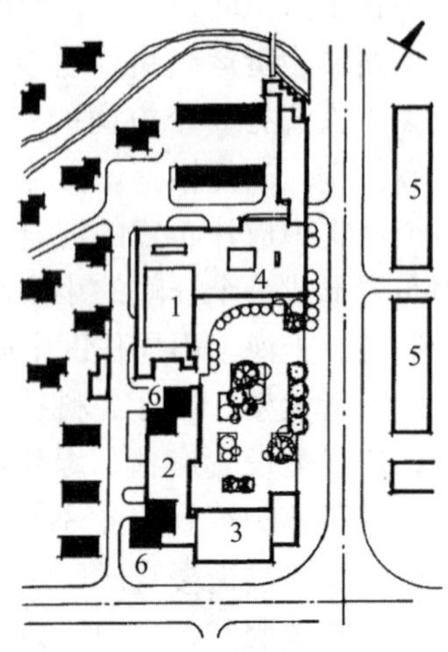

图 5-38 上海宝山居住区中心

1—科技文化馆；2—新华书店；3—百货大楼；4—餐厅；5—服装、家具等商店；6—高层住宅

（4）集约式布置

居住区公共设施除上述平面规划布置形式外，还有集约式空间布置形式。这种布置形式利于提高土地利用、节地节能、合理组织交通和物业管理等。广东佛山市侨苑新村（图 5-39）：采用平台式内庭院集约布局组织商业服务设施，一、二层为商店，住宅楼在商店屋顶上修建；采用框架结构，空间灵活，可按使用要求分隔，满足各种不同需求；商店屋顶可供居民活动，下楼购物就近，非常方便。这种平台式商住楼，加大了建筑密度，节约用地，建筑体形较丰富；但需加强隔声、通风和安全管理。瑞典魏林比居住区活动中心（图 5-40）：位于小丘顶，比地面高出 7m，来自斯德哥尔摩的铁路从中心下面通过，铁路车站有自动电梯与地面层连接；中心地面是平台式步行区，设有花坛、喷泉、地面铺装，密切结合公共建筑群布置。

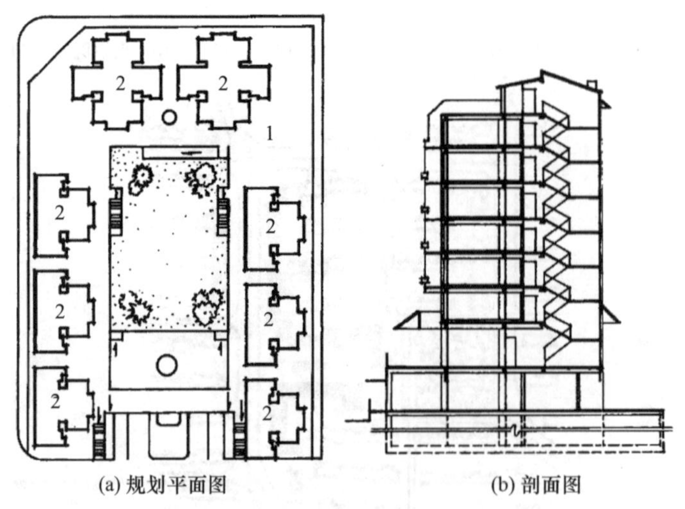

图 5-39 广东佛山市侨苑新村规划

1—商店层顶平台；2—住宅

注：一、二层为商店；三层以上为住宅。

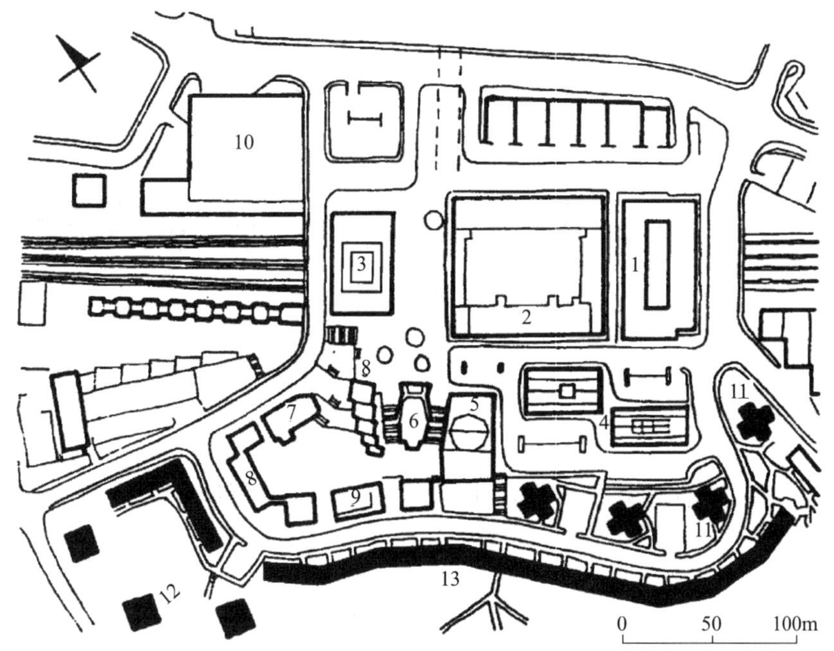

图 5-40 瑞典魏林比居住区活动中心

1—办公和商店；2—百货店；3—地铁站；4—办公；5—剧场；6—电影院；7—教堂；8—礼堂；9—图书馆；10—平台下面的车库；11—卍形塔式住宅；12—方形塔式住宅；13—单元式住宅

推荐阅读书目

［1］ 中华人民共和国住房和城乡建设部．中小学校设计规范：GB 50099—2011［S］．北京：中国建筑工业出版社，2012.

［2］ 吴良镛．人居环境科学导论［M］．北京：中国建筑工业出版社，2001.

［3］ 柴彦威．城市空间［M］．北京：科学出版社，2000.

［4］ 中华人民共和国住房和城乡建设部．城市绿地规划标准：GB/T 51346—2019［S］．北京：中国建筑工业出版社，2019.

［5］ 朱家瑾．居住区规划设计［M］．2 版．北京：中国建筑工业出版社，2007.

课后复习、思考与讨论题

1. 请同学选择某一居住区案例，勾画出配套设施，分析各设施布局的特点。
2. 请概述配套设施布局形式有哪些。
3. 体育运动场地可否东西向布置，为什么？
4. 请讨论配套设施按 4 个分级都应配置哪些设施。

6　道路及停车设施规划设计

居住区道路是城市道路交通系统的组成部分，也是承载城市生活的主要公共空间。居住区道路分为城市道路和附属道路两类。

6.1　城市道路

城市道路是指由城市专业部门建设和管理、为全社会提供交通服务的各类各级道路的统称，它是担负城市交通的主要设施。

6.1.1　城市道路的功能及分类

（1）城市道路的功能

城市道路是城市人员活动和物资运输必不可少的重要设施。同时，城市道路还具有其他许多功能，例如，能提升土地的利用率，能提供公共空间并保证生活环境，具有抗灾救灾功能等。城市道路是通过充分发挥这些功能来保证城市居民的生活、工作和其他各项活动的。城市道路主要有以下 4 个方面的功能。

①交通设施功能

所谓交通设施功能，是指由于城市活动产生的交通需要中，对应于道路交通需要的交通功能。而交通功能又可分为纯属交通的交通功能和沿路利用的进入功能。交通功能，是指交通本身，如机动车交通、非机动车交通、行人交通等；进入功能是指交通主体（机动车、非机动车及行人等）向沿路的各处用地、建筑物等出入的功能。一般来说，干线道路主要具有交通功能，利用干线道路的交通大多是较长距离的或过境的交通。与沿线的住宅、公建设施直接连接的支路或次干路则体现了进入功能，在不妨碍城市道路交通的情况下，路上临时停车装卸货物以及公共交通停靠等也属于这种功能。

②公共空间功能

城市道路是城市生活环境必不可少的公共空间，这表现在除采光、日照、通风及景观作用以外，还为城市其他设施提供布置空间，如为电力、电信、燃气、自来水管及排水管的供应和处理提供布置空间。

在大城市或特大城市中，地面及地下轨道交通等也往往敷设在城市道路用地内，在市中心或大交叉口的下面也可埋设综合管道等设施。

③防灾救灾功能

这一功能包括起避难场地作用、防火带作用、消防和救援活动用路的作用等。

出现地震、火灾等灾害时，在避难场所避难，具有一定宽度的道路可作为避难道使用。此外，为防止火灾的蔓延，空地或耐火构造物极为有用，道路和具有一定耐火程度的构造物连在一起，则可形成有效的防火隔离带。

④形成城市结构功能

城市道路系统形成城市用地布局的基本骨架。对于整个城市来说，主干路是形成城市结构骨架的基础设施，对于小一些的区域，道路则起着形成居住区、街坊等骨架的作用。

从城市的发展来看，城市是以干路为骨架，并以它为中心向四周延伸的。从某种意义上说，城市道路网决定城市用地结构。反之，城市道路网的规划，也取决于城市规模、城市用地结构及城市功能的布置，两者相互作用，相互影响。

（2）城市道路的分类

要实现城市道路的基本功能，必须建立适当的道路网络。尽管城市道路的功能是综合性的，但还是应突出每一条道路的主要功能，这对于保证城市正常活动、交通运输的经济合理以及交通秩序的有效管理等诸多方面，都是非常必要的。

城市道路分类的目的是将规划的道路功能用于道路的管理，确保道路系统在管理上更加精细，充分体现城市综合交通体系规划的意图。国内外城市道路规划中均倾向于道路功能的细分，使道路的功能更加明确，与道路运行管理衔接得更好。

我国现行国家标准《城市综合交通体系规划标准》（GB/T 51328）按照城市道路所承担的城市活动特征，将城市道路分为 3 个大类、4 个中类和 8 个小类。

①3 个大类

城市道路分为干线道路、支线道路，以及联系两者的集散道路 3 个大类。

干线道路承担城市中、长距离联系交通，集散道路和支线道路共同承担城市中、长距离联系交通的集散和城市中、短距离交通的组织。干线道路是城市的骨架，主要服务城市的长距离机动交通需求，连通城市的主要功能区；支线道路则相反，是城市交通的“毛细血管”，主要承担城市功能区内部的短距离地方性活动组织，同时也是城市街道活动组织的主要空间，更加注重街道活动的保障和特色塑造；集散道路将两者联系起来，同时也承担城市中、短距离的交通出行，里程比重较少，但功能重要，不可或缺。

②4 个中类

根据城市功能的连接特征确定城市道路中类，分为快速路、主干路、次干路、支路 4 个。城市道路功能分类与道路衔接的城市功能分区类型以及道路两侧城市用地相匹配。

城市道路中类划分与城市功能连接、城市用地服务的关系应符合表 6-1 的规定。

表 6-1 不同连接类型与用地服务特征所对应的城市道路功能等级

连接类型	用地服务			
	为沿线用地服务很少	为沿线用地服务较少	为沿线用地服务较多	直接为沿线用地服务
城市主要中心之间连接	快速路	主干路	—	—
城市分区（组团）间连接	快速路/主干路	主干路	主干路	—
分区（组团）内连接	—	主干路/次干路	主干路/次干路	—
社区级渗透性连接	—	—	次干路/支路	次干路/支路
社区到达性连接	—	—	支路	支路

③8 个小类

城市道路小类划分应符合表 6-2 的规定。

表 6-2 城市道路功能等级划分与规划要求

大类	中类	小类	功能说明	设计速度（km/h）	高峰小时服务交通量推荐（双向 pcu）
干线道路	快速路	Ⅰ级快速路	为城市长距离机动车出行提供快速、高效的交通服务	80～100	3000～12000
		Ⅱ级快速路	为城市长距离机动车出行提供快速交通服务	60～80	2400～9600
	主干路	Ⅰ级主干路	为城市主要分区（组团）间的中、长距离联系交通服务	60	2400～5600
		Ⅱ级主干路	为城市分区（组团）间的中、长距离联系以及分区（组团）内部主要交通联系服务	50～60	1200～3600
		Ⅲ级主干路	为城市分区（组团）间联系以及分区（组团）内部中等距离交通联系提供辅助服务，为沿线用地服务较多	40～50	1000～3000
集散道路	次干路	次干路	为干线道路与支线道路的转换以及城市内中、短距离的地方性活动组织服务	30～50	300～2000
支线道路	支路	Ⅰ级支路	为短距离地方性活动组织服务	20～30	—
		Ⅱ级支路	为短距离地方性活动组织服务的街坊内道路、步行、非机动车专用路等	—	—

6.1.2 城市道路横断面布置类型、组成及宽度

（1）城市道路横断面布置类型

城市道路交通由机动车交通、非机动车交通和行人交通 3 个部分组成。通常是利用立式缘石把人行道和车行道布置在不同的位置和高程上，以分隔行人和车辆交通，保证交通安全。机动车和非机动车的交通组织是分隔还是混行，则应根据道路和交通

的具体情况分析确定。

城市道路横断面根据车行道布置形式分为 4 种基本类型，即单幅路（一块板断面）、两幅路（两块板断面）、三幅路（三块板断面）、四幅路（四块板断面），如图 6-1 所示。此外，在某些特殊路段也可有不对称断面的处理形式。

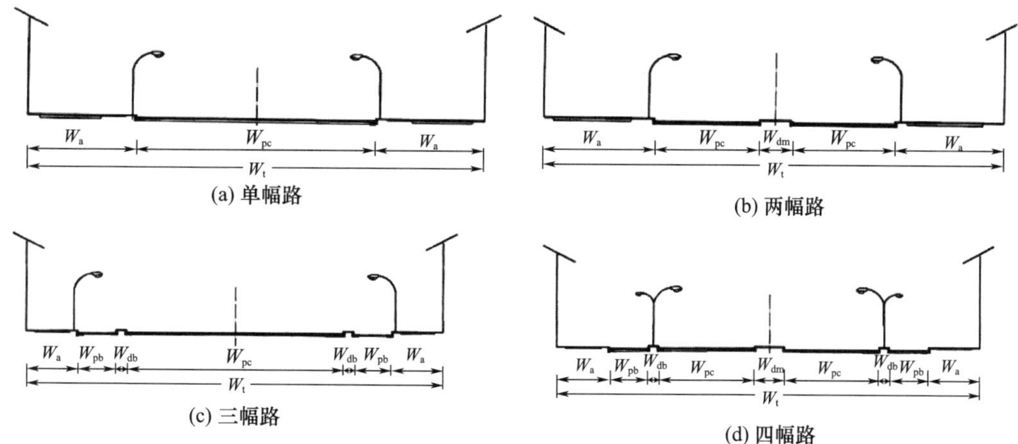

图 6-1　道路横断面布置类型图

W_a—路侧带宽度；W_{pb}—非机动车道宽度；W_t—道路红线宽度；W_{pc}—机动车道宽度；W_{dm}—中央分隔带宽度；W_{db}—两侧分隔带宽度

①单幅路

俗称“一块板”断面，各种车辆在车行道上混合行驶。

交通组织形式：双向不分离，机（动车）非（机动车）不分离。

优点：占地少，车道使用灵活。

缺点：通行能力低，安全性差。

单幅路适用于车流量不大、非机动车少、建筑红线较窄的次干路、支路，以及拆迁困难的地段或商业性路段。此外，某些有特殊功能要求的路段也可采用此形式。

②两幅路（两块板）

交通组织形式：双向分离，机非不分离。

优点：消除了对向交通的干扰和影响；中央分隔带可作为行人过街安全岛或在交叉口附近通过压缩以开辟左转专用车道；便于绿化、道路照明和市政管线敷设。

缺点：机非混行，影响道路通行能力的主要矛盾未解决，且车道使用灵活性降低。

两幅路适用于单向二车道以上、非机动车较少的路段，快速路多是此形式（但无非机动车道）。横向高差较大的路段也可采用此形式。

③三幅路（三块板）

交通组织形式：双向不分离，机非分离。

优点：消除了混合交通，提高了通行能力；有利于交通安全、道路绿化、道路照明和市政工程管线的敷设；削弱了交通公害的影响。

缺点：占地多，投资大，在公交停靠站产生上下车乘客与非机动车的相互干扰和影响。

三幅路适用于机、非车辆多，道路红线较宽（≥40m）的城市主次干路。

④四幅路（四块板）

交通组织形式：双向分离，机非分离。

优点：兼有二、三幅路的优点。

缺点：与三幅路相同，且所需占地和投资较三幅路更大。

四幅路适用于需设置辅路的快速路；机动车与非机动车交通量较大的城市主干路。

上述 4 种基本断面形式，在通常情况下以道路中心线为对称轴对称布置。但是在一些特殊情况下，比如地形限制、交通特点、交通组织等，可以将车行道、人行道、分隔带等设计成标高不对称、宽度不对称或上、下行分隔设计以适应特殊要求。沿江（河）大道、山城道路、大型立体交叉口设计常采用不对称路幅。

(2) 城市道路横断面组成及宽度

城市道路横断面由机动车道、非机动车道、人行道、设施带、绿化带、分车带等组成（图 6-2）。

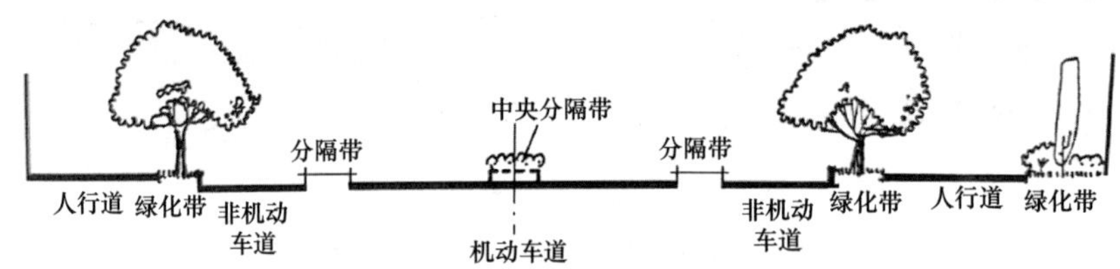

图 6-2　城市道路横断面示意图

①机动车道

一条机动车道最小宽度应符合表 6-3 的规定。

表 6-3　一条机动车道最小宽度

车型及车道类型	设计速度（km/h）	
	＞60	≤60
大型车或混行车道（m）	3.75	3.50
小客车专用车道（m）	3.50	3.25

机动车道路面宽度包括车行道宽度及两侧路缘带宽度，单幅路及三幅路采用中间分隔物或双黄线分隔对向交通时，机动车道路面宽度还应包括分隔物或双黄线的宽度。

②非机动车道

一条非机动车道宽度应符合表 6-4 的规定。

表 6-4　一条非机动车道宽度

车辆种类	自行车	三轮车
非机动车道宽度（m）	1.0	2.0

与机动车道合并设置的非机动车道，车道数单向不应小于 2 条，最小宽度不应小于 2.5m。

非机动车专用道路面宽度应包括车道宽度及两侧路缘带宽度，单向不宜小于 3.5m，双向不宜小于 4.5m。

当非机动车道内电动自行车、人力三轮车和物流配送非机动车流量较大时，非机动车道宽度应适当增加。

③路侧带

路侧带可由人行道、绿化带、设施带等组成（图 6-3）。

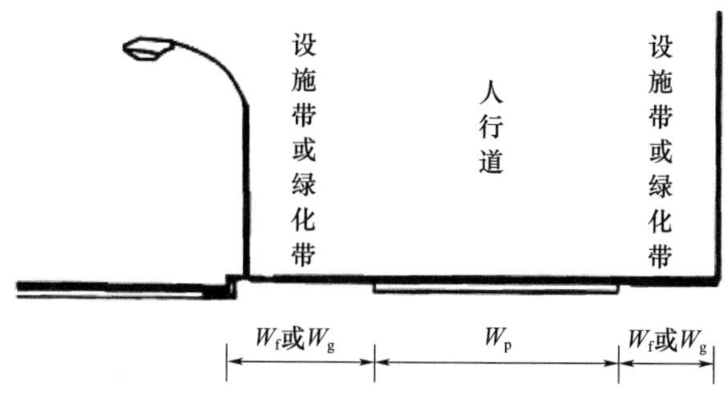

图 6-3　路侧带

W_f—设施带宽度；W_g—绿化带宽度；W_p—人行道宽度

人行道宽度必须满足行人安全顺畅通过的要求，并应设置无障碍设施。人行道最小宽度应符合表 6-5 的规定。

表 6-5　人行道最小宽度

项目	人行道最小宽度（m）	
	一般值	最小值
各级道路	3.0	2.0
商业或公共场所集中路段	5.0	4.0
火车站、码头附近路段	5.0	4.0
长途汽车站	4.0	3.0

设施带宽度应包括设置护栏、照明灯柱、标志牌、信号灯、城市公共服务设施等的要求，各种设施布局应综合考虑。设施带可与绿化带结合设置，但应避免各种设施间，以及与树木的相互干扰。当绿化带设置雨水调蓄设施时，应保证绿化带内设施及相邻路面结构的安全，必要时，应采取相应的防护及防渗措施。

④分车带

分车带按其在横断面中的不同位置及功能，可分为中间分车带（简称中间带）及两侧分车带（简称两侧带），分车带由分隔带及两侧路缘带组成。中间分隔带和两侧分隔带的最小宽度均为 1.5m。路缘带靠近非机动车道的一侧宽度为 0.25m；靠近机动车道一侧的宽度则与设计车速有关：当设计车速≥60km/h 时，宽度为 0.5m，当设计车速<60km/h 时，宽度为 0.25m。

6.1.3　居住区内的道路

（1）居住区内道路规划设计原则

居住区内道路的规划设计应遵循安全便捷、尺度适宜、公交优先、步行友好的基本原则，并应符合现行国家标准《城市综合交通体系规划标准》的有关规定。

居住区道路是城市道路交通系统的组成部分，也是承载城市生活的主要公共空间。居住区道路的规划建设应体现以人为本，提倡绿色出行，综合考虑城市交通系统特征和交通设施发展水平，满足城市交通通行的需要，融入城市交通网络，采取尺度适宜的道路断面形式，优先保证步行和非机动车的出行安全、便利和舒适，形成宜人宜居、步行友好的城市街道。

（2）居住区路网系统

居住区的路网系统应与城市道路交通系统有机衔接，其规划建设要求如下。

①居住区应采取“小街区、密路网”的交通组织方式，路网密度不应小于 8km/km^2；城市道路间距不应超过 300m，宜为 150～250m，并应与居住街坊的布局相结合。

影响居住区交通组织的因素是多方面的，其中主要是居住区的居住人口规模、规划布局形式、用地周围的交通条件、居民出行的方式与行为轨迹和本地区的地理气候条件等；同时，还要综合考虑居住区内建筑及设施的布置要求，以使路网分隔的各个地块能合理地安排不同功能要求的建设内容。

《中共中央 国务院关于进一步加强城市规划建设管理工作的若干意见》针对优化街区路网结构，对城市生活街区的道路系统规划提出了明确的要求，指出“树立‘窄马路、密路网’的城市道路布局理念”。因此，居住区道路系统应控制街道尺度，提升路网密度（图 6-4、图 6-5）。一般而言，居住区内的城市路网密度应符合现行国家标准《城市综合交通体系规划标准》对居住功能区路网密度的要求，不应小于 8km/km^2，居住区内城市道路间距不应超过 300m。居住街坊是构成城市居住区的基本单元，一般由城市道路围合，居住街坊的规模应为 2～4hm^2，相应的道路间距宜为 150～250m。（a）大街区：街区内部道路只服务本街区，封闭设卡；造成城市缺乏支路系统，城市道路被迫加宽。（b）小街区：街道公共开放，融入城市道路系统；支路网发达，路网密、窄，组织单行，效率高。

(a) 封闭街区(北京某小区)

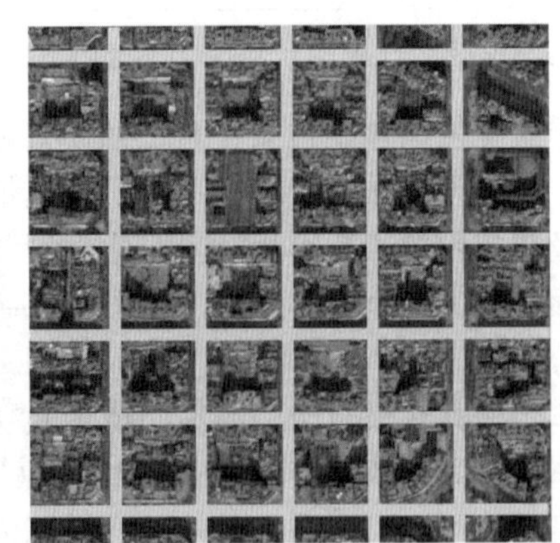

(b) 开放街区

图 6-4 封闭式大街区与开放式小街区对比一

②居住区内的步行系统应连续、安全、符合无障碍要求，并应便捷连接公共交通站点。

步行出行是城市居民的基本需求。居住区内的步行系统应连续、安全，采用无障碍设计，符合现行国家标准《无障碍设计规范》（GB 50763）中的相关规定，并连通城市街道、室外活动场所、停车场所、各类建筑出入口和公共交通站点。无障碍设计的主要依据是满足轮椅和盲人的出行要求，对主要人行步道的宽度、纵坡、建筑物出入口的坡道等进行设计，满足无障碍设计要求，通行轮椅的坡道宽度不应小于 2.5m，纵坡不应大于 2.5%。道路铺装应充分考虑轮椅顺畅通行，选择坚实、牢固、防滑、防摔的材质。

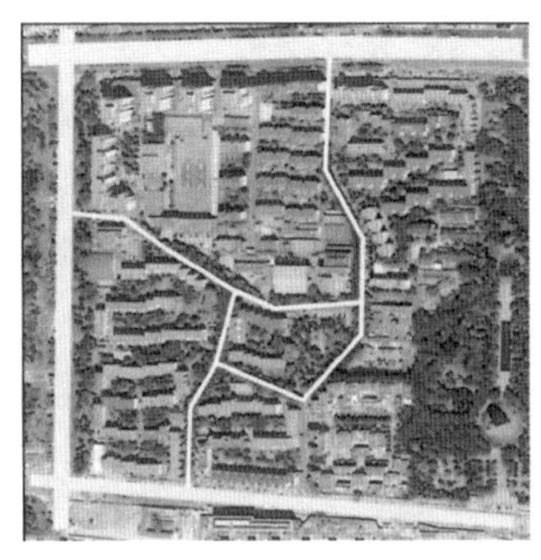

(a) 大街区(八里庄北里小区)　　(b) 小街区(巴塞罗那扩展区)

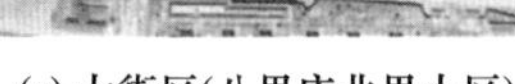

图 6-5　封闭式大街区与开放式小街区对比二

③在适宜自行车骑行的地区，应构建连续的非机动车道。

从地理和气候等因素考虑，除了山地城市及现行国家标准《建筑气候区划标准》(GB 50178) 中规定的严寒地区以外的城市，均适宜发展非机动车交通，城市道路资源配置应优先保障步行、非机动车交通和公共交通的路权要求。除城市快速路主路、步行专用路等不具备设置非机动车道条件外，城市快速路辅路及其他各级城市道路均应设置连续的非机动车道，形成安全、连续的自行车网络。

④旧区改建，应保留和利用有历史文化价值的街道、延续原有的城市肌理。

道路是形成城市历史肌理的重要元素，对于需重点保护的历史文化名城、历史文化街区及有历史价值的传统风貌地段，尽量保留原有道路的格局，包括道路宽度和线形、广场出入口、桥涵等，并结合规划要求，使传统的道路格局与现代化城市交通组织及设施（机动车交通、停车场库、立交桥、地铁出入口等）相协调。

(3) 居住区内的各级城市道路

居住区内各级城市道路应突出居住使用功能特征与要求，其规划建设要求如下。

①两侧集中布局了配套设施的道路，应形成尺度宜人的生活性街道；道路两侧建筑退线距离，应与街道尺度相协调。

居住区的街道空间不仅仅包括红线内的范围，也包括建筑后退道路红线的空间（图 6-6）。对于两侧集中布局了配套设施的道路，两侧建筑退线距离应与街道尺度相协调，形成尺度宜人的生活性街道（图 6-7）。不宜在居住区内设置宽度过大的、人无法进入的沿街绿地（图 6-8），应将这些绿地集中设置，形成可以开展体育活动的集中绿地。

目前，我国很多居住区道路，尤其是新区的居住区道路，存在退线过大的问题，不仅造成土地利用效率低，也无法形成宜人的街道空间。

②支路的红线宽度，宜为 14～20m。

支路是居住区主要的道路类型，《城市综合交通体系规划标准》(GB/T 51328—2018) 中规定，城市支路包括Ⅰ级和Ⅱ级两类，居住区内的支路多是Ⅰ级支路，红线宽度为 14～20m。

居住区也会涉及历史街区内的道路、慢行专用路等Ⅱ级支路，在此情况下，支路的红线宽度可酌情降低，并符合相关规定。

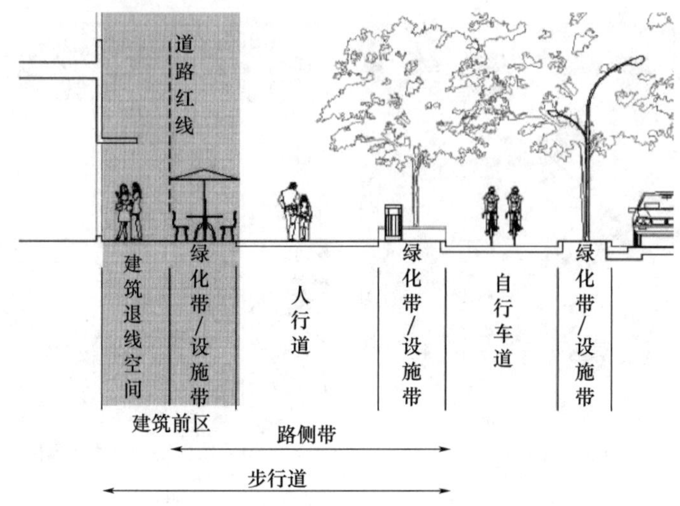

图 6-6 居住区街道空间示意图

图 6-7 尺度宜人的生活性街道

图 6-8 宽度过大人无法进入的绿地

③道路断面形式应满足适宜步行及自行车骑行的要求，人行道宽度不应小于 2.5m。

道路断面设计要考虑非机动车和人行道的便捷通畅，人行道宽度不应小于 2.5m。有条件的地区可设置一定宽度的绿地种植行道树和草坪花卉（图 6-9）。但当街道空间有限时，应优先保证人行道通畅，绿化不应占用人行道空间（图 6-10）。

图 6-9 人行道、行道树尺度舒适图

图 6-10 绿化占用人行道空间

④支路应采取交通稳静化措施，适当控制机动车行驶速度。

居住区内的城市支路应采取交通稳静化措施，降低机动车车速、减少机动车流量，以改善道路周边居民的生活环境，同时保障行人和非机动车交通使用者的安全。交通稳静化措施包括减速丘、减速台、减速带、抬高的过街通道、隆起式交叉口、路段瓶颈化、小交叉口转弯半径、纹理路面、中心岛与环岛、视觉障碍等道路设计和管理措施。国内外常用的一些交通稳静化措施，如图 6-11～图 6-21 所示。

在行人与机动车混行的路段，机动车车速不应超过 10km/h；机动车与非机动车混行路段，车速不应超过 25km/h。

图 6-11　减速丘

图 6-12　减速台

图 6-13　减速带

图 6-14　抬高的过街通道

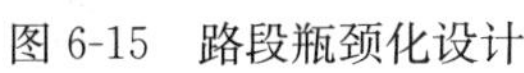

图 6-15　路段瓶颈化设计

图 6-16　隆起式交叉口

图 6-17　路段瓶颈化实例（纽约）

图 6-18　交叉口收缩设计（美国波特兰市）

图 6-19　纹理路面

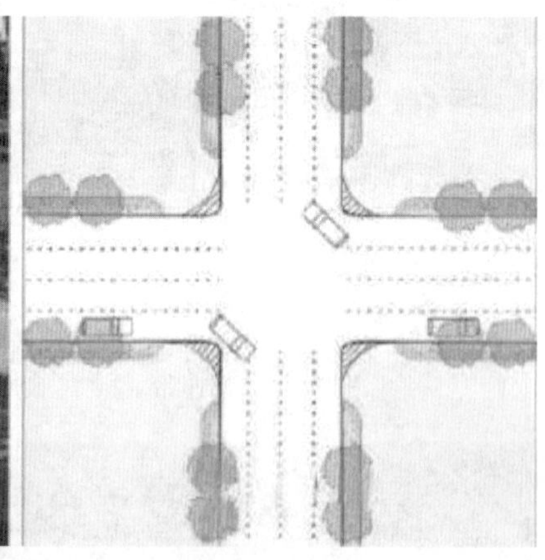

图 6-20　小交叉口转弯半径

图 6-21　中心岛与环岛

6.2 附属道路

居住区道路应尽可能连续顺畅，以方便消防、救护、搬家、清运垃圾等机动车辆的通达，道路设置应满足防火要求。同时，居住区道路规划要与抗震防灾规划相结合。在抗震设防城市的居住区道路规划应必须保证有通畅的疏散通道，并在因地震诱发的如电气火灾、水管破裂、煤气泄漏等次生灾害时，能保证消防、救护、工程救险等车辆的通达。

附属道路是设置在居住街坊内的道路，分为主要附属道路和其他附属道路。

6.2.1 主要附属道路

主要附属道路，为居住街坊内的主要道路，应至少设置两个车行出入口连接城市道路（图 6-22），从而使其道路不会呈尽端式格局，保证居住街坊与城市有良好的交通联系，同时保证消防、救灾、疏散等车辆通达需要。两个出入口可以是两个方向，也可以是同一个方向与外部连接。主要附属道路一般按一条自行车道和一条人行道双向计算，同时也要满足现行国家标准《建筑设计防火规范》（BG 50016）对消防车道的净宽度要求，其路面宽度不应小于 4.0m。

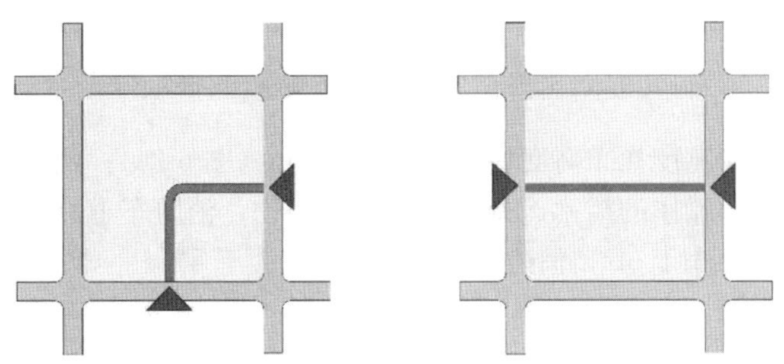

图 6-22 居住街坊内的主要附属道路（应至少设置两个出入口连接城市道路）

6.2.2 其他附属道路

其他附属道路，为进出住宅的最末一级道路。这一级道路平时主要供居民出入，基本是自行车及人行交通为主，并要满足清运垃圾、救护和搬运家具等需要，其路面宽度不宜小于 2.5m。为兼顾必要时大货车、消防车的通行，路面两边应各留出宽度不小于 1m 的路肩。

6.2.3 相关规定

（1）消防车道、救援场地和入口

居住区道路应满足现行国家标准《建筑设计防火规范》对消防车道、救援场地和入口等内容的相关规定。

①高层住宅建筑可沿建筑的一个长边设置消防车道，且该长边所在建筑立面应为消防车登高操作面（图 6-23）。高层民用建筑是指建筑高度大于 27m 的住宅建筑和建筑高度大于 24m 的非单层公共建筑。外围应设置环形消防车道，确有困难时，可沿建筑的两个长边设置消防车道（图 6-24、图 6-25）。

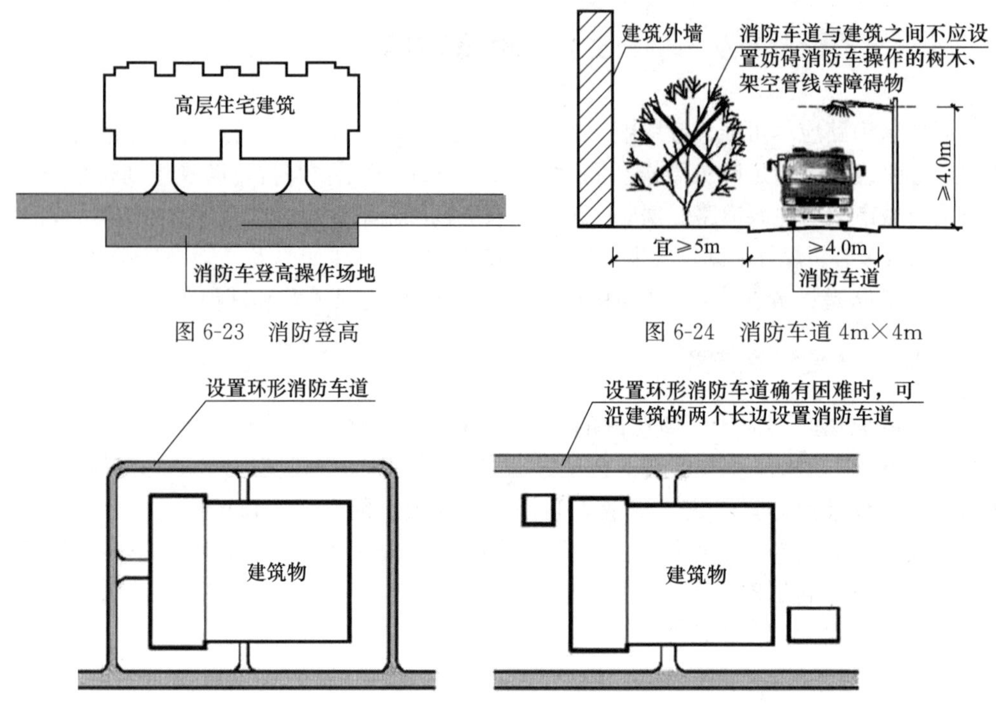

图 6-23　消防登高

图 6-24　消防车道 4m×4m

图 6-25　消防车道要求

②消防车道的净宽度和净高度均不应小于 4.0m（图 6-24）；消防车道与建筑之间不应设置妨碍消防车操作的树木、架空管线等障碍物；消防车道靠建筑外墙一侧的边缘距离建筑外墙不宜小于 5m；消防车道的坡度不宜大于 8%。

③环形消防车道至少应有两处与其他车道连通。尽头式消防车道应设置回车道或回车场，回车场的面积不应小于 12m×12m；对于高层建筑，不宜小于 15m×15m；供重型消防车使用时，不宜小于 18m×18m（图 6-26、图 6-27）。

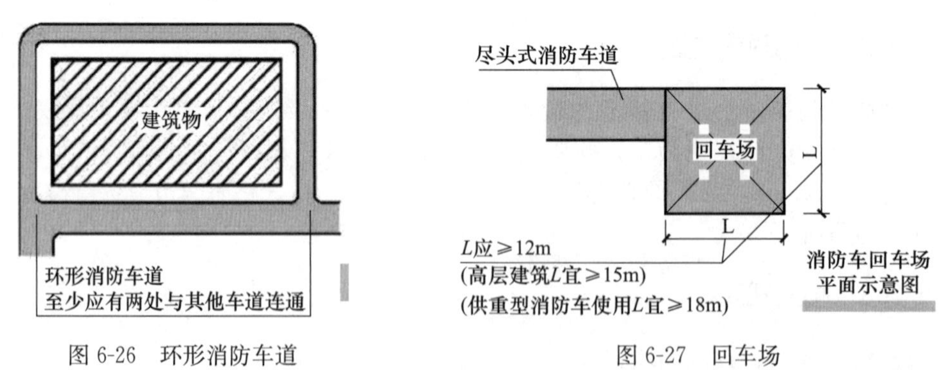

图 6-26　环形消防车道

图 6-27　回车场

④消防车道的路面、救援操作场地、消防车道和救援场地下面的管道和暗沟等，应能承受重型消防车的压力。

⑤高层建筑应至少沿一个长边或周边长度的四分之一且不小于一个长边长度的底边连续布置消防车登高操作场地，该范围内的裙房埋深不应大于 4m。建筑高度不大于 50m 的建筑，连续布置消防车登高操作场地确有困难时，可间隔布置，但间隔距离不

宜大于 30m，且消防车登高操作场地的总长度仍应符合上述规定（图 6-28）。

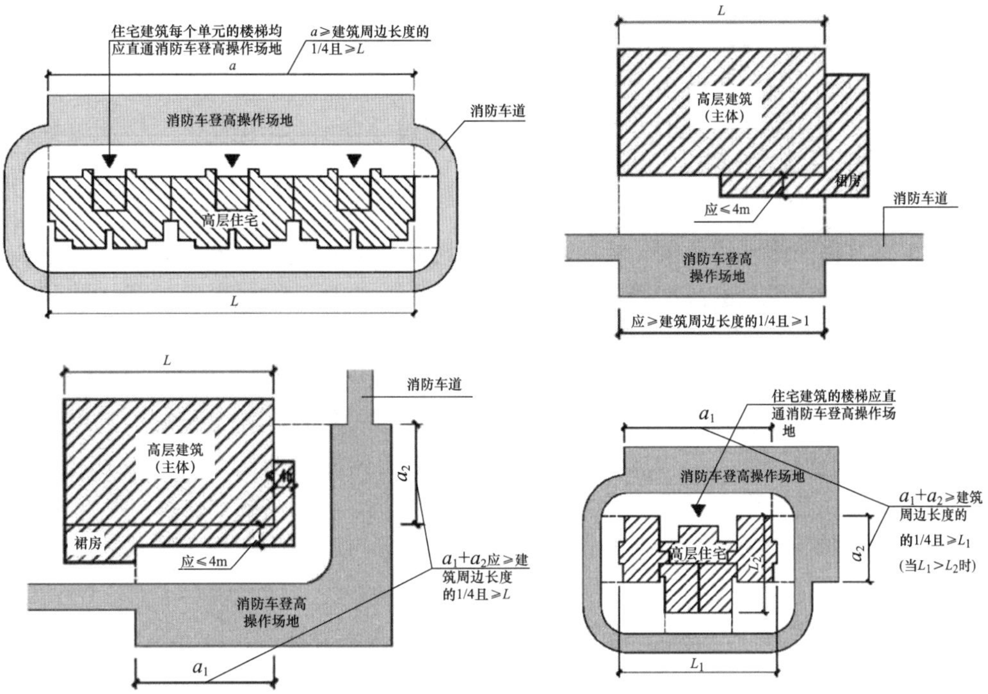

图 6-28　操作场地的总长度要求

⑥消防车登高操作场地应与消防车道连通，场地靠建筑外墙一侧的边缘距离建筑外墙不宜小于 5m，且不应大于 10m，场地坡度不宜大于 3%。消防车登高操作场地的长度和宽度分别不应小于 15m 和 10m；对于建筑高度大于 50m 的建筑，场地的长度和宽度分别不应小于 20m 和 10m。在建筑物与消防车登高操作场地相对应的范围内，应设置直通室外的楼梯或直通楼梯间的入口（图 6-29）。

注：
1.建筑高度>50m时，消防车登高操作场地的长度按括号内数字。
2.建筑高度≤50m且连续布置消防车登高操作场地确有困难时，可间隔布置，相关要求见第7.2.1条。

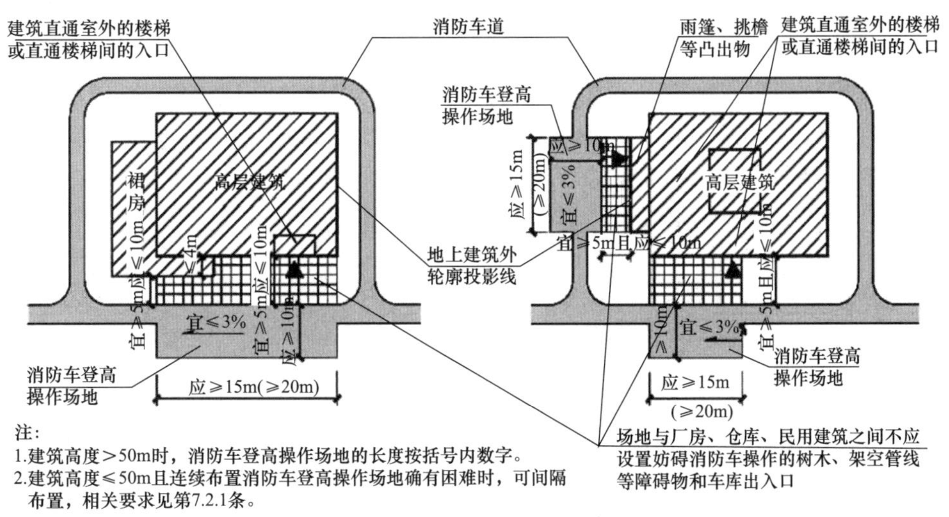

图 6-29　消防登高场地设置要求

（2）人行出入口

《中共中央 国务院关于进一步加强城市规划建设管理工作的若干意见》中明确要求，“我国新建住宅要推广街区制，原则上不再建设封闭住宅小区”。为了提升住宅小区的开放性，强调住区与城市的联系，同时也是为了保证人行出入的便捷，以及紧急情况发生时的疏散要求，人行出入口间距不宜超过 200m。如果居住街坊实施独立管理，也应按规定设置出入口，供应急时使用。

（3）道路纵坡

为了满足路面排水的要求，附属道路的最小纵坡不应小于 0.3%。同时，为了保证车辆的安全行驶，以及步行和非机动车出行的安全和便利，附属道路的最大纵坡应符合表 6-6 中所列内容的规定。

在表 6-6 中，机动车道的最大纵坡 8%是附属道路允许的最大数值，如地形允许，要尽量采用更平缓的纵坡。山区由于地形等实际情况的限制，确实无法满足纵坡要求时，经技术经济论证可适当增加最大纵坡，在保证道路通达的前提下，尽可能保证道路纵坡的舒适性。非机动车道的最大纵坡应根据非机动车交通的要求确定，对于机动车与非机动车混行的道路，应首先保证非机动车出行的便利，其最大纵坡宜按照非机动车道的要求进行设计。

表 6-6　附属道路最大纵坡控制指标（%）

道路类别及其控制内容	一般地区	积雪或冰冻地区
机动车道	8.0	6.0
非机动车道	3.0	2.0
步行道	8.0	4.0

（4）居住区道路边缘至建筑物、构筑物的最小距离

道路边缘至建筑物、构筑物之间应保持一定距离，主要是考虑在建筑底层开窗开门和行人出入时不影响道路的通行及行人的安全，以防楼上掉下物品伤人，同时应有利于设置地下管线、地面绿化及减少对底层住房的视线干扰等因素。对于面向城市道路开设了出入口的住宅建筑应保持相对较宽的间距，建筑物在建设时可以有个缓冲地段，并可在门口临时停放车辆，以保障道路的正常交通。表 6-7、图 6-30 具体规定了各种情况的间距要求。

表 6-7　居住区道路边缘至建筑物、构筑物最小距离（m）

与建筑物、构筑物关系		城市道路	附属道路
建筑物面向道路	无出入口	3.0	2.0
	有出入口	5.0	2.5
建筑物山墙面向道路		2.0	1.5
围墙面向道路		1.5	1.5

注：道路边缘对于城市道路是指道路红线。附属道路分两种情况：道路断面设有人行道时，指人行道的外边线；道路断面未设人行道时，指路面边线。

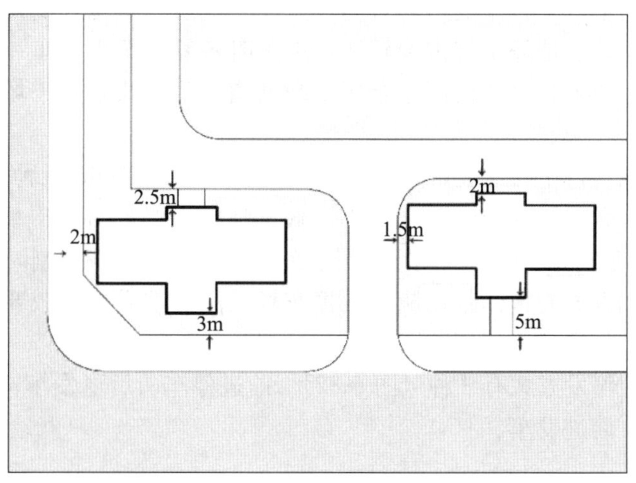

图 6-30　居住区道路边缘至建筑物、构筑物的最小距离示意图

6.3　停车设施规划设计

居住区应配套设置居民机动车和非机动车的停车场（库）。

6.3.1　机动车停车设施

机动车停车应根据当地机动化发展水平、居住区所处的区位、用地条件及周边公共交通条件综合确定，并应符合所在地城市规划的有关规定。

为了节约用地和保护居住环境，居住区机动车停车场（库）宜优先采用地下或半地下的方式，地面停车位数量不超过住宅总套数的 10%，地上停车位应优先考虑设置多层停车库或机械式停车设施。

（1）机动车的停放方式与交通组织

机动车的停放方式与交通组织是停车设施的核心问题，重点要解决好停车场地内停车位与行车通道的关系，及其与外部道路交通的关系，使车辆进出顺畅、线路短捷、避免交叉干扰。

①停放方式和进出方式

机动车停放方式有 3 种基本形式，即平行式、垂直式和斜列式（图 6-31）。

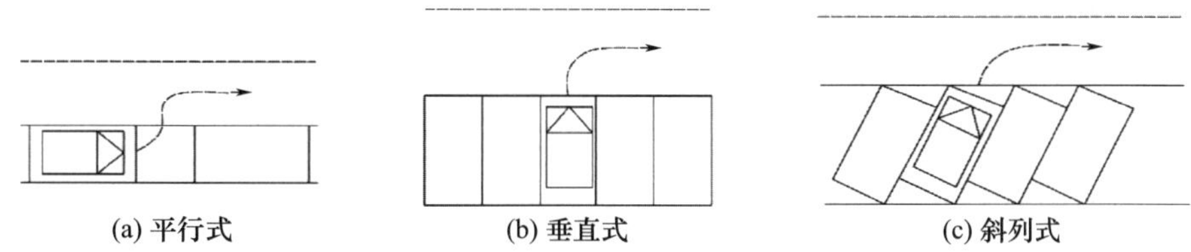

图 6-31　机动车停放的基本形式

平行式。车辆平行于行车通道的方向停放。其优点是占用停车宽度小，车辆驶出方便迅速；缺点是占用停车长度最大，且占用总停车面积最大。平行式是路边停车带或狭长场地停车的常用形式。

垂直式。车辆垂直于行车通道的方向停放。其优点是单位长度内停车位最多，车辆驶出方便迅速；缺点是停车带占地较宽，进出时各需要至少倒车一次，要求通道至少有两个车道宽，布置时可两边停车合用中间通道；垂直式多用于场地紧凑，交通量大的停车场。

斜列式。车辆与行车通道成角度停放（一般有 30°、45°、60°三种）。其优点是车辆进出方便，且出入时占用的通道宽度较小，缺点是单位停车面积比垂直停车要大，特别是 30°停放。停车带宽度随停放角度而异。斜列式适于场地受限制时采用。

以上 3 种停车方式的具体选用应根据停车场（库）性质、疏散要求和用地条件等综合考虑。

车辆进出车位停发方式有 3 种（图 6-32）：前进停车、后退发车；后退停车、前进发车；前进停车、前进发车。

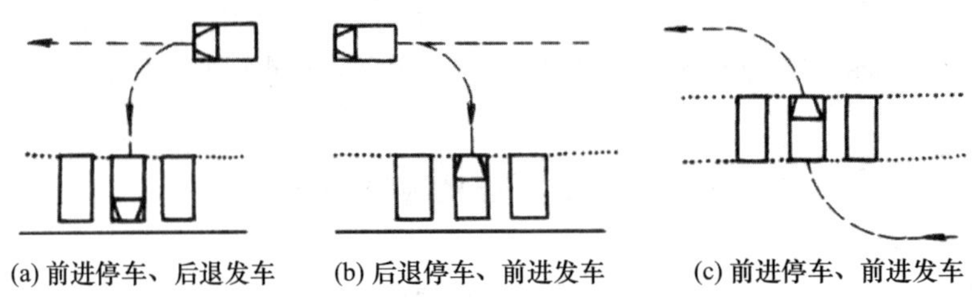

图 6-32　车辆进出车位方式

②机动车停车场（库）内部交通组织

机动车停车场（库）内部交通组织应协调停车位与行车通道的关系。常见的有一侧通道、一侧停车，中间通道、两侧停车，两侧通道、中间停车，环形通道、四周停车等多种关系（图 6-33）。行车通道可为单车道或双车道，双车道比较合理，但用地面积较大。中间通道两侧停车，行车通道利用率较高，目前国内外采用这种形式较多。两侧通道中间停车时，若只停一排车，则可一侧顺进，一侧顺出，进出车位迅速、安全，但占地面积大得多，只对有紧急进出车要求的情况采用，且一般中间停两排车。此外，当采用环形通道时，应尽可能减少车辆转弯次数。

③机动车停车场（库）与外部道路交通组织

机动车停车场（库）出入口不应直接与城市快速路相连接，且不宜直接与城市主干路相连接，与城市道路交叉口应有一定的距离。出入口的宽度不应小于 4m，并应保证出入口与内部通道衔接的顺畅；当直接通向城市道路时，与机动车停车场（库）连接的道路宜为城市次干路、支路；相邻出入口的最小间距不应小于 15m，且不应小于两出入口道路转弯半径之和。

协调机动车停车场（库）内外交通流线，使进出机动车停车场（库）的交通流线与场内的交通流线不相互交叉，将机动车停车场（库）内部通行车道、出入口与外部道路贯通起来，使进出车辆顺畅便捷、疏散迅速。

（2）机动车停车场、停车位的布置

居住区机动车的停放以集中和分散相结合的方式布置。停车场是一种露天的集中停放方式，为便于使用、管理和疏散，宜布置在与车行道毗连的专用场地上。分散设置的停车位，可利用路边、庭院以及边角零星地段，由于规模小、布置自由灵活，形式多样，使用方便；缺点是零散、不易管理，仅适用于临时或短时间停车使用。

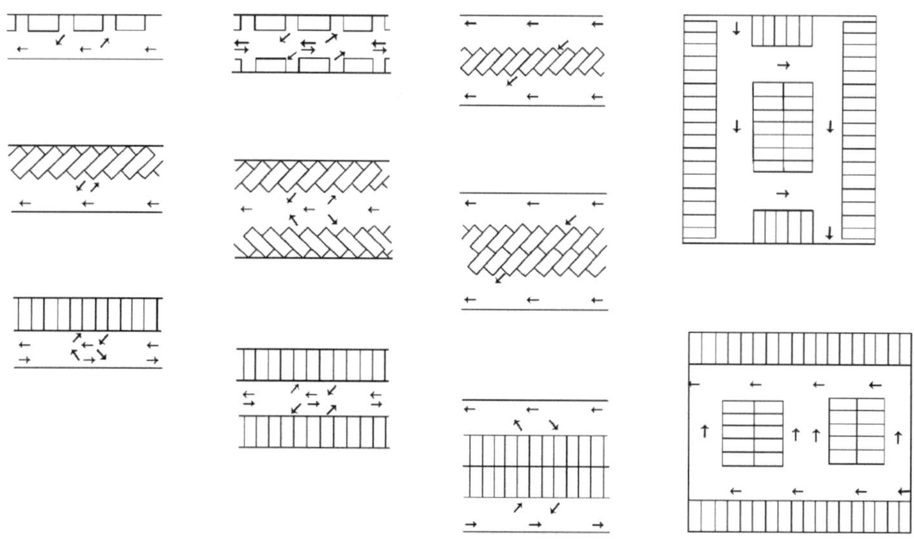

图 6-33 机动车停车场（库）内停车位与行车通道的关系

集中设置的停车场要注意规模的控制，过大的停车场不仅占地多，使用不便，而且有碍观瞻。此外，停车场和停车位均应做好绿化布置，增加绿荫，保护车辆防止暴晒、降解噪声和空气污染。

（3）机动车停车库的设置

机动车停车库停车是一种室内停车形式，利于管理与维护，安全可靠，占地少，但投资较大。

①机动车停车库的一般形式

停车库有单建式、附建式及混合式 3 种基本形式（图 6-34），每一形式又有地上、地下之分，并有单层多层之别。停车库室内地坪面低于室外地坪面高度超过该层车库净高一半时为地下停车库，反之则为地上停车库。

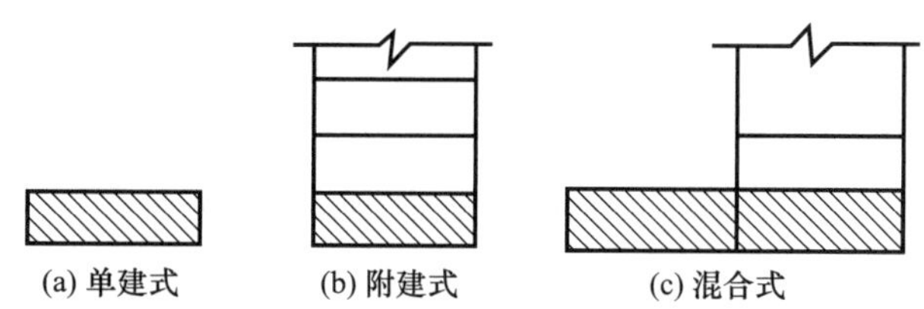

图 6-34 停车库的基本形式示意图

②机动车停车库的垂直交通

地下停车库的地上地下、多层停车库的层与层之间的垂直交通方式分为坡道式和机械式两种。坡道式对居住区较为适宜，它有以下几种形式。

长直线型。停车楼面水平布置，每层楼面之间以长直线型坡道相连。长直线型停车库布局简单整齐，交通路线清晰，但单位停车位占用面积较多，用地不够经济。

短直线型。也称错层式或半坡道式停车库。停车楼面分为错开半层的两层或三层楼面，楼面之间用短直线坡道相连，因而大大缩短了坡道长度。该形式停车库的用地较节省，单位停车位占用面积较少，但交通路线对部分停车位的进出有干扰，结构较复杂。

曲线型。停车楼面水平布置，基本行车部分的布置方式与长直线型相同，只是每层楼面之间用曲线型坡道相连。该形式停车库布局简单整齐，交通路线清晰，用地稍比长直线型节省，但造价较高。能适应狭窄的基地，为使行车安全，必须保持适当坡度和足够宽度。

倾斜楼板型。停车楼面呈缓坡倾斜状布置，利用通道的倾斜作为楼层转换的坡道，因而无须再设置专用的坡道，用地最为节省，单位停车位占用面积最少。但由于坡道和通道的合一，交通路线较长，对停车位车辆的进出普遍存在干扰。

地下停车库的各坡道形式如图 6-35 所示。

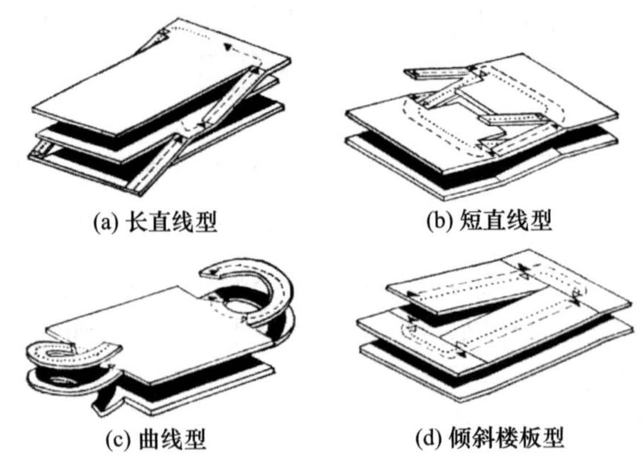
(a) 长直线型　(b) 短直线型

(c) 曲线型　(d) 倾斜楼板型

图 6-35　停车库的坡道形式

③机动车停车库的尺寸要求

机动车库室内最小净高：小型车 2.2m，轻型车 2.95m。

机动车库出入口宽度：双向行驶时不应小于 7m，单向行驶时不应小于 4m。

机动车库出入口和车道数量：当车库停车位大于 100 辆时，其出入口不少于 2 个，并且出入口车道数量不少于 2 个。具体见表 6-8 的规定。

停车库总平面内，单向行驶的机动车道宽度不应小于 4m，双向行驶的小型车道不应小于 6m，双向行驶的中型车以上车道不应小于 7m。

表 6-8　机动车库出入口和车道数量

出入口和车道数	规模						
	特大型	大型		中型		小型	
	停车当量						
	＞1000	501～1000	301～500	101～300	51～100	25～50	＜25
机动车出入口数量	≥3	≥2	≥2	≥2	≥1	≥1	≥1
非居住建筑出入口车道数量	≥5	≥4	≥3	≥2		≥2	≥1
居住建筑出入口车道数量	≥3	≥2	≥2	≥2		≥2	≥1

6.3.2 非机动车停车设施

（1）非机动车设计车型的外廓尺寸

具体的外廓尺寸见表 6-9。

表 6-9 非机动车设计车型外廓尺寸

车型	车辆几何尺寸（m）		
	长度	宽度	高度
自行车	1.9	0.6	1.2
三轮车	2.5	1.2	1.2
电动自行车	2.0	0.8	1.2
机动轮椅车	2.0	1.0	1.2

（2）非机动车的停车方式

自行车停车方式有垂直式和斜列式，见表 6-10。自行车停车位的宽度、通道宽度应符合规定，其他类型非机动车应按图 6-36 做相应调整。

表 6-10 自行车停车位的宽度和通道宽度

停车方式		停车位宽度（m）		车辆横向间距（m）	通道宽度（m）	
		单排停车	双排停车		一侧停车	两侧停车
垂直式		2.00	3.20	0.60	1.50	2.60
斜列式	60°	1.70	3.00	0.50	1.50	2.60
	45°	1.40	2.40	0.50	1.20	2.00
	30°	1.00	1.80	0.50	1.20	2.00

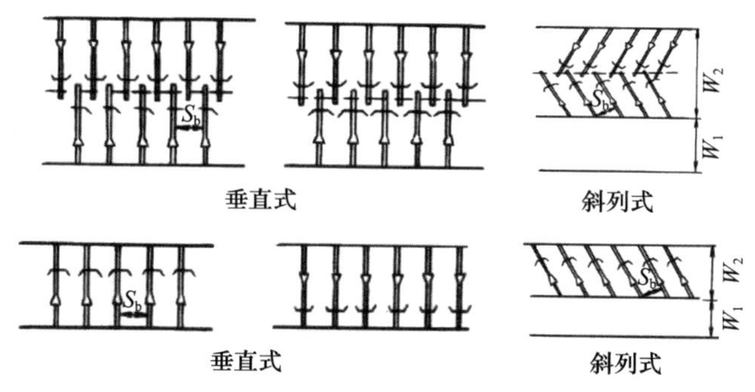

图 6-36 非机动车停车方式

W_1—通道宽度；W_2—停车位宽度；S_b—车辆横向间距

（3）非机动车停车设施的相关规定

①非机动车库不宜设在地下二层及以下，当地下停车层地坪与室外地坪高差大于7m 时，应设机械提升装置。

②机动轮椅车、三轮车宜停放在地面层，当条件限制需停放在其他楼层时，应设坡道式出入口或设置机械提升装置；其坡道式出入口的坡度应符合现行行业标准《城市道路工程设计规范》（GJJ 37）的规定。

③非机动车库停车当量数量不大于500辆时，可设置一个直通室外的带坡道的车辆出入口；超过500辆时应设两个或以上出入口，且每增加500辆宜增设一个出入口。

④非机动车库出入口宜与机动车库出入口分开设置，且出地面处的最小距离不应小于7.5m。当中型和小型非机动车库受条件限制，其出入口坡道需与机动车出入口设置在一起时，应设置安全分隔设施，且应在地面出入口外7.5m范围内设置不遮挡视线的安全隔离栏杆。

⑤自行车和电动自行车车库出入口净宽不应小于1.8m，机动轮椅车和三轮车车库单向出入口净宽不应小于车宽加0.6m。

⑥非机动车库车辆出入口可采用踏步式出入口或坡道式出入口。踏步式出入口是指中间为人行楼梯，两侧为自行车推行坡道；或中间为自行车推行坡道，两侧为人行楼梯的出入口。坡道式出入口是指只设坡道人车混行的出入口。

⑦非机动车库出入口宜采用直线形坡道，当坡道长度超过6.8m或转换方向时，应设休息平台，平台长度不应小于2m，并应能保持非机动车推行的连续性。

⑧踏步式出入口推车斜坡的坡度不宜大于25%，单向净宽不应小于0.35m，总净宽度不应小于1.80m。坡道式出入口的斜坡坡度不宜大于15%，坡道宽度不应小于1.80m。

⑨非机动车库的停车区域净高不应小于2.0m。

6.3.3 其他相关规定

(1) 居住区配建停车场（库）的规定

根据《城市居住区规划设计标准》（GB 50180—2018），居住区相对集中设置且人流较多的配套设施应配建停车场（库），并应符合下列规定：

①停车场（库）的停车位控制指标，不宜低于表6-11的规定；

②商场、街道综合服务中心机动车停车场（库）宜采用地下停车、停车楼或机械式停车设施；

③配建的机动车停车场（库）应具备公共充电设施安装条件。

表6-11 配建停车场（库）的停车位控制指标（车位/100m² 建筑面积）

名称	非机动车	机动车
商场	≥7.5	≥0.45
菜市场	≥7.5	≥0.30
街道综合服务中心	≥7.5	≥0.45
社区卫生服务中心（社区医院）	≥1.5	≥0.45

《城市居住区规划设计标准》（GB 50180—2018）中提到，居住区应配套设置居民机动车和非机动车停车场（库），并应符合下列规定：

①机动车停车应根据当地机动化发展水平、居住区所处区位、用地及公共交通条件综合确定，并应符合所在地城市规划的有关规定；

②地上停车位应优先考虑设置多层停车库或机械式停车设施，地面停车位数量不宜超过住宅总套数的10%；

③机动车停车场（库）应设置无障碍机动车位，并应为老年人、残疾人专用车等

新型交通工具和辅助工具留有必要的发展余地；

④非机动车停车场（库）应设置在方便居民使用的位置；

⑤居住街坊应配置临时停车位；

⑥新建居住区配建机动车停车位应具备充电基础设施安装条件。

推荐阅读书目

[1] 沈建武，吴瑞麟．城市道路与交通［M］．武汉：武汉大学出版社，2011.

[2] 文国玮．城市交通与道路系统规划［M］．北京：清华大学出版社，2013.

[3] 中华人民共和国住房和城乡建设部．城市综合交通体系规划标准：GB/T 51328—2018［S］．北京：中国建筑工业出版社，2019.

[4] 中华人民共和国住房和城乡建设部．城市道路工程设计规范：CJJ 37—2012［S］．2016 年版．北京：中国建筑工业出版社，2012.

[5] 中华人民共和国住房和城乡建设部．城市居住区规划设计标准：GB 50180—2018［S］．北京：中国建筑工业出版社，2018.

[6] 中华人民共和国住房和城乡建设部．车库建筑设计规范：JGJ 100—2015［S］．北京：中国建筑工业出版社，2015.

[7] 中华人民共和国住房和城乡建设部．建筑设计防火规范：GB 50016—2014［S］．2018 年版．北京：中国计划出版社，2015.

课后复习、思考与讨论题

请在一张 A2 绘图纸上绘制一个规模为 2～4hm^2 居住街坊内部的主要道路网，含居住街坊出入口、地下车库出入口。

7 居住区绿地与景观环境设计

居住区景观作为居住区的重要组成部分，受到人们越来越多的关注和重视。良好的居住区景观设计能够改善城市生态、丰富城市景观、体现城市文化，同时将自然环境、社会环境和人文环境结合起来，为人们创造出安全、卫生、便捷、舒适、优雅、和谐的生活空间。

7.1 概　　述

居住区绿地主要包括 5～10hm^2 和 1～5hm^2 的社区公园、游园和附属绿地，并分别对应 15 分钟生活圈居住区、10 分钟生活圈居住区、5 分钟生活圈居住区和居住街坊的绿地分级。厘清相关概念，弄清居住区绿地规划规定十分重要。

7.1.1 基本概念

①公共绿地（public greenland use）：指为居住区配套建设、可供居民游憩或开展体育活动的公园绿地。

②公园绿地：指向公众开放，以游憩为主要功能，兼具生态、景观、文教和应急避险等功能，有一定游憩和服务设施的绿地。

《城市绿地分类标准》（CJJ/T 85—2017）中绿地分类应与《城市用地分类与规划建设用地标准》（GB 50137—2011）相对应，包括城市建设用地内的绿地与广场用地和城市建设用地外的区域绿地两部分，如图 7-1 所示。根据城市绿地分类和 2019 年 12 月 1 日实施的《城市绿地规划标准》（GB/T 51346—2019）的公园绿地分级设置要求，居住区的公园绿地包括社区公园和大于 0.4hm^2 的游园。

③居住区绿地：居住区绿地包括公园绿地和附属绿地两个部分，即社区公园和大于 0.4hm^2 的游园，以及居住用地的附属绿地、公共管理与公共服务设施用地的附属绿地、商业服务业设施用地的附属绿地、道路与交通设施用地的附属绿地以及公用设施用地的附属绿地（图 7-2）。

④居住区景观：指住宅区中主体建筑以外的开敞空间及一切自然的与人工的物质实体。自然的物质实体包括地形、土壤、植物、水等；人工的物质实体包括道路、室外平台、广场、小品等设施。

居住区景观设计是对基地自然状况的研究和利用，对空间关系的处理和发挥，以实现居住区整体风格的融合和协调。具体包括道路的布置、水景的利用、场地的安排、种植设计、照明设计、构筑小品设计的处理等。

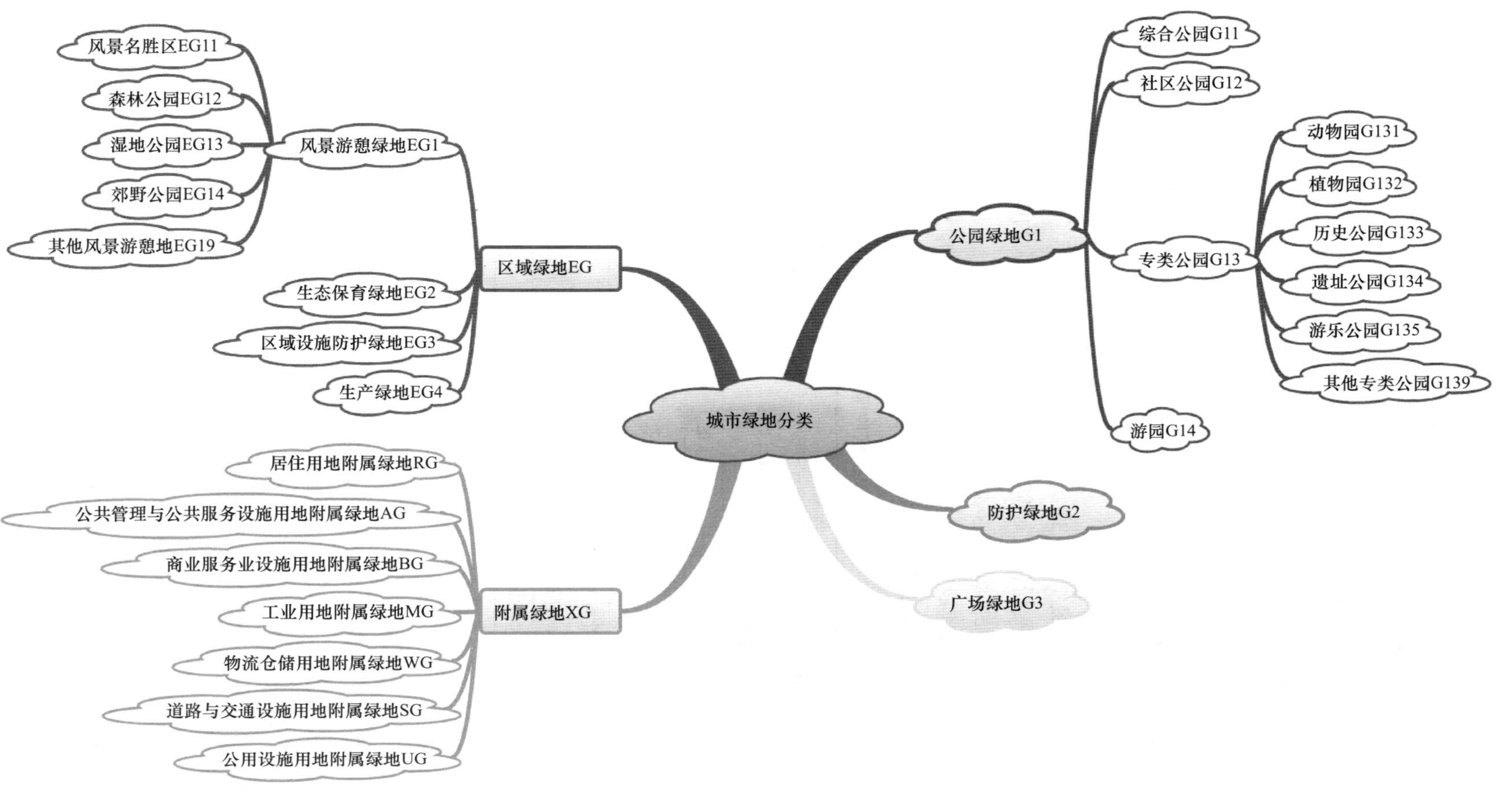
城市绿地分类
公园绿地G1
综合公园G11
社区公园G12
专类公园G13
动物园G131
植物园G132
历史公园G133
遗址公园G134
游乐公园G135
其他专类公园G139
游园G14
防护绿地G2
广场绿地G3
区域绿地EG
风景游憩绿地EG1
风景名胜区EG11
森林公园EG12
湿地公园EG13
郊野公园EG14
其他风景游憩地EG19
生态保育绿地EG2
区域设施防护绿地EG3
生产绿地EG4
附属绿地XG
居住用地附属绿地RG
公共管理与公共服务设施用地附属绿地AG
商业服务业设施用地附属绿地BG
工业用地附属绿地MG
物流仓储用地附属绿地WG
道路与交通设施用地附属绿地SG
公用设施用地附属绿地UG

图 7-1 城市绿地分类

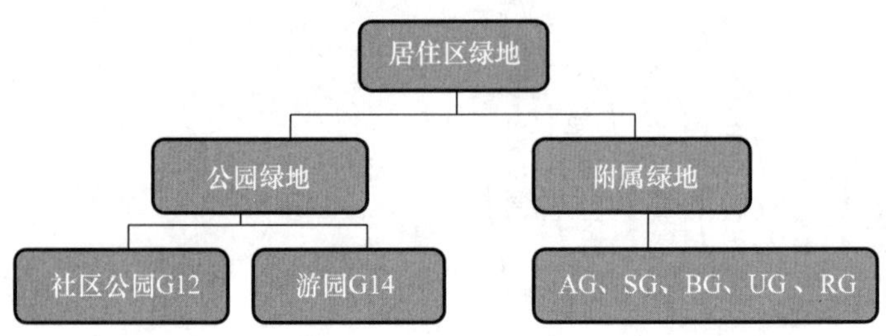

图 7-2 居住区绿地

7.1.2 居住区绿地分级

主要包括 1～5hm² 和 5～10hm² 的社区公园、游园用地和附属绿地。依据新标准可将居住区绿地划分成四级结构，即 15 分钟生活圈居住区、10 分钟生活圈居住区对应的社区公园；5 分钟生活圈居住区对应的游园；居住街坊对应的附属绿地。上述四类绿地中主要是公共绿地，道路绿地更多是为了具有景观性。

3 个生活圈的配建绿地属于城市公共绿地，居住街坊内的附属绿地则属于城市用地分类中的住宅用地。具体的设置规定见表 7-1。

表 7-1 大于 1hm² 的居住区公园设施设置规定

设施类型		公园规模（hm²）		
		1～2	2～5	5～10
1	儿童游戏	○	●	●
2	休闲游憩	●	●	●
3	运动康体	△	○	●
4	文化科普	△	○	○
5	公共服务	△	○	●
6	商业服务	—	△	○
7	园务管理	—	△	○

注：1. “●”表示应设置，“○”表示宜设置，“△”表示可设置，“—”表示可不设置；

2. 表中数据以上包括本数，以下不包括本数。

（1）15 分钟生活圈居住区公园

主要为一定范围内居民就近开展日常休闲活动服务的绿地。其用地规模在 5～10hm² 的社区公园绿地，应就近居民设置，其服务半径在步行 15 分钟左右的范围，约 800～1000m。园内应明确功能划分，设置儿童游戏、休闲游憩、运动康体、公共服务，宜设置文化科普、商业服务、园务管理。设置内容可有花木草坪、花坛水面、雕塑、儿童设施和铺装地面等。

（2）10 分钟生活圈居住区公园

主要为一定范围内居民就近开展日常休闲活动服务的绿地。其用地规模在 1～5hm² 的社区公园绿地，服务半径在步行 10 分钟左右的范围，约 500m。园内应有明确的功能划分，用地规模在 1～2hm² 的公园，应设置休闲游憩场地，宜设置儿童游戏，可设置运动康体、文化科普、公共服务等。用地规模在 2～5hm² 的公园，应设置儿童游戏、休闲游憩场地，宜设置运动康体，公共服务可设置商业服务和园务管理。园林建筑及小品主要有亭、廊、花架、水池、喷泉、花台、栏杆、座椅、桌凳以及雕塑、宣传栏、果皮箱、灯柱等。

(3) 5分钟生活圈居住区公园

指5分钟生活圈居住区公园对应城市建设用地内的绿地分类的游园，是用地独立、规模较小或形状多样、方便居民就近进入、具有一定游憩功能的绿地。带状游园的宽度宜大于12m，绿化占地比例应大于或等于65%。游园的服务半径一般为步行5分钟左右的范围，约300m，用地规模不小于0.4hm^2，游园绿地一般在0.4～1hm^2。

游园面积相对而言较小，功能也较简单，为居民就近使用，提供茶余饭后的活动休息场所；主要服务对象是老年人和儿童，具有一定的游憩功能。内部可设置儿童活动设施、老年人活动设施和一般游憩散步区等基本功能，如小型多功能运动场地、花草树木、花架等，以满足小区居民的需求。此类绿地的设置多与社区综合服务中心结合，方便使用。当小游园贯穿小区时，形成一条景观带。因此游园的设计形式较自由开放，居民使用率也高，因而在植物配植上要求精心、细致、耐用。在游园内因地制宜地设置花坛、花镜、花台、花架等植物应用形式，有很强的装饰效果。

(4) 居住街坊附属绿地

居住区街坊附属绿地主要包括集中绿地、宅旁绿地。集中绿地的规划建设应遵循空间开放、形态完整、设施和场地配置适度适用、植物选择无毒无害的原则；步行要便于设置儿童活动场所，并适合老年和成年人休闲活动而不干扰周围居民生活的基本要求；用地规模不小于0.04hm^2，服务半径为步行3分钟左右的范围（约150m）；要求结合基地情况灵活布置，绿地内宜设花卉、桌椅、简易儿童设施等。

7.1.3 居住区绿地规划要求

绿地与人民生活息息相关，绿地功能发挥的程度跟绿度有关，绿度包括两个方面，人均绿地面积和绿地布局的均衡性。《城市居住区规划设计标准》(GB 50180—2018) 增加了人均绿地面积，强调分级布局，避免分布不均。要满足人们对居住区绿地的要求，吸引人们到绿地去活动，必须具备如下条件。

(1) 可达性——绿地尽可能接近住所，便于居民随时进入

无论集中设置或分散设置，绿地都必须设在居民经常经过并自然到达的地方。《城市居住区规划设计标准》定量、分级布局绿地：15分钟生活圈居住区按2m^2/人设置公共绿地（不含10分钟生活圈居住区及以下级公共绿地指标）；10分钟生活圈居住区按1m^2/人设置公共绿地（不含5分钟生活圈居住区及以下级公共绿地指标）；5分钟生活圈居住区按1m^2/人设置公共绿地（不含居住街坊绿地指标）；居住街坊集中设置绿地，保证绿地的可达性。

为便于居民自由地使用绿地，周围不宜设置围墙等障碍物降低绿地的使用率。绿地的主要功能是给人用的，而不仅是给人看的，不能为了好管理而设置障碍，却忽略了可达性。正确的办法应该是教育居民提高爱护公共财产的自觉性，爱护一草一木，共同搞好绿化管理。

(2) 功能性——绿化布置要讲究实用

“三季有花，四季常青”当然好，然而还必须从实用和经济出发。名贵的树种与花

草可以选用，但主要应该是生长快、适合当地气候和土壤条件的“乡土树种”。绿地内须有一定的铺装地面，供老人、成年人锻炼身体和少年儿童游戏，但不要占地过多而减少绿化面积。按照功能需要，座椅、庭院灯、垃圾箱、沙坑、休息亭等小品也应妥善设置，但不宜搞多余、昂贵的观赏性的建筑物和构筑物。

绿地集中起来放在中心处，对方便居民使用和保持绿地内的安静有好处。但要因地制宜，也可结合地形放在用地的一侧，或分成几块，或处理成条状。近年来出现了一种不好的模式，不分南北东西，不管有水无水，都要在绿地内布置水体。当然，利用自然水塘，水流又能保持经常通畅，确实为小区增添情趣和美化景观，也有利于小气候的调节。但是如果不是这样，硬要用泵放进自来水，还得经常开泵换水，在节电节水的情况下，水池要么无水要么有污水，尤其是在寒冷地区，进入冬季后，水池或喷泉形同虚设，反而成为不清洁的大坑，破坏景观。所以，要强调绿地的功能性和实用经济性。

（3）亲和性——让居民在绿地内感到亲密与和谐

掌握好绿化和各项配套设施，包括各种小品的尺度，使它们平易近人。当绿地向一面或几面开敞时，要在开敞的一面用绿化等设施加以围合，使人免受外界视线和噪声等的干扰。当绿地为建筑所包围，产生封闭感时，则宜采取“小中见大”的手法，造成一种软质空间，“模糊”绿地与建筑的边界。同时防止在这样绿地内放进体量过大的建筑或尺度不适宜的小品。

2019 年 12 月 1 日实施的《城市绿地规划标准》（GB/T 51346）提出公园绿地分级设计要求，见表7-2。

表 7-2　公园绿地分级设置要求

类型		服务人口规模（万人）	服务半径（m）	适宜规模（hm^2）	人均指标（m^2/人）	备注
综合公园		>50.0	>3000	≥50.0	≥1.0	不含 50hm^2 以下公园绿地指标
		20.0～50.0	2000～3000	20.0～50.0	1.0～3.0	不含 20hm^2 以下公园绿地指标
		10.0～20.0	1200～2000	10.0～20.0	1.0～3.0	不含 10hm^2 以下公园绿地指标
居住区公园	社区公园	5.0～10.0	800～1000	5.0～10.0	≥2.0	不含 5hm^2 以下公园绿地指标
		1.5～2.5	500	1.0～5.0	≥1.0	不含 1hm^2 以下公园绿地指标
	游园	0.5～1.2	300	0.4～1.0	≥1.0	不含 0.4hm^2 以下公园绿地指标
		—	300	0.2～0.4	—	—

注：1. 在旧城区，允许 0.2～0.4hm^2 的公园绿地按照 300m 计算服务半径覆盖率；历史文化街区可下调至 0.1hm^2。

2. 表中数据“以上”包括本数，“以下”不包括本数。

7.1.4　居住区绿地规划规定

（1）生活圈居住区

新建各级生活圈居住区应配套规划建设公共绿地，并应集中设置具有一定规模，且能开展休闲、体育活动的居住区公园；公共绿地控制指标应符合表 7-3 的规定。

表 7-3 公共绿地控制指标

类别	人均公共绿地面积（m^2/人）	居住区公园		备注
		最小规模（hm^2）	最小宽度（m）	
15 分钟生活圈居住区	2.0	5.0	80	不含 10 分钟生活圈及以下级居住区的公共绿地指标
10 分钟生活圈居住区	1.0	1.0	50	不含 5 分钟生活圈及以下级居住区的公共绿地指标
5 分钟生活圈居住区	1.0	0.4	30	不含居住街坊的公共绿地指标

注：居住区公园中应设置 10%～15%的体育活动场地。

各级生活圈居住区的公共绿地应分级集中设置一定面积的居住区公园，形成集中与分散相结合的绿地系统，创造居住区内大小结合、层次丰富的公共活动空间，设置休闲娱乐体育活动等设施，满足居民不同的日常活动需要。

为落实《中共中央 国务院关于进一步加强城市规划建设管理工作的若干意见》提出的“合理规划建设广场、公园、步行道等公共活动空间，方便居民文体活动，促进居民交流。强化绿地服务居民日常活动的功能，使市民在居家附近能够见到绿地、亲近绿地”的精神，《城市居住区规划设计标准》（GB 50180—2018）提高了各级生活圈居住区公共绿地配建指标。对集中设置的公园绿地规模提出了控制要求，以利于形成点、线、面结合的城市绿地系统，同时能够发挥更好的生态效应；有利于设置体育活动场地，为居民提供休憩、运动、交往的公共空间。同时体育设施与该类公园绿地的结合较好地体现了土地混合、集约利用的发展要求。

（2）居住街坊

居住街坊内集中绿地的规划建设，应符合下列规定：

①新区建设不应低于 0.5m^2/人，旧区改建不应低于 0.35m^2/人；

②宽度不应小于 8m；

③在标准的建筑日照阴影线范围之外的绿地面积不应少于 1/3，其中应设置老年人、儿童活动场地。

集中绿地应设置供幼儿、老年人在家门口日常户外活动的场地，因此《城市居住区规划设计标准》（GB 50180—2018）对其最小规模和最小宽度进行了规定，以保证居民能有足够的空间进行户外活动；同时延续《城市居住区规划设计规范》（GB 50180—1993）相关规定，即居住街坊集中绿地的设置应满足不少于 1/3 的绿地面积在标准的建筑日照阴影线（即日照标准的等时线）范围之外的要求，以利于为老年人及儿童提供更加理想的游憩及游戏活动场所。

（3）旧区改造

当旧区改建确实无法满足公共绿地控制指标（表 7-3）的规定时，可采取多点分布以及立体绿化等方式改善居住环境，但人均公共绿地面积不应低于相应控制指标的 70%。

7.2 居住区景观环境设计分类与原则

居住区景观按不同分类标准可分为多种类型。居住区景观风格流派主要包括传统中式风格、现代中式、欧式、东南亚、现代简约等风格。

7.2.1 居住区景观分类

居住区景观有不同分类标准，可以按照区位、地形地貌、时间历程、社会集群、功能混合程度、建设方式、居住建筑类型、建筑密度、居住社群分为多种类型。重点以景观为核心，选择《居住区环境景观设计导则》对地形地貌进行分类。

《居住区环境景观设计导则》的景观设计分类是依据居住区的居住功能特点和环境景观的组成元素而划分的，是以景观来塑造人的交往空间形态的，突出了“场所+景观”的设计原则，将景观设计分为以下 9 大类，如图 7-3 所示。

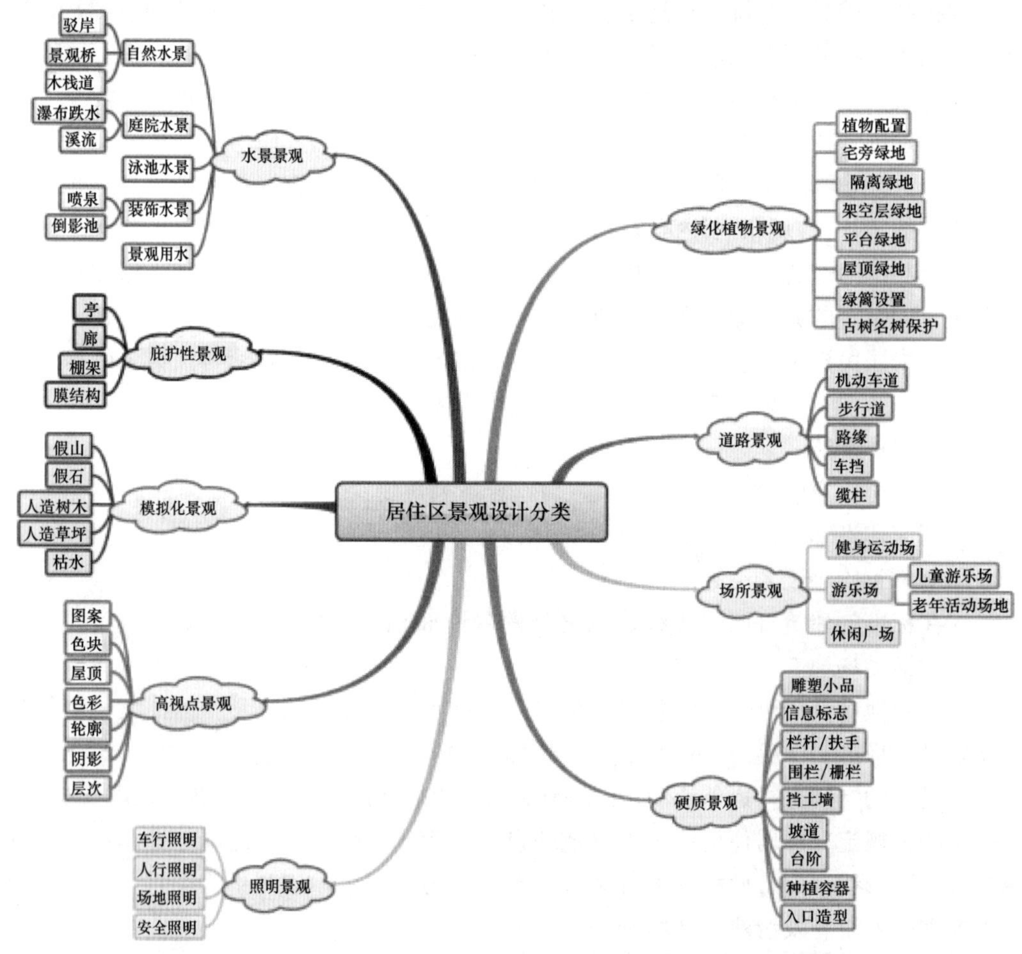

图 7-3 居住区景观设计分类

按照居住区地形地貌分类可分为三类。

①平地居住区。建造场地以平地为主；平地居住区的交通组织一般比较流畅便捷，用地地形的制约少；景观条件分配较均匀（图 7-4）。

图 7-4 平地居住区景观

②山地居住区。现状以山地形态为主；山地生态环境比平地更为敏感和脆弱，地质条件相对而言也更不稳定，自然景观条件分配不均匀（图 7-5）。

图 7-5 山地居住区景观

③滨水居住区。特点是沿水域岸线修建；反映人类亲水特性；其建造会把水系作为主要的景观资源。

7.2.2 居住区景观风格流派

（1）传统中式风格

传统中式风格园林是在现代建筑规划的基础上，将中国传统园林造园手法应用于居住区景观设计中，在有限的空间范围内利用自然条件，模拟大自然中的美景，“虽有人作、宛自天开”，把建筑、山水、植物有机地融为一体，采用障景、借景、仰视、延长和增加园林起伏等方法，利用大小、高低、曲直、虚实等对比达到扩大空间感的目的。完整保留传统园林中的形式，营造出典雅、传统、充满文化气息的小区环境。居住区景观的本土和地域性设计离不开民族文化，如重庆金科地产的中华坊、东方王榭、东方雅君等几个项目，为继承和发扬传统园林艺术，尊重传统文化，发挥地域特点提供了有效途径。图 7-6 是传统中式风格的古典园林和金科地产的项目。

（2）现代中式风格

现代中式也称为新中式，是指以中国传统建筑与园林形式为基础，融入现代主义设计语汇而形成的新的风格形式。在表现形式上，现代中式风格既保留了传统文化，又体现了时代特色，是目前沿袭传统、创新设计的一种发展趋势。

其特点是，常常运用传统韵味的色彩，结合现代设计手法对传统造园形式、传统图案符号以及传统植物空间特点等进行截取、提炼与再造，从而打造具有中国古典韵味的现代景观空间（图 7-7）。

图 7-6 传统中式风格

图 7-7 现代中式风格——深圳万科第五园

（3）欧式风格

欧式风格整体上给人以大气、奢华的感觉，按不同的地域文化可分为北欧、简欧和传统欧式。意大利、法国、英国、德国、荷兰、西班牙等欧洲国家都有鲜明的风格表现，它们在形式上以浪漫主义为基础，整体风格豪华、富丽堂皇，充满强烈的动感效果，如新古典主义是建立在对古典主义传承与反思的基础上发展而来的风格形式。一方面表现在注重浑厚的传统文化底蕴，对古典主义优美形式的沿袭与对材料、色彩的沿用中；另一方面表现在对装饰、线条与肌理的简化，对古典几何式园林的提炼、融合中。设计常采用相对规则的几何形式，以白色、米黄、暗红为主色调，适度选用石材铺贴，采取简练的拱券、线条装饰等，并配合修剪植物造景，从而体现厚重沉稳、高贵大方、典雅简洁的气度。如北京泰禾红御的景观设计，体现了古典欧式的秩序与形式美，摒弃了古典欧式繁复的装饰元素，运用石材铺贴造景，诠释了新古典主义风格的庄重与典雅（图 7-8）。

图 7-8　欧式风格

（4）东南亚风格

东南亚风格利用多层屋顶、高耸的塔尖、木雕、金箱、瓷器、彩色玻璃、珍珠等嵌装饰、宗教题材雕塑、泰式凉亭、茂盛的热带植物等元素，打造具有热带度假风情的居住环境。东南亚风格对材料的运用很有特色：景观材料包括原木、青石板、鹅卵石、喷泉、水池麻石等，十分接近真正的大自然；植物多选棕榈、椰子、铁树、龟背竹等适合在热带、亚热带地区生长的植物，体现了对自然的尊重和对手工艺制作的崇尚。色彩主要以宗教色彩浓郁深色系为主，如深棕色、黑色、褐色、金色等，给人以沉稳大气的感觉，同时还有鲜艳的陶红和庙黄色等；另外，受西式设计风格影响，浅色系也比较常见，如珍珠色、白色等（图 7-9）。

图 7-9 东南亚风格

（5）现代简约风格

现代简约风格是基于“包豪斯”学派的设计理念建立发展而来的，突出现代主义中“少即是多”的理论，其特点为以硬质景观为主，注重空间关系、逻辑秩序，运用点、线、面要素构成，以及基本几何图形的扩展来组织形式语言，给人简单利落、层次分明的观感。现代简约风格的形式语言法则遵循对称与均衡、对比与统一、韵律与节奏等，已成为当今设计的形式法则基础，广泛用于设计的各个领域。

现代简约风格的小区景观设计，以道路、绿化、水体等为基本构图要素，进行点、线条、块面的组织，强调序列与几何形式感，简练规整、装饰单纯，主要通过质地、光影、色彩、结构的表达给人以强烈的导向性与空间领域感（图 7-10）。

图 7-10 现代简约风格的居住区

7.2.3 居住环境原则和规定

（1）居住环境原则

坚持社会性原则。赋予环境景观亲切宜人的艺术感召力，通过美化生活环境，体现社区文化，促进人际交往和精神文明建设，并提倡公共参与设计、建设和管理。

坚持经济性原则。顺应市场发展需求及地方经济状况，注重节能、节材，注重合理使用土地资源。提倡朴实简约，反对浮华铺张，并尽可能采用新技术、新材料、新设备，达到优良的性价比。

坚持生态原则。应尽量保持现存的良好生态环境，改善原有的不良生态环境。提倡将先进的生态技术运用到环境景观的塑造中去，利于人类的可持续发展。

坚持地域性原则。应体现所在地域的自然环境特征，因地制宜地创造出具有时代特点和地域特征的空间环境，避免盲目移植。

坚持历史性原则。要尊重历史，保护和利用历史性景观，对于历史保护地区的住区景观设计，更要注重整体的协调统一，做到保留在先、改造在后。

（2）居住环境规定

居住区规划设计应尊重气候及地形地貌等自然条件，应塑造舒适宜人的居住环境。

①居住区规划设计应统筹庭院、街道、公园及小广场等公共空间形成连续、完整的公共空间系统，并应符合下列规定：

宜通过建筑布局形成适度围合、尺度适宜的庭院空间；

应结合配套设施的布局，塑造连续、宜人、有活力的街道空间；

应构建动静分区合理、边界清晰连续的小游园、小广场；

宜设置景观小品，美化生活环境。

②居住区建筑的肌理、界面、高度、体量、风格、材质、色彩应与城市整体风貌、居住区周边环境及住宅建筑的使用功能相协调，并应体现地域特征、民族特色和时代风貌。

③居住区内绿地的建设及其绿化应遵循适用、美观、经济、安全的原则，并应符合下列规定：

宜保留并利用已有的树木和水体；

应种植适宜当地气候和土壤条件、对居民无害的植物；

应采用乔、灌、草相结合的复层绿化方式；

应充分考虑场地及住宅建筑冬季日照和夏季遮阴的需求；

适宜绿化的用地均应进行绿化，并可采用立体绿化的方式丰富景观层次、增加环境绿量；

有活动设施的绿地应符合无障碍设计要求，并与居住区的无障碍系统相衔接；

应结合场地雨水排放进行设计，并宜采用雨水花园下凹式绿地、景观水体、干塘、树池、植草沟等具备调蓄雨水功能的绿化方式。

④居住区公共绿地活动场地、居住街坊附属道路及附属绿地的活动场地的铺装，在符合有关功能性要求的前提下应满足透水性要求。

⑤居住街坊内附属道路、老年人及儿童活动场地、住宅建筑出入口等公共区域应设置夜间照明；照明设计不应对居民产生光污染。

⑥居住区规划设计应结合当地主导风向、周边环境、温度湿度等微气候条件，采取有效措施降低不利因素对居民生活的干扰，并应符合下列规定：

应统筹建筑空间组合、绿地设置及绿化设计，优化居住区的风环境；

应充分利用建筑布局、交通组织、坡地绿化或隔声设施等方法，降低周边环境噪声对居民的影响；

应合理布局餐饮店、生活垃圾收集点、公共厕所等容易产生异味的设施，避免气味、油烟等对居民产生影响。

⑦对既有居住区生活环境进行的改造与更新，应包括无障碍环境建设、绿色节能改造、配套设施完善、市政管网更新、机动车停车优化、居住环境品质提升等。

7.3 绿化植物景观

居住区绿地是绿化和美化居住环境的主体，能满足居民各种健身交往、休憩的活动需要，也可起到净化空气、遮阳、防风防尘及空间组织的作用。植物配植和设计时应运用绿化创造优美舒适的居住环境。

7.3.1 居住区绿地的功能

居住区绿化与居民生活密切相关，具有遮阳防晒、隔声降噪、改善气候、净化空气、防风防沙和杀菌防病等生态功能，同时也带来美化环境、愉悦心情、丰富生活、陶冶情操和消除疲劳等多方面的精神享受。在组织空间上，可创造观赏空间、分割空间和空间的渗透与联系的作用。

（1）生态功能

①遮阳

炎炎烈日的夏天，作为房前绿化的树木，可以为室内遮挡灼热的阳光；在东西向建筑的西侧，种植成排的高大乔木可使居民大幅度减少西晒之苦。作为行道树，选择枝长叶大的树种，在它们的覆盖下，夏天在街上行走会比较凉爽（图 7-11）。如果选择落叶树种，在冬季人们需要阳光的时候，它们的叶子落了，阳光洒下，倍感舒适。

图 7-11　具有较强生态功能的社区绿化

②隔声

住宅沿大街布置时，搭配密植灌木和乔木，可以形成一道绿篱声障，减弱噪声对住宅内的影响，四季常青的针叶树效果更为显著。在噪声源周围种植一定宽度的绿化带，也可以显著地降低噪声。两行树的街道，对建筑的噪声干扰可减少 3.2dB，9m 宽的乔灌木混合绿带可减少噪声 9dB。

③改善小气候

绿色植物表面的蒸发，可以吸收热量，并增加空气中的相对湿度，从而降低炎热季节的气温。在一般情况下，夏季树荫下的气温比露天的气温要低 3～4℃；而在草地上的气温比沥青地面的气温低 2～3℃；公园内部，地上的气温要比周围的气温低 1.8℃。冬天，由于绿色植物较高的热容，可以提高气温。

④净化空气

绿色植物通过光合作用，吸收二氧化碳，释放出氧气；同时，绿色植物通过物理或者化学作用，可以净化空气中对人体健康有害的二氧化硫、二氧化氮、臭氧、氨等物质。

⑤防风、防尘

绿化树林的防风效果是显著的，当气流穿过树木时，受到阻截、摩擦和过筛，消耗了气流的能量，起到降低风速的作用。绿化能阻挡风沙，吸附尘埃。大面积的绿化覆盖，特别是草皮和灌木，对防止尘土飞扬十分有效。据测定，绿化的街道上距地面1.5m处，空气的含尘量比没有绿化的低56.7%；铺草地的运动场比裸露的运动场上的尘土少2/3～5/6。

⑥杀菌、防病

许多植物的分泌物有杀菌作用，如树脂、橡胶等能杀死葡萄杆菌。许多植物分泌的芳香类物质，对某些疾病有治疗效果。

(2) 精神功能

①美化环境

在居住区绿地中，如果因地制宜地配置一年四季色彩富有季相变化的各种乔木、灌木、花卉、草坪，同时结合运用园林植物的不同形状、颜色、风格，可以让居民有一种视觉的享受，感受到身心愉悦。居住区的竖向绿化除了观赏作用外，还可以弥补建筑物的缺陷（图7-12）。

图7-12　具有较强精神功能的社区绿化

②休闲场所

居住区绿地最接近居民，在紧张的工作和学习之余，到绿地中松弛一下，可以丰富生活，陶冶情操，消除疲劳。空气新鲜，环境安静，加上必要的场地与适当的设施，可以满足居住区居民多种多样的需求。绿地之中，设置简易耐久的小型儿童游戏设施，儿童可就近活动，整个环境安全而有趣，是促进儿童心身健康全面发展的最好场所。

(3) 组织空间

①创造观赏空间

居住区绿地中，人们的观赏活动可分为静态与动态两种。这两种活动不会截然分开，绿地中的景物和景物的静态观赏空间往往通过与动态空间的联系而使景物和谐完美，达到局部与整体的统一。静态观赏空间的选择多在人流相对集中和视野比较开阔的地方，如小区的主要入口、中心绿地、中心广场、主路的交会点等。静态观赏空间要有良好的对景、框景和背景，而且有供欣赏主要对景的休息场所。动态观赏空间要着重研究居民在行走和活动过程中所产生的观赏效果，要考虑随着视点的运动，所有景物都处于相对位移的状态。将各个景点连贯起来，成为完整的空间序列；要加强趣味性和生动性的创造；绿地中的花架、园路、踏步、桥、墙垣、地面铺装等均具有导向性，可利用它们方向的变化求得景观和空间的曲折变化，高低错落。

②分割空间

分割空间主要是满足居民在绿地中活动时的感受和需求。人处于静止状态时，分割的空间中封闭部分给人以隐蔽、宁静、安全的感受，便于休憩，开敞的部分能增加人际交往的生活气息和活跃的气氛。当人在流动的时候，分割的空间可起到抑制视线的作用，使人停留或开辟视线通廊，引导人们前进。通过空间分割可创造人所需的空间尺度，丰富视觉景观，形成远、中、近多层次的空间深度，获得园中园、景中景的效果。分割空间可采用墙体、绿篱和攀缘植物分割，也可采用水面、山石、树丛、花架、小品等分割，还可采用地面高差和铺装材质的变化来分割。依据环境行为学研究中的“边缘效益”理论，边界空间还可形成受人们欢迎的停留空间。花坛是重要分隔元素，兼具座凳功能的花坛边缘宽度在 300～500mm 之间为宜，常用的尺度为 450mm，高度则在 400～500mm 之间较为合适（图 7-13）。绿化带是最为常用的分割元素，形成绿地边界的分隔绿化带，其隔离的强度可随植物配植的不同而产生变化。当需要较强的阻隔时，可选择枝叶茂密的高灌木形成绿篱，起到阻挡人的视线和行为的作用，而在需要保证视线开敞又能控制人流的边界时，则可利用乔木和地被、草坪以及低矮灌木进行搭配，也可以以乔木结合起伏的地形等方式，形成让人舒心的绿色柔性边界（图 7-14）。

图 7-13 花坛分割空间

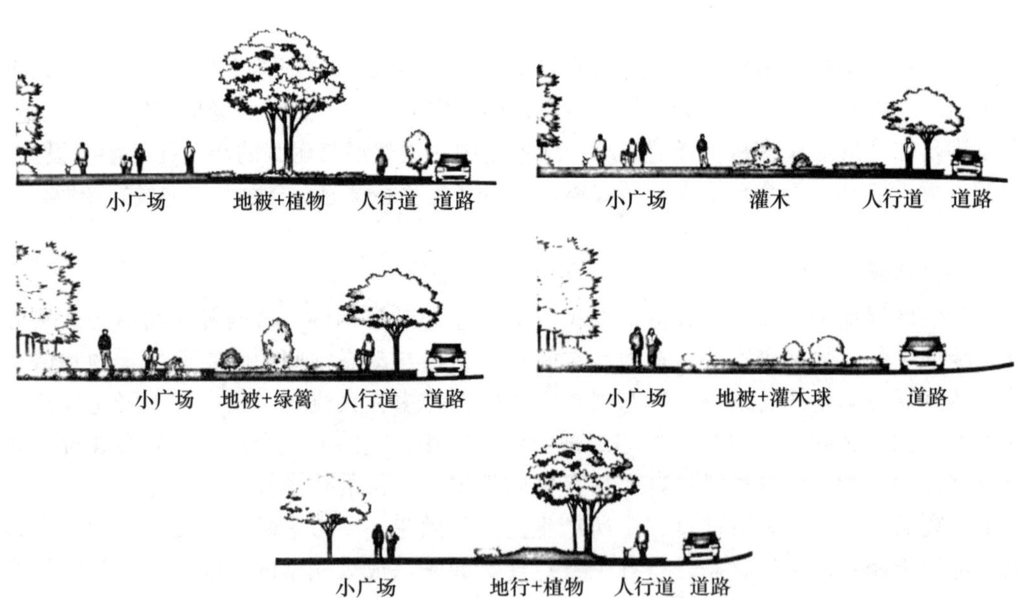

图 7-14 不同类型的植物配植形成景观层次丰富的绿化带边界

③空间的渗透与联系

空间的渗透与联系同空间的分割是相辅相成的。单纯分割而没有渗透和联系的空间，令人感觉局促和压抑；通过向相邻空间的扩散、延伸，产生层次变化，扩大景观外延，增强意境的动感和深远感。通常采用门窗洞口、花格墙和植物框景等渗透，采用花架互为因借，彼此衬托，小中见大，让人们有场所感，又与外界紧密联系，相互渗透（图 7-15）。

图 7-15 群体空间与绿化空间相互渗透与融合

7.3.2 植物配植

居住区绿化的植物配植，需要根据居住区景观设计的总体要求出发，在种植设计中注意控制整体效果，把不同生态习性和观赏特性的植物进行合理的搭配和栽植，组成兼具观赏与生态效应，充分发挥个体和群体的特点，尽可能多营造林下空间，创造赏心悦目、绿茵环绕的植物景观。

（1）植物配植的原则

①生态性原则

生态性原则主要包括环境温度、水分、光照、土壤以及空气环境因素对植物的影响。

温度是植物生长的主要因素，对不同地区应选择适宜的植物进行配植。寒带地区选择雪松等耐寒植物，在温带地区选择阔叶或落叶树，如广玉兰、桂花等，营造出具有地域风格的植物景观。

水是万物之源、生命之本，对植物景观的绿化植物生长发育起到决定性作用。如空气湿度较大的地区可利用矮墙密布苔藓植物，营造良好的生态景观。植物分为耐湿、中生和耐旱等主要生态类型：对于耐湿植物可以营造良好的水岸效果，耐旱的植物则能形成荒漠景观效果。根据植物对光照需求，又可分为阳生植物、阴生植物和居于两者之间的耐阴植物。

②美学原则

植物的色彩、形体和自然美是构成景观视觉美感的因素，运用对比、衬托、起伏、韵律等艺术手法，达到展现各具特色的植物景观效果。

植物的色彩搭配分为单一色、相近色和对比色三种。如只有一个色相，应适当改变明度和彩度的组合，同时应把握植物本身的形状、排列、光泽和质感等，打破单调感。相近色搭配时，相邻色应过渡自然，在统一中富有变化，创造出和谐的氛围。

形式美的规律遵循对比与调和、节奏与韵律、比例与尺度、主从统一的规律。如：形态、色彩、虚实、体量、明暗、质地的对比和调和，形成韵律感；从观赏者的角度出发，注重平视、仰视的开阔之感；植物高低的起伏创造出不同的观赏视角，达到步移景异的景观效果；在主从关系中突出重点，在变化中寻求统一是艺术设计的共同法则。处理好植物景观的主从关系，是决定能否取得良好的视觉景观效果的重要因素。如三株一丛应构成不等边三角形，树种的选择最好一致或相似；若为两种树种，应同为乔木或灌木、同为常绿或落叶等。忌三株同在一条直线上或呈等边三角形。四株和五株的树种种植应注意围合出一定的封闭空间以形成视觉的聚焦和逗留空间（表 7-4）。

表 7-4 植物的空间组合形式及立面轮廓线

树丛组合形式	树丛组合形式平面	树丛组合形式立面及立面轮廓线
三株树的配植	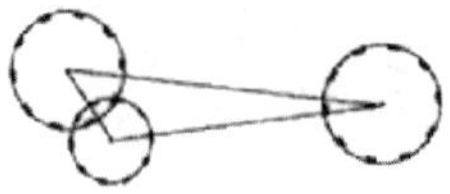	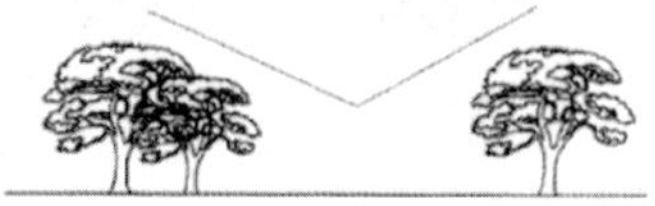
三株树的配植	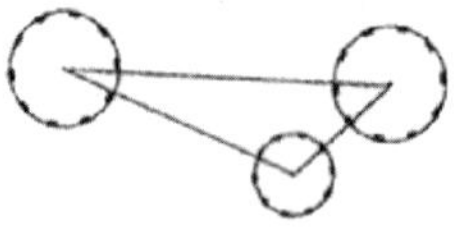	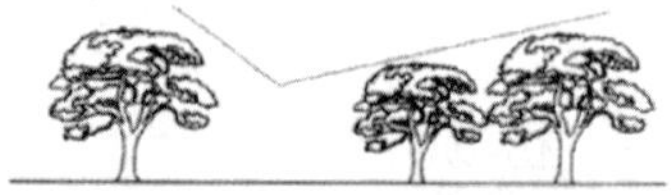
四株树的配植	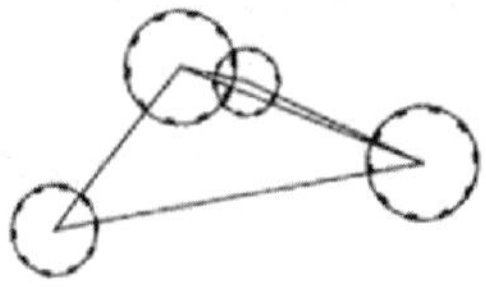	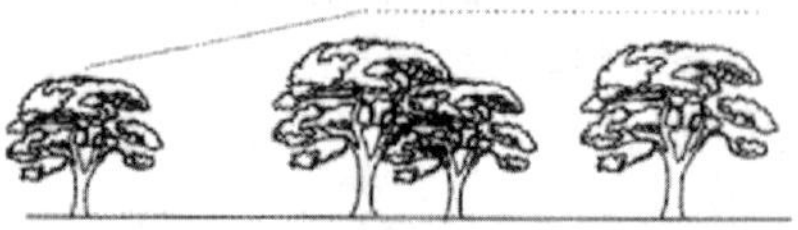
四株树的配植	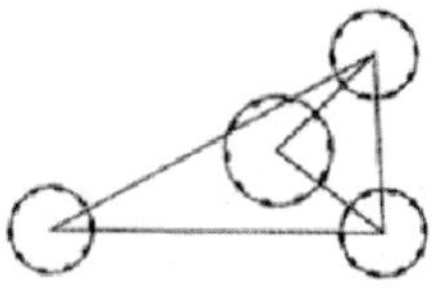	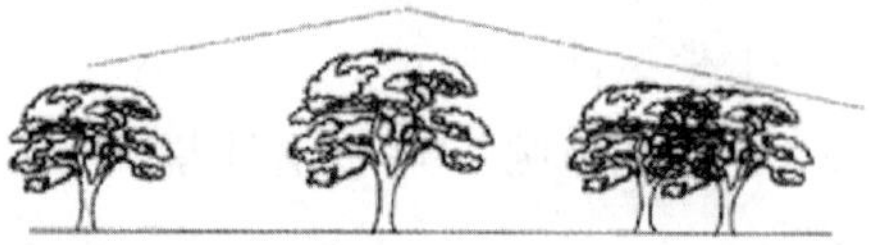
五株树的配植	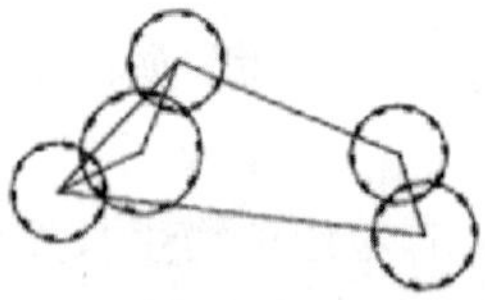	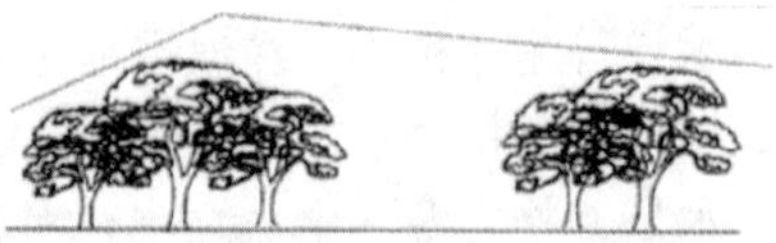

（2）植物配植的方法

居住区植物的配植从植物的组合方式、类别及应用和空间效果等方面考虑，则都有不同，设计时应根据具体环境及条件加以应用。

①植物组合的方式

规则式：布置形式较规则严整，多以轴线组织景物，布局对称均衡，园路多用直线或几何规则线形，各构成因素均采取规则几何形和图案形。如树丛绿篱修剪整齐，水池、花坛均用几何形，花坛内种植也常用几何图案，重点大型花坛布置成毛毯形式并配以富丽图案，在道路交叉点或构图中心布置雕塑、喷泉、叠水等观赏性较强的点缀小品。这种规则式布局适用于平地，如图 7-16 所示。

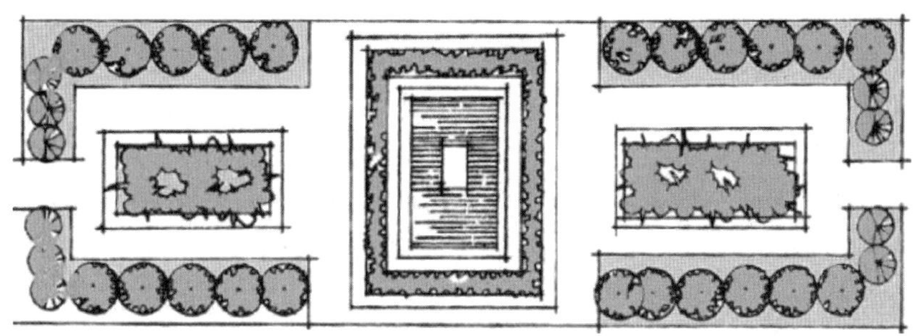

图 7-16　规则式布局

自由式：即模仿自然景观，各种构成因素多采用曲折自然的形式，不求对称规整，但求生动。自由式布局适用于地形变化较大的用地，在山丘、溪流、池沼之上配以树木草坪，种植有疏有密，空间有开有合，道路曲折自然，亭台、廊桥、池湖间或点缀，多设于人们游兴正浓或余兴未了小休之处，与人们的心理状态相感应，自然惬意。自由式布局还可运用我国传统造园手法来设计，如图 7-17 所示。

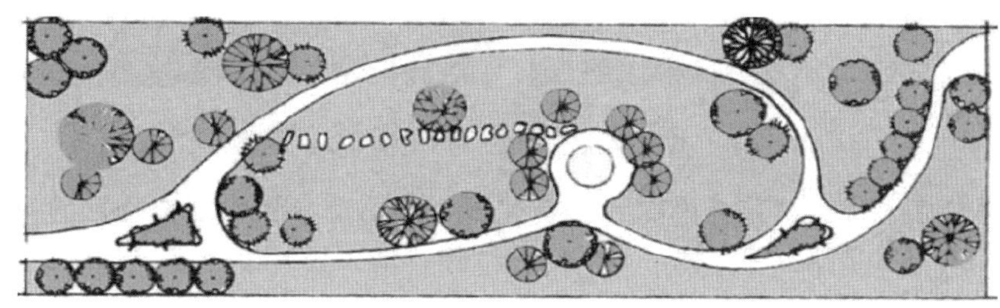

图 7-17　自由式布局

混合式：混合式布局运用规则式和自由式布局手法，既能和四周环境相协调，又能在整体上产生韵律和节奏，对地形和位置能够适应灵活，如图 7-18 所示。

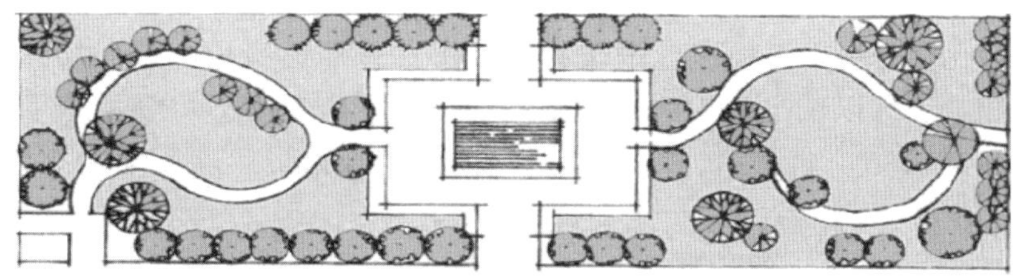

图 7-18　混合式布局

②植物的类别及应用

景观环境中的植物可分为乔木、灌木、花卉、藤本、草坪及水生植物等。乔木有大、中、小之分，植株高度 20m 以上为大乔木，10～20m 为中乔木，5～10m 为小乔木。住宅区植物配植中，由于乔木高度超越人的视线，在设计上主要起分隔景观空间和围合空间的作用。小空间的营造则可与大型灌木结合，来组织一些私密性、半私密性空间或隔离不良视线。

灌木可分高、中、低几种，植株高度1200～2000mm为高灌木，800～1200mm为中灌木，200～300mm为矮灌木。灌木在植物群落中属于中间层，起着乔木与地面、建筑与地面之间的过渡作用。

由于灌木的平均高度与人的水平视线较为接近，很易形成视觉中心，因此常常成为主要的观赏植物，有观花、观果、观叶的，也有花果、果叶兼观的。可孤植、群植、列植，也可与其他园林植物如乔木、草坪、地被等结合配置（图7-19）。大面积灌木花丛还可随季节变化形成花境，灌木以点、线、面的组合方式常常成为园林建筑及小品或雕塑的衬景。

图7-19 灌木与乔木、草坪的组合形式

花卉是指姿态优美、花色艳丽和具有观赏价值的草本和木本植物，通常都多指草本植物。草本花卉是园林绿地建设中的重要植物材料，景观设计常采用的形式有花坛、花境、花丛和花群、花台、基座栽植、花钵等。

藤本植物是指植物植株本身不能直立，需借助花架或其他辅助材料的支持匍匐向上生长的植物。藤本植物多用于棚架式和花架式绿化及墙面绿化。

棚架式和花架式绿化：棚架式和花架式绿化应根据不同的环境主题与养护条件进行藤本植物的选择，常用植物有紫藤金银花、炮仗花、月季花等。

墙面绿化：是指采用种植藤本植物的手法进行墙面绿化。墙面绿化不仅可以美化建筑物，还可以减小阳光的照射强度，降低室内温度。粗糙的墙面可选择枝叶粗大的藤本植物，如地锦、钻地风等，较光滑的墙面宜选择叶形小的常春藤、凌霄等。

草坪分为观赏草坪、游憩草坪、运动草坪、交通安全草坪和护坡草坪等。草坪的种植应按草坪用途选择不同的品种，游憩草坪、运动草坪、交通安全草坪主要以种植耐践踏混播杂交草坪为主，观赏草坪主要以观叶为主，如马蹄金、白三叶、红三叶、地毯草或是修剪整齐的混播草坪，护坡草坪以耐贫瘠、耐病虫害品种为主，如结缕草、野牛草等。草坪一般容许坡度为1%～5%，适宜坡度为2%～3%。

③植物组合空间效果

植物除了相互搭配可以产生不同的景观效果外，其本身的高度和密度都会影响空间的塑造。植物配植时应注意空间效果与植物高度之间的关系（表7-5）。

表 7-5 植物组合的空间效果

植物分类	植物高度（cm）	空间效果
花卉、草坪	13～15	能覆盖地表，美化开敞空间，在地面上暗示空间
灌木、花卉	40～45	产生引导效果，界定空间范围
灌木、竹类、藤本类	90～100	产生屏蔽功能，改变暗示空间的边缘，界定交通流线
乔木、灌木、竹类、藤本类	135～140	分割空间，形成连续完整的围合空间
乔木、藤本类	高于人的水平视线	产生较强的视线引导作用，可形成较为私密的交往空间
乔木、藤本类	高大树冠	形成顶面的封闭空间，具有遮蔽功能，并改变天际线的轮廓

（3）植物配植形式

居住区绿地中的植物具有建构空间、调控视线、形成景观视线焦点等作用，在种植设计中应通过合理运用多种植物配植形式以更好地发挥其作用。在绿地中常用的植物配植形式有孤植、列植、树阵和群植等。

①孤植

孤植可形成视线焦点。一般情况下，在居住区的主入口或场地重要空间可以选择树形优美的乔木进行孤植，同时与其他景观要素恰当地配合，可以形成焦点景观或标志性空间（图 7-20）。

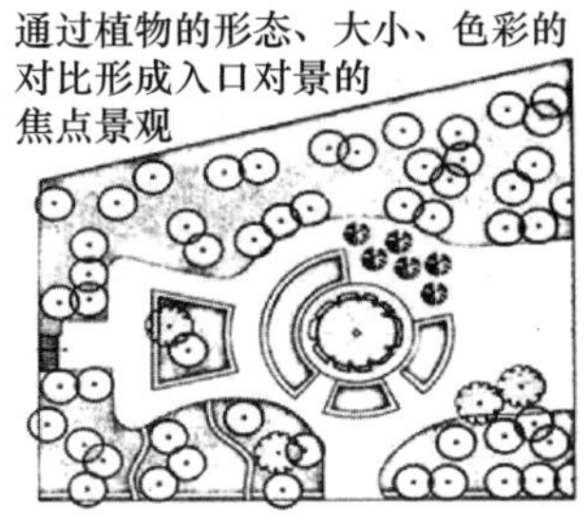

图 7-20 通过孤植树形成的焦点景观

②列植

列植可形成边界、强调轴线等，在城市绿地的边缘、直线形步道的两侧或活动场地的边缘，可以选择适当的植物进行列植，以强化线形的空间要素，更明确地界定空间（图 7-21）。

图 7-21 列植的植物强化线性空间

③树阵

树阵可形成成片的顶盖空间，在城市绿地中树阵可提供环境舒适的小坐和休息空间。构成树阵的树种一般要求有伞状的树冠，枝下高应能满足人群在树下开展活动的要求（图 7-22）。

图 7-22 树阵形成的休息空间

④群植

群植可形成稳定的绿色背景，在居住区绿地中，群植是最常见的植物配植形式，通过群植可以形成稳定的面状植物景观。群植时应注意乔木、灌木和地被的搭配，根据视线和使用的具体需要控制配植的密度和植物的高度（图 7-23）。

图 7-23 不同植物合理搭配、群植形成背景

以重庆市南岸区黄葛古道小游园的种植设计为例，该设计用到了孤植、列植、树阵和群植等多种植物配植形式。黄葛古道小游园的主题植物是黄葛树，因此，结合地形高差营造了主景观——孤植的黄葛树。除了人们活动的硬质场地外，在大量的绿地空间中运用了群植的方式，形成小游园的绿色背景。另外，在硬质场地的边缘布置了供人们休息停留的樱花树阵。为了达到引导人流的目的，在入口及道路边沿使用了列植的方式（图 7-24）。

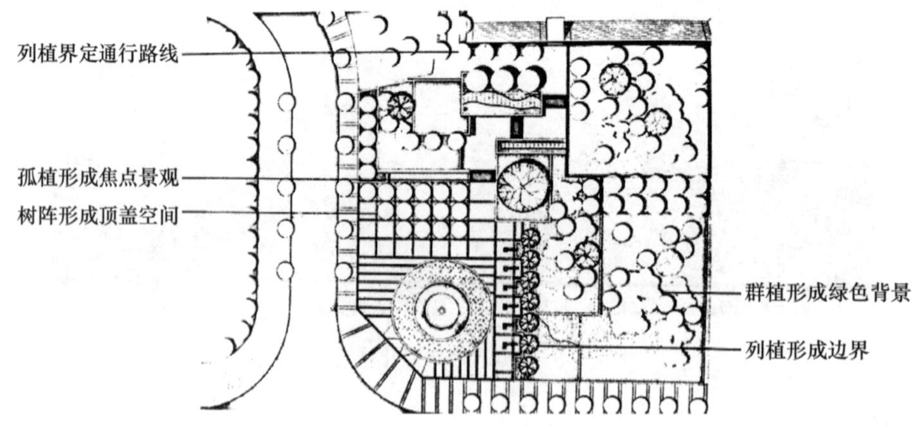

图 7-24 重庆市南岸区黄葛古道小游园

7.3.3 居住街坊绿地景观

（1）集中绿地

集中绿地内要有足够的铺装地面，以方便居民休息活动，也有利于绿地的清洁卫生。一个居住区往往有多个集中绿地，从布局、内容及植物布置上要各有特色，且宜采用开敞式，以绿篱或其他通透式院墙栏杆做分离。

集中绿地的规划设计，应与小区总体规划密切配合，综合考虑，全面安排。应注意将原有的绿化基础与小区公共活动中心充分结合起来布置，形成一个完整的居民生活中心。在位置选择上，集中绿地由于其公共服务性较强，一般布置于小区中心、副中心或重要节点区域，使其成为“内向”绿化空间，其优点在服务功能上，能缩短小游园至小区各个方向的服务距离，便于居民使用。在景观形态上，绿地处于建筑群环抱之中，形成的空间环境比较安静，较少受到外界人流、交通的影响，能增强居民的领域感和安全感。另外，有的集中绿地与小区主要人口结合，并与入口连成一体。其在景观上，形成小区入口景观视线的对景，在服务功能上，由于靠近小区入口，亦能较好地满足小区居民集体使用的要求。

集中绿地通常是结合居住建筑组合布置，其布置类型可分以下几种（表 7-6）。

表 7-6 集中绿地布置方式

绿地位置	基本图式	绿地位置	基本图式
周边式住宅街坊中间	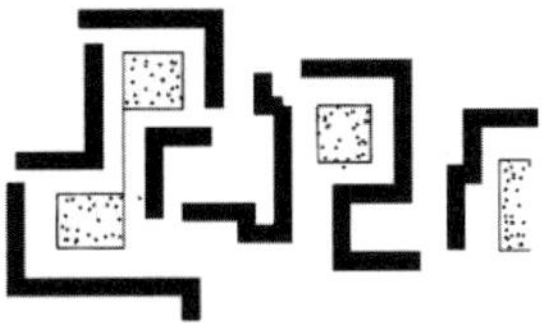	住宅街坊的一侧	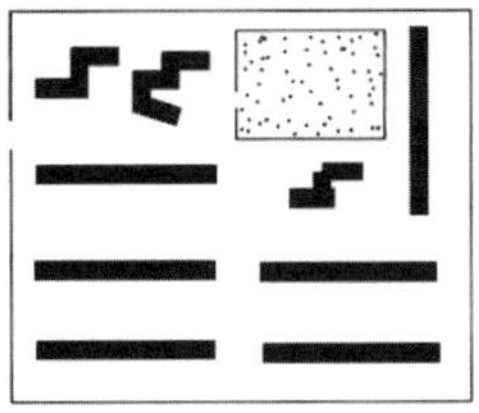
行列式住宅的山墙之间	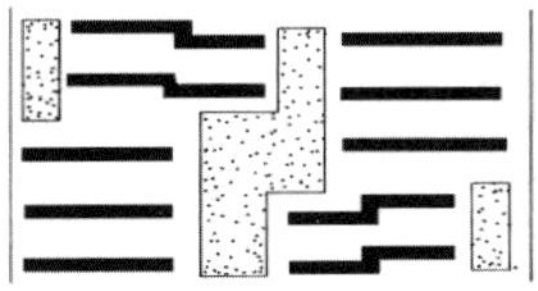	住宅街坊之间	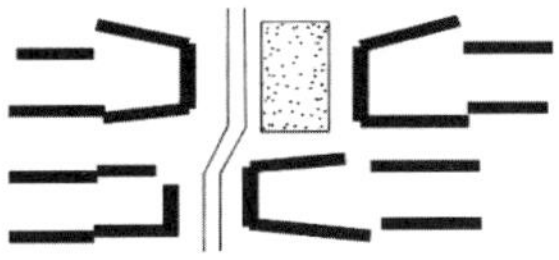
扩大的住宅间距之间	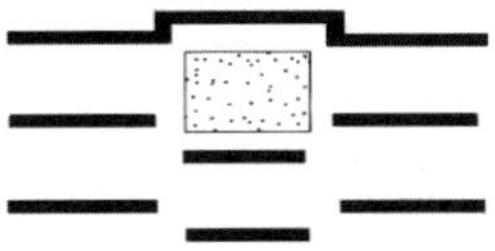	临街布置	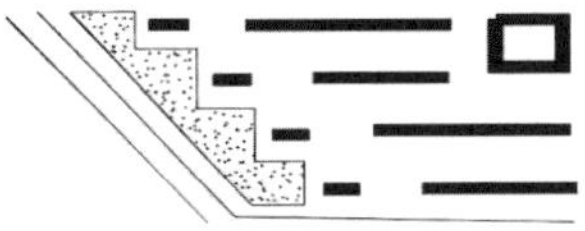
自由式住宅街坊的中间	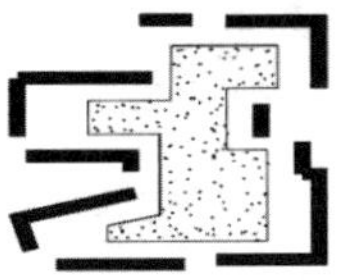	沿河带状布置	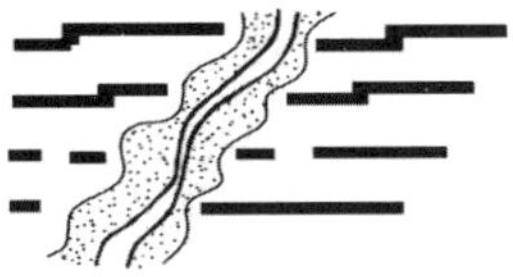

①庭院式：利用建筑形成的院子布置，不受道路行人、车辆的影响，环境安静，比较封闭，有较强的庭院感。

②林荫道式：扩大住宅的间距布置，一般将住宅间距扩大到原间距的 2 倍左右。

这样的布置方式可以改变行列式住宅的单调狭长的空间感。

③行列式：扩大住宅建筑的山墙间距为集中绿地，打破了行列式山墙间形成的狭长胡同的感觉，集中绿地又与庭院绿地互相渗透，扩大绿化空间感。

④独立式：布置于居住街坊的转角，利用不便于布置住宅建筑的角隅空地，能充分利用土地，由于布置在转角，因而加长了服务半径。

⑤结合式：绿地结合公共建筑布置，使集中绿地同专用绿地连成一片，相互渗透，扩大绿化空间感。

⑥临街式：在居住建筑临街一面布置，使绿化和建筑互相衬映，丰富了街道景观，也成为行人休息之地。

⑦自由式：集中绿地穿插其间，集中绿地与庭院绿地结合，扩大绿色空间，构图亦显得自由活泼。

（2）宅旁绿地

一些宅旁绿地的布置方式如图 7-25 所示。

①入口处理：绿地出入口使用频繁，常加以拓宽形成局部休息空间，或者设花池、常绿树等重点点缀，引导游人进入绿地。

②场地设置：注意将绿地内部游道拓宽，形成局部休憩空间，或布置游戏场地，便于居民活动，切忌内部拥挤封闭，使人无处停留。

③小品点缀：宅旁绿地内小品主要以花坛、花池、树池、座椅、园灯为主，重点处设小型雕塑，小型亭、廊、花架等。所有小品均应体量适宜，经济、实用、美观。

④设施利用：宅旁绿地入口处及游园道应注意少设台阶，减少障碍。多设舒适座椅桌凳，同时对设施的设计应讲究造型，并与整体环境景观协调。

⑤植物配植：各行列、各单元的住宅树种选择要在基调统一的前提下，各具特色，成为识别的标志，起到区分不同的行列、单元住宅的作用。

图 7-25　宅旁绿地

7.4 场所景观

挪威著名建筑学者诺伯舒兹在《场所精神——迈向建筑现象学》一书中，提出了“场所精神”概念。场所是指活动的地方、处所，其提供的特殊空间感受或活动内容，可使人产生认同感与归属感，这种认同感与归属感即成为“场所”具有的“精神”。空间成为场所必须具备一定的条件：第一，有适合进行某种活动的空间容量，能满足人流的集结和疏散，即具备空间使用条件；第二，有适合某种活动内容的空间气氛，具备功能载体的条件。

场所景观包括休闲广场、运动场、休息场、儿童游戏场和老年活动场。休闲广场应是居住区的人流集散地与集体活动场所，一般设置在中心区或主入口处。居住区的运动场分为专用运动场和一般的健身运动场，小区的专用运动场多指网球场、羽毛球场、门球场和室内外游泳场。本节重点介绍休息场、儿童游戏场和老年活动场。

7.4.1 休息场

小坐是户外空间发生频率最高的一类活动，因此，可供住户就座的休息空间设计合理与否，往往成为评判户外空间设计是否成功的重要标准。无论哪一类城市绿地，小坐休息都是其中最基本的活动，在有良好休息空间的前提下，阅读、观景、聊天、下棋、晒太阳等活动才可能发生。

（1）休息设施的类型

可供休息的就座设施可以分为两类：一类是专门为使用者设计的凳子和椅子，这类休息设施被称为“基本座位”（图 7-26）；还有一类是可以兼顾就座功能的台阶、花坛、梯级、基础、矮墙、栏杆等，这类设施被称为“辅助座位”（图 7-27）。基本座位供较长时间停留的游人使用，一般情况下可与休息亭、廊、花架、张拉膜等其他园林小品结合。这类座位一般占据最适于休息的空间，座位的造型设计和材质选择都要有较好的舒适性。而辅助座位一般供人们短时间、暂时性的停留时使用，是对基本座位数量不足的补充。在绿地的设计中应注意这两种不同类型的休息设施的合理搭配。

图 7-26　各种基本座位

图 7-27　各种辅助座位

（2）休息设施的位置及环境

在绿地休息设施的设计中，座位的位置选择和就座空间小环境的营造也非常重要，位置选择不当或小环境恶劣的座位，会因为无人使用而造成浪费。因此，在设计中首先应根据使用者行为规律，并结合场地的功能分区和流线组织，确定座位的基本布局。其次，应遵循选择座位的一般心理要求，营造良好的就座小环境。

根据“边缘效益”理论，人们往往喜欢选择场地的各类边缘空间停留，这样既可满足“人看人”和“人看景”的需求，又因为背后有依靠而具有安全感。在绿地中，视线开敞的、有可观赏景观的边缘空间是安排座位的最佳位置，这包括入口、休闲小广场、游戏健身等场地的边缘或转角处，步道沿线，建筑山墙所形成的场地边缘等（图 7-28）。

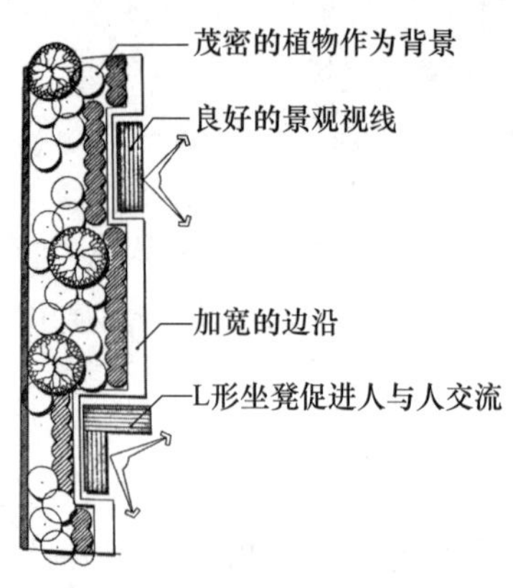

图 7-28　场地边缘座位

当座位布置在绿地步道沿线时，值得注意的是道路的尺度问题。研究表明，当道路宽度小于 1.2m，在道路旁设置座位不仅影响通行，同时，通行的人流也会对就座者形成很大的干扰和威胁。因此，为了不影响通行，以及考虑就座者的心理需求，在步道沿线布置座位时，最好考虑位置后退以留出足够的空间，形成缓冲。

营造良好的就座小环境就是要在保证就座空间安全的前提下，提高其舒适度。对于绿地的小坐休息空间环境来说，舒适度最重要的是有良好的微气候环境，即在夏天有阴凉、冬季有阳光，无噪声、灰尘的困扰等。可以考虑在座位区周边配植落叶乔木，这样在炎热的夏天可提供树荫供人乘凉，在寒冷的冬季可保证阳光的照射。而当座位周围无法栽植时，可考虑设置花架、廊、亭等设施为人们遮风避雨，以营造舒适的就座环境（图 7-29）。

（3）休息设置的形式

在绿地中人们就座的行为是多种多样的，有不愿被人打扰的独坐，有两个人的窃窃私语，有几个人的聊天，还有多人参与的下棋、打牌等活动。为了满足不同活动的需求，在座位形式的设计上也应做到多样化。一般情况下，凹形的、向心的座位适于交谈；凸形的、背对圆心方向的座位适于独坐、观景；直线形的座位则适合独坐和 3 人以下交谈；而经过特殊设计的折线或曲线的座位可以满足多种要求（图 7-30）。因此，条形座凳、圆形或方形的花坛等适于不愿被人打扰的人群，而在人们交谈等交往活动较多的空间里则应多布置凹形的座位。另外，带桌子的座位也有特别的作用，如在商业型绿地中，带桌子的座位与售卖亭等服务设施配合可形成惬意的休息空间，可满足棋牌爱好者的需求。此外，可旋转和移动的座位可以满足人们不同的使用需求，例如法国巴黎拉维莱特公园架空步道下可360°旋转的座椅，在这里人们可以全方位观赏周围的景色，也可选择相对而坐，倾心交谈。

图7-29 营造舒适的就座空间

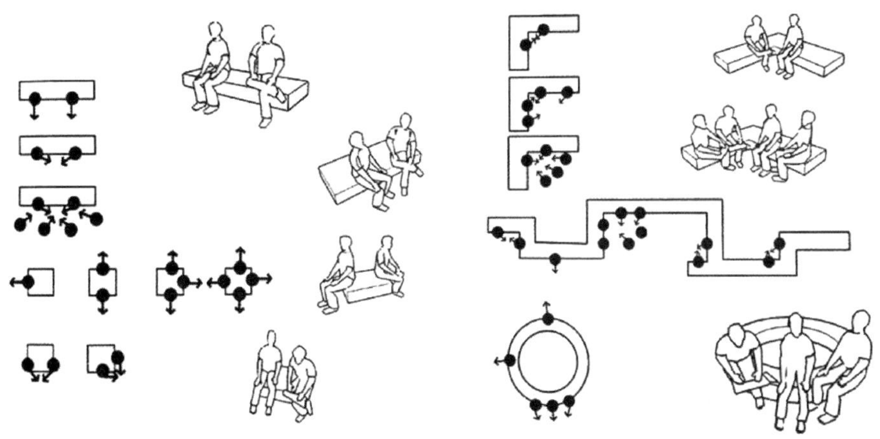

图7-30 各种形式的座位设计

（4）休息设施的尺度及材质

在户外空间中比较舒适的座位高度为380～450mm，宽度在350～500mm之间。一般情况下，供1个人就座的座位长度为500～600mm。城市绿地的座位类型和形式多种多样，但无论哪种座位，为了满足人们的正常使用，均应按以上标准控制尺度。

户外空间中座位的制作材质也非常丰富，包括木材、石材、混凝土、铸铁、钢材、玻璃钢、塑料等。在城市绿地中，最常用的有各种木质座椅、条石、花岗岩等。

7.4.2 儿童游戏场

儿童游戏场是居住区规划的重要组成部分，设计时需从居住区儿童户外游憩空间的相关规定、儿童行为心理、游憩空间的特点和类型以及周围环境等多方面综合考虑。

儿童游戏场地一般针对 12 岁以下的儿童设置，是集强身、益智和趣味于一体的活动场地。常见的主要设施有秋千、滑梯、沙坑、攀登架、迷宫、跷跷板和戏水池等（图 7-31）。

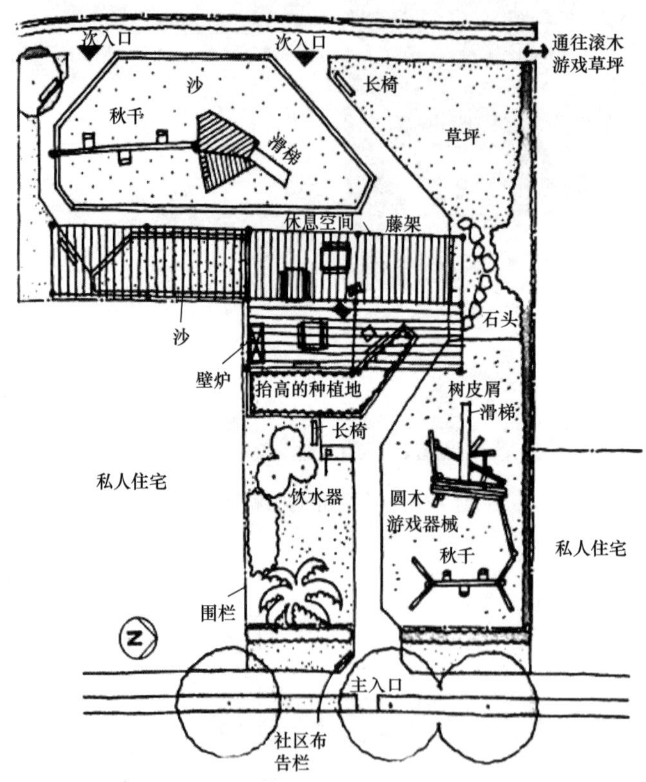

图 7-31 儿童游戏场地（旁可设置休息空间）

(1) 儿童游戏场的基本类型

①创造性游戏。儿童最主要的游戏形式，是由儿童自己想出来的，具有模仿性和表现性的特点，并能够反映周围事物。如扮炊事员、飞行员、售票员等。

②建筑游戏。利用建筑材料（如积木、木块、沙子），来进行各种建筑物的建造游戏，游戏中儿童通过想象来仿建周围事物。

③冒险性游戏。这是对儿童体力、技巧、勇敢精神要求较高的一种游戏。如“过大渡河”“攀雪山”“过悬索桥”“原始村落探险”等。儿童通过挑战，体力和意志品质得到锻炼。

④交通性游戏。模拟城市交通，对儿童进行交通知识教育，设计开小汽车、脚踏车的行驶车道，车道设计有弯道、坡道、隧道和立交桥，设有交通信号和交通标志，并由儿童自己来指挥交通。

⑤戏水游戏。儿童特别喜欢戏水，可以设置根据流体力学原理设计的设施。

（2）儿童游戏场地的设计要点

①场地应是开敞式的，拥有充足的阳光和日照，并能避开强风的侵袭。

②保证与主要交通道路有一定距离，应远离城市车行道路，可靠近住宅的墙或人行支路。场地内不允许机动车辆穿行，以避免对儿童人身安全造成威胁，同时可减少噪声、尾气对孩子健康的影响。

③场地应与居民楼保持10m及以上的距离，以免噪声影响住户。

④尽量与其他活动场地如老年活动场地接近，以方便成年人看护，同时也使儿童具有安全感。

⑤部分儿童游憩空间可局部围合，以保证不良天气状况下仍可正常活动。

⑥出入口的设计应简单明了，并具吸引力。可以设置儿童喜爱的元素，如兼做平衡木的矮墙或者儿童喜爱的卡通雕塑等。

⑦地形要求平坦、不积水，地形过于平坦时，局部可挖土造坡，形成柔和起伏的缓坡地，以丰富景观空间。

⑧广场地内道路的设计应自然流畅，线形可活泼自由、富于变化。不同活动空间之间的衔接不能太生硬，可以利用低矮植物作为声音及部分视觉的屏蔽，可用带有座位的矮墙或是埋在沙中的轮胎来分隔空间。

⑨地面铺装的色彩和材质宜多样化，软塑胶和彩色瓷砖鲜明的色彩和各式图案能吸引儿童的注意，渲染儿童活动区域活泼、明快的气氛。沙、木屑等自软性地面则能增加孩子的娱乐性，同时避免危险。

⑩不应种植遮挡视线的树木，保持良好的视觉通达性，以便于成年人的监护。游戏场中要充分考虑大人与儿童共同活动的场地和设施，营造亲子空间。

⑪在植物的选择上可选择叶、花、果形状奇特且色彩鲜艳的树木，以满足儿童的好奇心，便于儿童记忆和辨认；但忌用有刺激性的植物、有异味或引起过敏性反应的植物如漆树，有毒植物如黄蝉和夹竹桃，有刺的植物如刺槐、蔷薇等。

⑫活动场地及周围环境如道路铺地，水体，山石小品等应是安全而舒适的，游戏项目应适合儿童的年龄特征，儿童参与危险性的活动时应有成年人陪同和保护。

⑬游戏器械的选择要兼顾实用和美观，色彩可以鲜艳但要注意与周围环境景观的协调；游戏器械的大小及尺度应适宜，应避免儿童跌落或被器械划伤，根据情况可设警示牌或保护栏等。

⑭为保证使用的安全、方便和环境的舒适，健身游戏设施的周围应留出一定的缓冲空间，用以布置绿化、休息、观看、洗手、饮水等设施；儿童游戏场地旁应有家长休息、交流的空间，以便于对儿童的监管、照顾。

7.4.3 老年活动场地

居住区景观设计时，应把“凡有益于老年人者，必民受益”作为居住区规划的原则之一，为老年人创造出舒适健康的居住环境。

（1）老年活动场的类型

根据老年人的心理和生理特点，居住区中的老年人活动场地一般分为下面几种类型。

①中心公共活动区一般和公共绿地一起建设，可满足老年人慢跑、散步、遛鸟、健身拳操等活动。

②小群体活动区，这类场地宜安排在地势平坦的地方，可容纳武术、太极拳、舞剑、健身操、羽毛球等动态健身活动。

③私密性活动区，此类活动空间位于安静的、有视线遮挡的地方，适合老年人读书、看报或是朋友之间的交谈。

④室内或半室内活动区，此类的活动场地拥有可遮风避雨的空间，可满足老年人下棋、打牌、喝茶等静态活动。

（2）老年人活动场地的设计要点

①老年人大多喜欢安静、私密的休憩空间。场地宜选择较有安全感的地方，如山形建筑；两翼围合的空间私密性较强，具有安全感，是老年人喜欢逗留的场所。老年活动场地应尽可能保证平坦，避免出现坡道和台阶踏步。相对平坦的场地可促进步行，有益于老年人的健康。

②场地的交通应便捷，但周围不应被小区主要交通道路围合，并且在场地内不允许有机动车和非机动车穿越，以保证老年人出行的安全。老年人活动场地可结合居住区中心绿地设置，也可与相关健身设施合建。

③场地应尽可能靠近公共服务设施，服务半径一般不超过老年人的最大步行半径800m。但不宜直接邻近学校或成年人多的活动场所，以保证场地的安静和活动的不受干扰。

④为方便老年人开展各种户外娱乐活动，场地应保证有足够的活动空间。至少应有1/3的活动面积在标准的建筑日照阴影线以外，以保证户外活动的舒适性。

⑤在活动空间的布置中，可以针对老年人不同的行为特点设计动态活动区（门球、慢跑、舞剑、打拳等）和静态活动区（聊天、观景、晒太阳、休息等），包括步行空间和种植园等。活动设施的尺度应符合人体工程学的要求。同时，材料的色彩、质地和化学性质上都应保证舒适性、安全性和耐久性。

⑥景观设计中，对地面之间的高差及台阶应进行无障碍设计，设置坡道及扶手。

⑦地面材质选择方面，为老年人设计的场地应多采用软质材料，少用水泥等硬质材料；地面材质应防滑、无反光，在需要变化处可采用黄色、红色等易于识别的颜色；地面避免凸凹不平，应有良好的排水系统，以免雨天积水打滑。

⑧服务设施方面，在活动区内要适当多安置一些座椅和凉亭。座椅最好使用木质的，适合老年人腰腿怕寒的特点；座椅附近种植落叶树种，既可以保证夏季的遮阴又可以保证冬季的日照。

⑨植物配植方面，适地适树，主要栽植有特色的乡土树种，适当选择适宜当地气候的外来树种。需要对这个区域进行有效的领域限定，如设置低矮灌木、矮墙、围栏、花坛等；此外，还可以种植一些树冠较大的乔木，以便夏季时提供树荫庇护休息区，避免使用带刺或根茎易露出地面的植物，以免形成障碍，如紫叶小檗、火棘、刺槐等。老年人偏爱充满生机的绿色植物，因此树种多选用易于管理、少虫害、无毒的优良常绿树种。

7.5 入口景观

入口景观的设计在轮廓、尺度、形式、色彩等方面需与环境的氛围相统一，在空间上融为一体，形成互相穿插、渗透的空间效果，让人感到轻松、亲切、愉快。

入口景观空间作为居住区的景观序列开始点，应结合周边整体环境与小区规划形式，选取合宜的尺度关系，通过围合、分隔联系等空间处理手法，形成入口景观的序列节奏。特别是对于主入口景观序列的设计，要从小区外部观赏应有良好的景观效果出发，同时还应通过景观节点与空间形态的变化，形成序列完整的起伏层次。

入口景观不仅是小区的“脸面”，也是城市街道形象的一部分。因此，入口形象的设计构思中要充分考虑小区本身的整体设计主题和创意，并与小区的整体建筑形象相呼应，从而成为小区形象展示的一部分。此外，在一些特殊环境下（如历史保护街区中），入口设计要求与街区整体风貌一致。街区形象是影响入口构思设计的主导因素。

7.5.1 入口景观的类型

居住区入口景观的平面布局根据其使用功能和景观处理的不同情况有多种形式。

（1）按布局形态划分

根据入口景观的布局形态可以分为对称式入口和非对称式入口。

①对称式入口：各入口景观元素对称布置并依中轴线展开景观序列。这种平面布局通常会给人以规整、严谨、秩序性强的感觉。

②非对称式入口：各入口景观元素在平面上自由灵活布置。与前者相反，这种平面布局较为活泼生动、自然而富于变化。

（2）按有无广场划分

根据入口广场空间情况可以分为广场型入口景观和非广场型入口景观两种类型。

①广场型入口景观。是指带有广场的小区入口景观，入口广场一般起到交通组织与人流集散的作用，有时也可作为行人的休息空间，按广场和门体位置的关系大概有3类，如图7-32所示。

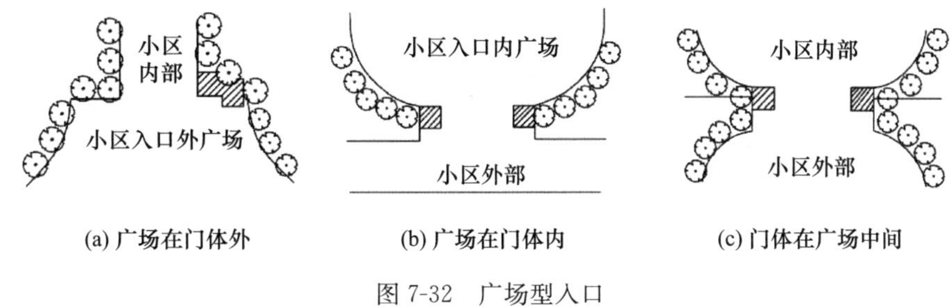

(a) 广场在门体外　(b) 广场在门体内　(c) 门体在广场中间

图7-32　广场型入口

广场在门体外。人流和车流的交通组织与集散主要在门体之外。这是较为常见的入口景观平面布局形式，可以避免人流与车流对小区内部景观产生干扰。

广场在门体内。人流和车流的交通组织与集散主要在门体之内。在小区人口外部用地狭小，没有足够的场地布置集散广场时，通常采用这种平面布局形式。

门体在广场中间。人流和车流的交通组织与集散在门体内外同时兼顾，是以上两者的混合形式。

②非广场型入口景观。有些小区入口景观并没有广场，人流与车流在此无法停留，必须快速通过。这种平面布局形式一般用于小区的次入口或专用入口，有时也用于主入口。

（3）按交通组织划分

根据入口景观人车交通组织情况又可分为人车分流入口、人行入口、人车合流入口等几种。

①人车分流入口。由于经济的飞速发展和社会的快速变化，拥有汽车的人越来越多，为了安全和方便很多小区都实行人车分流，以方便管理。

②人行入口。这种入口由于排除了机械交通，因而出行安全，受限较小，可以创造出更加人性的小区入口景观。

③人车合流入口。这是目前流行的一种做法。好处在于节省管理资源，但也因为人车混行，入口交通混乱。

7.5.2 入口景观构成要素

入口景观的构成要素根据其功能特点划分，主要包括小区形象标识、大门、广场、门禁系统、管理室、步行通道、车行通道等，还常包含花架、围墙、绿化、水体等要素，构成要素提供入口各功能，同时共同形成入口的整体景观形象。

（1）形象标识

形象标识是标明小区称谓的标识设施，主要起到“这是哪里”的作用，增强居住者的场所感和认同感。形象标识常常结合大门、广场景观以及形象墙等组合设置，这样既可丰富入口景观的层次，也可更有效地突出本身。形象标识是小区对外展示的基本因素，应注意处理好与其他入口景观要素之间的相互关系，并做到尺度适宜、位置醒目、辨识清楚，同时需体现小区设计的主题与特点，做到点题切题（图 7-33）。

图 7-33　小区形象标识

（2）大门

大门是指起到入口空间限定作用的“门形”构筑物，安设在小区入口特别是主入口处，一方面便于安全管理，另一方面作为形象展示。大门主要包括门体、岗亭、门禁几个部分，以及摄像头、电子监控器、可视电话等智能安全系统设备。大门有时也与建筑体结合设置，这样的建筑体通常具有综合功用，包含物业、会所、商业等内容。

大门设计首先要满足使用要求，对于人车混行的入口应尽量做到人车分开进入，空间尺度应能满足人、车（消防车）的通行需要，岗亭、门禁系统设计应方便管理；其次，门体作为大门的主体构筑物，设计绝不能太过简单，可根据小区风格特点、入口环境特点等进行提炼，结合形象标识入口广场等进行“多样”设计，注意要摆脱狭义的“门形”束缚，而应从空间整体的角度出发去思考怎样打造其形象。

(3) 入口广场

社区人流量较大的入口处通常会设置一定尺度的广场作为集散使用。入口广场除了担负交通组织的重要功能外，还可作为居民们活动休闲的场所，这是由于入口处人流频繁，居民相互之间接触频率高，有在此休息、聊天甚至开展舞蹈、集会等交往活动的需求。广场设计应以硬质景观为主，并应配搭适量绿化与水景，结合安置休息设施，为小区及周边居民提供一个安全、舒适的场所，从而促使各种交往行为的发生，改善邻里关系，创造居住区生气勃勃的氛围（图 7-34）。

图 7-34　入口景观设计（一）

在设计绿地出入口时，应首先根据场地周边的道路情况，确定人流的来向，在人流主要方向设置出入口。出入口数量与绿地的规模、绿地内部道路及空间的安排、人们的行走距离以及周边建筑的布局和性质等有较大的关系。同时，绿地出入口要有一定的标识性和引导性，一般情况下可通过适当扩大入口空间，变换入口铺装材料，配置作为视线焦点的植物、景石，设置大门构筑物，设置水景等方式加以强调。

如图 7-34 所示的入口设计，在入口处理上，采用了设置小广场、放置雕塑等形式来增强入口的引导性。还可以利用水景、植物配植、置石、墙体、标识引导等方式加强入口的引导性。

出入口往往是人流集散的场地，因此如果场地规模允许，还可以在主要出入口的小广场边缘，结合座凳、花台等休息设施，提供满足人们短暂停留需求的休息空间（图 7-35）。

(4) 通道

①步行通道

入口步行通道外接城市人行道，内接社区步道，内外交接处通过小区大门进行管理。在布置了集散广场时，步行通道通常与集散广场直接联系，形成完整、连续的步行系统。有的居住区步行通道可以结合商业设施等形成具有一定规模的入口步行街，供社区居民使用。

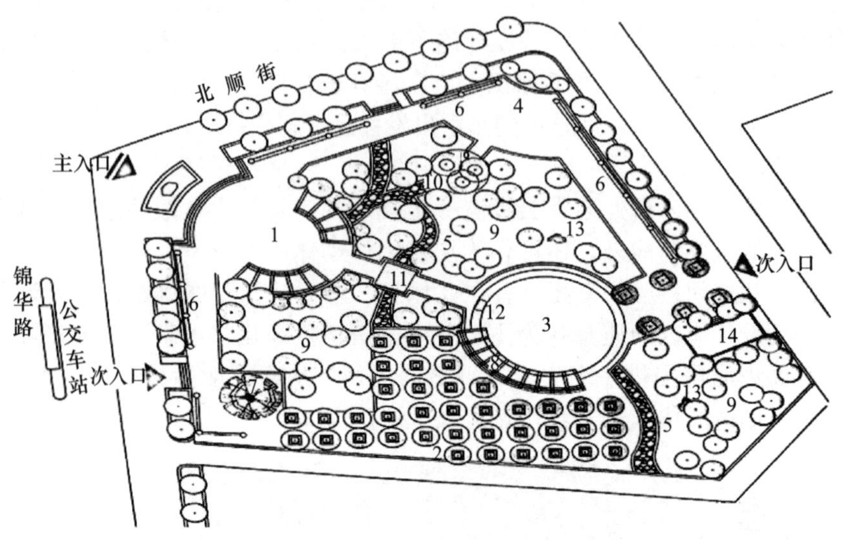

图 7-35　入口景观设计（二）

1—主入口广场；2—树阵广场；3—下沉式小广场；4—儿童活动小广场；5—林荫健身步道；6—休闲座椅区；7—树池座椅区；8—休憩廊；9—种植池；10—蘑菇亭；11—构筑物；12—铁艺小品；13—置石；14—厕所

②车行通道

入口车行通道外接城市道路，内接社区车道，形成连续的整体。当地块与城市道路之间存在高差时，入口车行通道应提供充足的过渡距离（坡度以不超过 8%为宜），以避免机动车或者非机动车在出入城市道路时产生危险。

车行通道的设计应清楚指定车辆的进出路线，进出位置处应设置减速带。一般来说车行通道至少应留有双车道宽度（消防车通行的入口要留足消防车单面通行宽度 4m），车道中间可采取设立中央绿化岛的方式对进出车道进行划分，并相应设立出入门禁。

7.6　其他景观

其他景观主要介绍水体景观、围栏、照明设施、指示牌、垃圾箱、铺地、无障碍设计等内容。

7.6.1　水体景观

水体是生态环境中最具动感、最活跃的因素，当代都市人具有强烈的“傍水而居、自然的水岸生活”愿望。水所具备的文化、景观、生态优势，使其成为现代居所中不可替代的一部分。水体在居住小区景观中的具体应用主要有以下几种表现形式。

（1）水景的表现形式

①按水的形式分

自然式水体水景：包括溪、涧、河、池、潭、湖、涌泉、瀑布、跌水、壁泉。自然式水体是保持天然的或模仿天然形状的水体形式（图 7-36）。

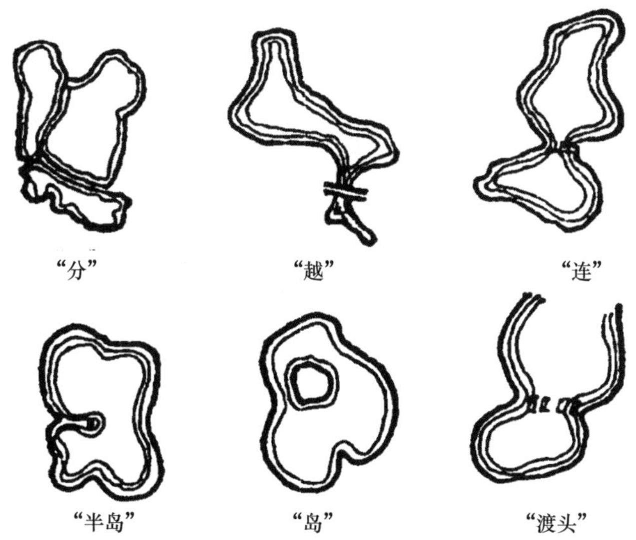

图 7-36 自然型水面塑造

规则式水体水景：包括水渠、运河、几何形水池、喷泉、瀑布、水、水阶梯、壁泉。规则式水体是人工开凿成的几何形状的水体形式。

混合式水体水景：是规则与自然的综合运用。

②按水的形态分

静水：湖、池、沼、潭、井。

动水：河、溪、渠、瀑布、喷泉、涌泉、水阶梯等。

静水给人以明洁、怡静、开朗、幽深或扑朔迷离的感受，动水给人以清新明快、变化多端、激动、兴奋的感觉，不仅给人以视觉美感，还能给人以听觉上的美妙享受。

③按水的面积分

大水面，可开展水上活动，以及种植水生植物；

小水面，纯观赏。

④按水的开阔程度分

开阔的水面；

狭长的水体。

⑤按水的使用功能分

可开展水上活动的水体；

纯观赏性的水体。

(2) 水景的细部设计

①池壁

小区内部水景多为人工水池造景，由于多数小区都有地库，因此很多水池是建在地库顶板上的。水池构造有刚性水池与柔性水池两种，出于防水需要，刚性水池多为钢筋混凝土构造，柔性水池多用防水毯或塑料布构造。根据相关规范的安全要求，无护栏的水池近岸 2m 内水深不可以超过 50～70cm。池壁形式一般为自然式与规则式(图 7-37)。

图 7-37 规则式池壁图自然式池壁

②跌水与瀑布

跌水常常设置在居住区的入口或者活动中心等人流聚集处，以形成强烈的视觉焦点。瀑布和跌水按水的跌落形式分为滑落式、阶梯式、幕布式、丝带式等多种，按其组织方式又分为自然式与规则式两种。自然式瀑布多采用大自然石材或仿石材设置瀑布的背景并引导水的流向（如景石、分流石、承瀑石等），而规则式瀑布则通过利用切割整齐的石材等，以一定规律排布或呈阶梯状有序组织，水流沿其而下，活泼又具有韵律感和节奏感（图 7-38）。

图 7-38 跌水、瀑布

③人工喷泉

喷泉的运用可以形成引人注目的视觉焦点，调节环境的氛围，增加水体景观的观赏性。喷泉的造型繁多，常见的有雪松形、球形、蒲公英形、涌泉形、扇形、莲花形、牵牛花形、直流水柱形等（图 7-39）。

图 7-39 喷泉

(3) 水景结构系统

在以水景为主题的小区景观开发中，水系贯穿于区内各空间环境，可看作是由点、线、面形态的水系相互关联与循环形成的结构系统（图 7-40)。水体与绿化交相呼应，共同建立小区生态景观系统，其中大块面的水体充当着景观的基底作用；线状的水体作为系带，联系各绿化与水庭空间，建立景观次序；点状的水体是相对线、面的尺度而言的，主要起到装饰、点缀的作用。

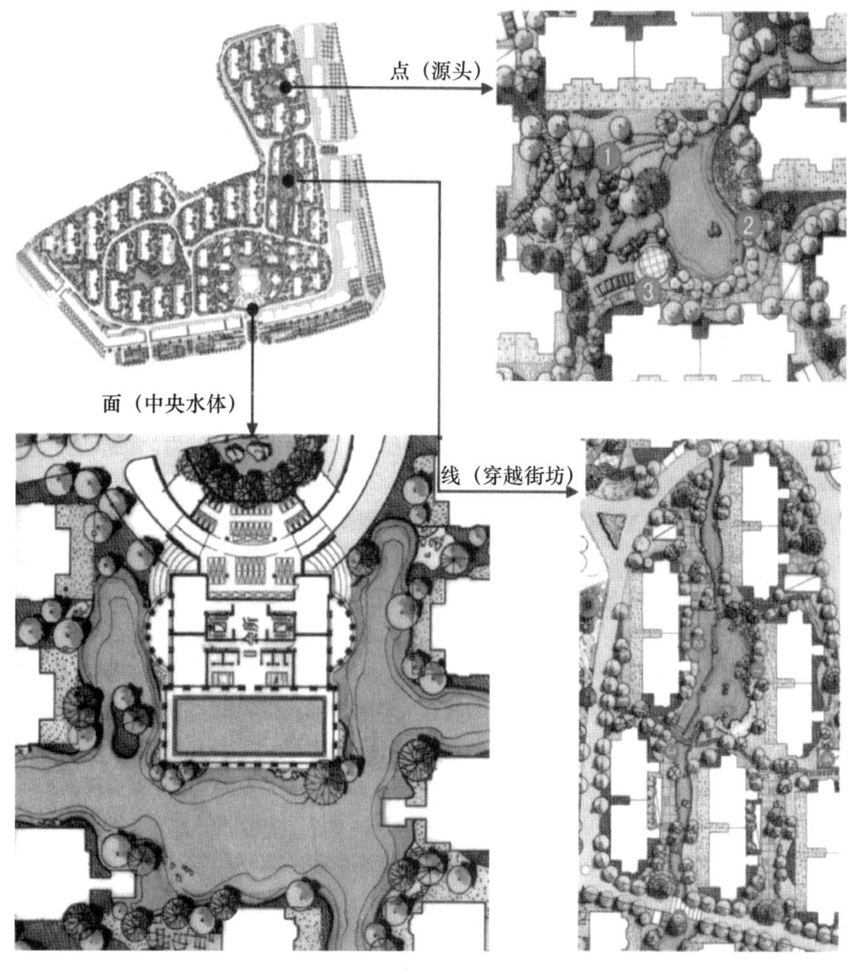

图 7-40　点线面水体系统

①面-基底衬托。块面的水是指规模较大、在环境中能起到一定控制作用的水面，它常常会成为居住环境的景观中心。大的水面空间开阔，以静态水为主，在小区景观中起着重要的基底衬托作用，映衬临水建筑与植物景观等，错落有致，创造出深远的意境。在设计中，大的水面多选择设置于小区景观中心区域或作为整个小区环境的基底，围绕水面应适当布置亲水观景的设施。

②线-系带关联。线状的水是指较细长的水面，在小区景观中主要起到联系与划分空间的作用。在设计时，线状水面一般都采用流水的形式，蜿蜒曲折、时隐时现、时宽时窄，将各个景观环节串联起来；其水面形态有直线形、曲线形以及不规则形等，以枝状结构分布在小区内，与周围环境紧密结合，是划分空间的有效手段；此外，线

形水面一般设计得较浅，可供孩子们嬉戏游玩。同时，在设计中可充分利用线状水面灵活多变的优势，将其与桥、板、块石、雕塑、绿化以及各类休息设施结合，创造出宜人、生动的室外空间环境。

③点-焦点作用。点状的水是指一些小规模的水池或水面，以及小型喷泉、小型瀑布等，在小区景观中主要起到装饰水景的作用。由于规模较小，布置灵活，点状的水可以布置于小区内任何地点，并常常作为水景系统的起始点、中间节点与终结点，起到提示与烘托环境氛围的效用。

④点、线、面-综合规划。总的来说，在小区水景结构系统中，点水画龙点睛，线水蜿蜒曲折，池水浩瀚深远，各种不同形态的水系烘托出截然不同的环境感受。可通过块面、线状的水系并联与串联多个居住街坊，形成景观系统的骨架，也可看作是小区形态规划结构的重要组成部分；同时，对于水景各体系的组织应遵从一定逻辑，有开有合、有始有终、收放得宜，以多变的形态促成丰富的水体空间形态。

7.6.2 围栏

围栏包括矮墙和栏杆，是限制性较强的分隔元素，常用的材质有木材、石材、金属、玻璃、玻璃钢等。一般情况下，其高度宜控制在 0.9～1.5m。高度过低，不仅起不到分隔的作用，还可能因诱导人跨越而引起对绿化的破坏和伤人的事故；高度过高则干扰游人的视线并引起心理的不快（图 7-41）。

图 7-41　造型多样的功能性围栏

除满足功能性的需求外，作为线形景观要素的围栏，在设计上应注意与绿地的整体协调性，围栏的高度、材质、图案和色彩应与绿地总的设计风格相统一。如图 7-42 所示，美国唐纳德溪水公园的围栏处理富有特色。这是一块位于波特兰繁华街区的工业废弃地，设计师利用旧铁轨的构架与玻璃穿插，形成围栏，既保证了场地内部安静自然的氛围，又体现了工业文化的历史背景。

图 7-42　美国唐纳德溪水公园边界设计

7.6.3 照明设施

照明设计可以为绿地的使用带来便利，同时也延长了人们在绿地的逗留时间，增加了绿地的使用效率。根据各类空间功能的不同，可将绿地的照明设施分为道路照明、活动空间照明、绿化和特殊景观照明等。

(1) 道路照明

步行道是绿地中游人使用最为频繁的区域之一，道路（步道）照明设计对人的行走的安全和舒适度有较大的影响。从使用安全和夜景观赏效果的角度考虑，绿地的步道路灯的高度不宜过高，一般情况下主要步道旁可以设置 3～4m 高的庭院灯，次要道路旁则根据具体情况确定，通常可用草坪灯替代庭院灯。步行道路灯宜单面布置，或双向错位布置，一般间隔 9～10m 较为合适。当步道存在高差时，在台阶或坡道处应设置台阶灯。

(2) 活动空间照明

活动空间照明设施的选择与空间的大小和活动密切相关，当广场面积超过 1000m²，夜间有大量人流使用时，必要的情况下可以考虑安装 15m 左右的高杆灯。篮球场、羽毛球场、乒乓球场等运动、健身场地可以使用 7m 左右的球场灯。而一般的小型器械健身场地，则可根据面积的大小选用 3～5m 高的庭院灯解决照明问题。

(3) 绿化和特殊景观照明

为遵循实用环保的照明原则，绿化照明和特殊景观照明一般较少使用，使用过多的绿化照明会带来不必要的光污染和无谓的能源消耗，同时还可能破坏场地自然和谐的氛围。而对于位于重要景观地段的绿地，则可以对重点设计的孤植树、草坪、树阵、雕塑、水景等进行特殊的照明设计，以提高夜间的景观效果（图 7-43、图 7-44）。

图 7-43 绿化照明

图 7-44 景观照明

照明设施除提供基本功能外，同时也是城市绿地的景观构成要素，因此，在灯具的造型、材料选择和位置的安排上，除考虑基本的照明功能外，还应注意和整体风格、尺度和布局形式的协调。美国克利夫兰公园以“森林和草地”为主题，为了配合这一主题和简洁现代的整体风格，选择了造型十分简洁的庭院灯，在保留的树林中采用阵列式的布局，强化了森林的效果（图 7-45）。

图 7-45　美国克利夫兰公园灯具选择和布局

7.6.4　指示牌

指示牌是指为人提供各种信息的标示牌、方向牌、警示牌等。指示牌为人们引导游览方向，指明各类空间和各种设施的位置。居住区景观设计中的指示标志虽小，却起着警示、指引和明确空间的重要作用，指示牌既构成绿地的信息系统，同时也是特殊的景观点缀物（图 7-46）。因此，指示牌应在形式、材质和色彩等方面按整体性要求设计，并与环境协调一致，同时注意清晰易于辨认，必要时应标注盲文。

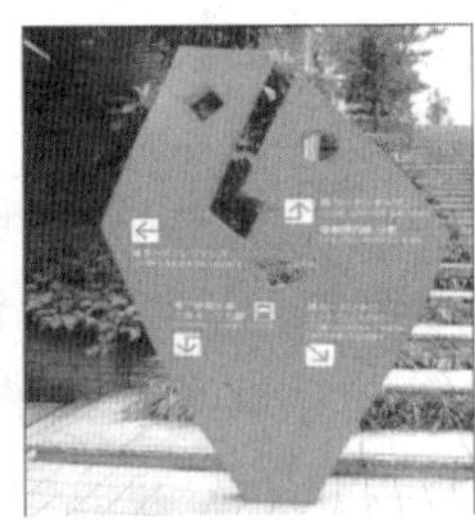

图 7-46　各种形式的指示牌

7.6.5　垃圾箱

为保证绿地的卫生，需设置数量合适的垃圾箱。垃圾箱一般设在人流汇集的住区广场、休憩区和散步道的边沿。垃圾箱要求坚固耐用，易于清洁和管理，要符合垃圾分类收集的要求，同时其色彩和造型应能与周围景观相协调（图 7-47）。

图 7-47　垃圾箱

7.6.6 铺地

铺地是指场地中经铺装后的硬质地面。在绿地中，铺地起着非常重要的作用，人们的散步、行走、运动、游戏、健身等大部分的活动都在铺地上进行。同时，铺地还具有暗示、划分空间、感受尺度、引导视线和统一景观效果等作用。路面和场地的铺装有整体式和镶嵌式。前者可用水泥、三合土整体浇筑；后者可用地砖、石材铺设，缝间可嵌植小草，自然美观，防尘抗滑，还能减少地面辐射热。

在铺地设计中应特别注意安全性、整体性、适用性和艺术性等问题。

（1）铺地设计的安全性

注意铺地设计的安全性，首先应避免使用行走困难和易使人滑倒的铺装材料。例如在铺地设计中应避免使用大面积的光面花岗石，如果确需选用，其宽度应控制在20cm以内，超过20cm的应在材料表面做拉槽或拉丝处理（图7-48）。其次在环境阴湿的地方应避免使用容易长青苔的砂岩板等材料。此外，还应避免大面积使用表面凹凸感太强的铺装材料，如尺度较大的鹅卵石，或者蘑菇面处理的石材等（图7-49）。

图7-48 光面花岗岩应注意控制尺度

图7-49 铺装材料表面凹凸感不宜过强

另外，铺地设计的安全性还表现在某些特殊空间对铺地的特殊要求上。以儿童游戏空间和运动健身空间为例，儿童游戏空间的铺装应避免选用花岗石、鹅卵石、混凝土等硬度大的材料，而应选择硬度小、弹性好、抗滑性好的材料，如橡胶砌块、人工草坪、沙地等，以避免儿童玩耍时跌倒受伤。不同活动的运动健身场地地面铺装的材料应有所不同，球场等可用塑胶或水泥铺地，而配备健身器材的场地则最好采用保护性地面铺装，如沙地、树皮屑、弹性塑胶地垫等，做操、跳舞的广场铺装可以以硬质材料为主，但要特别注意防滑和排水处理。

（2）铺地设计的整体性

铺装的形式、色彩、质感的变化可以起到进一步划分空间的作用，但是由于城市绿地规模一般都不太大，因此在铺装设计中更应强调其整体的统一性。

对铺地设计整体性影响较大的是材质和色彩。一般情况下，在城市绿地的铺装材料选用中应注意控制好基本材质和色调，在大面积使用统一色彩和材质铺装的基础上，可以对重点强调的空间做出变化处理。这样既可以控制场地的整体效果，又能使景观在统一中产生变化。

另外，铺装材料的形式和尺度对整体性也有一定的影响。铺装的形式和尺度应与场地的形式和尺度协调，当场地为规则的四方形时，适合选择方形或长方形的块状铺装材料。场地尺度较大时，常用铺装材料的规格有 600mm×300mm、800mm×400mm、600mm×400mm、300mm×300mm 等，场地尺度较小时，常用铺装材料的规格有 400mm×200mm、200mm×100mm、200mm×200mm、100mm×100mm 等。当场地为不规则几何形或自由形时，适合使用多边形的块状铺装、100mm×100mm 的小尺度方块铺装，或彩色沥青、彩色混凝土或水刷石等铺装形式。

（3）铺地设计的生态性

铺地设计的生态性指利用透水铺装产生良好的生态效益，是海绵城市建设中的一个重要技术，广泛运用在城市道路、广场、停车场等。良好渗水性及保湿性的透水铺装，既满足人们对于硬化路面的使用要求，又通过自身接近天然草坪和土壤地面的生态优势，减轻城市硬化路面对环境的破坏（图 7-50）。透水铺装以下的动、植物及微生物都得到有效保护，因而很好地实践了“与环境共生”的可持续发展理念。

图 7-50 透水铺装

（4）铺地设计的艺术性

铺地设计的艺术性主要是指在某些情况下，可以通过较为特别的铺装形式来反映设计的主题或氛围，这种特别的铺装形式可以是整体性的，也可用在主要出入口或主要的中心广场等位置（图 7-51）。

图 7-51　艺术铺地

7.6.7　无障碍设计

无障碍设计应充分考虑残疾人、老年人、伤病人士、儿童和其他人员的通行和使用要求，以保障其通行安全和使用方便，无障碍设计是绿地人性化设计的重要内容（图 7-52）。

无障碍环境构成要素包括了无障碍信息环境、出入口、坡道、无障碍园路、车库与停车场、休息设施、绿化、无障碍厕所、地面等。在绿地的设计中，出入口、连续性的游步道和厕所等设计是无障碍设计的重点。

图 7-52　某公园入口无障碍设计

无障碍设计中，首先应注意经过无障碍设计的场地和建筑空间均应满足轮椅进入的要求，通行净宽不应小于 0.80m，且应留有轮椅回转空间。老年人使用的室内外交通空间，当地面有高差时，应设轮椅坡道连接，且坡度不应大于 1/12。当轮椅坡道的高度大于 0.10m 时，应同时设无障碍台阶。其次，当绿地与相邻道路存在高差时，在出入口的设计中应设置坡道。另外，如果与绿地相邻的街道设有盲道，盲道应接入绿地的出入口。同时还应注意在入口处设置字迹图案清晰、方便辨认的指示牌、地图等，最好同时能设置盲文指示牌（图 7-53）。

在绿地中应有连续的、无障碍的园路可以到达场地的主要区域，园路宽度至少达到1.5m，以保证轮椅使用者与步行者可错身通过。园路路面要防滑且尽可能做到平坦无凹凸。无障碍的园路上应尽可能避免高差的存在，在无法避免的地方可采用坡道与台阶并置的方式解决高差问题。坡道和台阶的起点、终点及转弯处都必须设置水平休息平台，超过规定坡长的坡道也应设置1.5m×1.5m以上的水平休息平台。在绿地厕所的设计中同样应考虑残疾人使用的隔间或独立的卫生间。

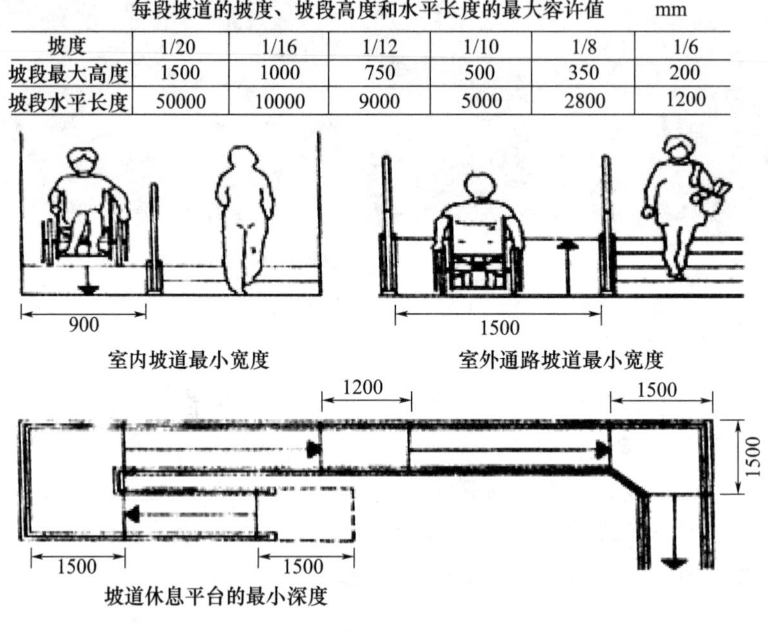

每段坡道的坡度、坡段高度和水平长度的最大容许值 mm

坡度	1/20	1/16	1/12	1/10	1/8	1/6
坡段最大高度	1500	1000	750	500	350	200
坡段水平长度	50000	10000	9000	5000	2800	1200

图7-53 无障碍坡道的一般规定

推荐阅读书目

[1] 中华人民共和国住房和城乡建设部．城市绿地分类标准：CJJ/T 85—2017［S］．北京：中国建筑工业出版社，2018.

[2] 中华人民共和国住房和城乡建设部．城市绿地规划标准：GB/T 51346—2019［S］．北京：中国建筑工业出版社，2019.

[3] 中华人民共和国住房和城乡建设部．公园设计规范：GB 51192—2016［S］．北京：中国建筑工业出版社，2017.

[4] 郭春华．居住区绿地规划设计［M］．北京：化学工业出版社，2015.

[5] 汪辉，吕康芝．居住区景观规划设计［M］．南京：江苏科学技术出版社，2014.

[6] 葛学朋，陈韦如．居住区景观规划设计［M］．南京：江苏人民出版社，2012.

[7] 中华人民共和国住房和城乡建设部．老年人照料设施建筑设计标准：JGJ 450—2018［S］．北京：中国建筑工业出版社，2018.

[8] 中华人民共和国住房和城乡建设部．无障碍设计规范：GB 50763—2012［S］．北京：中国建筑工业出版社，2012.

课后复习、思考与讨论题

1. 简述居住区绿地分级及要求。

2. 居住区景观有哪些类型?

3. 试画居住街坊绿地布局形式。

4. 居住区入口景观设计应注意哪些要素?

5. 请选择一个居住区，按照《居住区环境景观设计导则》的景观设计分类，现场调研各景观要素，并做调研报告。

参考文献

[1] 郑朝斌.《城市居住区规划设计标准》对城市居住用地规划的影响[J].工程建设与设计，2019（22）：34-35.

[2] 赵菁，刘耀林，刘格格，等.不同年龄段居民居住偏好对其通勤特征的影响：以武汉都市发展区为例[J].城市问题，2018（06）：67-72.

[3] 张华，唐海波，张岸.北京首都功能核心区居住空间分区特征及形成机制[J].城市发展研究，2019，26（09）：98-106.

[4] 袁媛.本期主题：全龄友好的健康社区[J].上海城市规划，2021（01）：5-6.

[5] 叶青，张祥智，赵强，等.城市居住街区规模影响因素辨析[J].城市规划，2019，43（04）：78-84.

[6] 谢劲，彭春政."长三角"城市社区建成环境与老年人体力活动及BMI的相关关系研究[J].首都体育学院学报，2021，33（06）：615-622.

[7] 谢嘉锐.《城市居住区规划设计标准》的宜居性研究[J].智能建筑与智慧城市，2022（02）：34-36.

[8] 伍利·海伦，索美列斯特-沃德·阿利松，布拉德肖·凯特，等."与自然共生"：英国儿童游戏场地改造[J].风景园林，2022，29（02）：84-97.

[9] 吴夏安，徐磊青，仲亮.《城市居住区规划设计标准》中15分钟生活圈关键指标讨论[J].规划师，2020，36（08）：33-40.

[10] 张祥智，崔栋.新加坡封闭公寓社区的演变特征及其社会空间效应：兼论对我国居住区规划的启示[J].国际城市规划，2020，35（03）：62-70.

[11] 刘亦师.20世纪上半叶田园城市运动在"非西方"世界之展开[J].城市规划学刊，2019（02）：109-118.

[12] 刘松雪，林坚.北京城市居住用地扩张模式研究[J].城市发展研究，2018，25（12）：100-106.

[13] 刘桦，窦立军，李博.城市旧居住区适老改造的问题及其解决途径[J].城市问题，2013（05）：41-45.

[14] 李小云.包容性设计：面向全龄社区目标的公共空间更新策略[J].城市发展研究，2019，26（11）：27-31.

[15] 江嘉玮."邻里单位"概念的演化与新城市主义[J].新建筑，2017（04）：17-23.

[16] 黄明华，赵冰婧，胡仕婷，等.《城市居住区规划设计标准》的街坊开发强度探讨[J].规划师，2019，35（18）：31-39.

[17] 胡仕婷.《城市居住区规划设计标准》背景下西安高新区小学布局的适宜性研究[D].西

安：西安建筑科技大学，2021.
[18] 管晶，焦华富，耿慧．采煤塌陷区农民居住空间重构后的居住满意度及影响因素：以安徽省淮北市为例［J］．经济地理，2022，42（01）：168-175.
[19] 刘悄然，赵鸣，徐放．“胡同”空间形态对住区开放的借鉴意义［J］．国际城市规划，2019，34（03）：96-102.
[20] 李昕阳，洪再生，袁逸倩，等．城市老人、儿童适宜性社区公共空间研究［J］．城市发展研究，2015，22（05）：104-111.
[21] 柴彦威，李春江，夏万渠，等．城市社区生活圈划定模型：以北京市清河街道为例［J］．城市发展研究，2019，26（09）：1-8.
[22] 孙道胜，柴彦威．城市社区生活圈体系及公共服务设施空间优化：以北京市清河街道为例［J］．城市发展研究，2017，24（09）：7-14.
[23] 弗朗索瓦·帕坚赛琪，郭倩．城市意象的变革：从战略战术层面分析法国里昂作为世界丝绸城市的复兴［J］．同济大学学报（社会科学版），2020，31（05）：62-71.
[24] 程狄．城市意象艺术观对城市“宜居性”和“名片化”的路径设计构建［J］．南京艺术学院学报（美术与设计），2018（06）：195-198.
[25] 宋志军，李小建，郑星．城乡过渡带社会经济空间演化特征与机理［J］．地理学报，2021，76（12）：2909-2928.
[26] 郎富平，于丹．养老型乡村旅游社区可持续发展研究［J］．云南民族大学学报（哲学社会科学版），2021，38（01）：120-125.
[27] 肖飞宇，衣霄翔，杨小龙．传统社区配套公共服务设施发展趋势、问题及对策：基于居民使用视角的实证研究［J］．城市规划学刊，2019（02）：54-60.
[28] 朱家瑾．居住区规划设计［M］．2 版．北京：中国建筑工业出版社，2007.
[29] 于一凡．从传统居住区规划到社区生活圈规划［J］．城市规划，2019，43（9）：18-22.
[30] 石坚韧，肖越，赵秀敏．从宏观的海绵城市理论到微观的海绵社区营造的策略研究［J］．生态经济，2016，32（06）：223-227.
[31] 李东泉，郑国，罗翔．从邻里单位到居住小区的知识转移分析［J］．城市规划，2021，45（11）：36-42.
[32] 康渊，王军．村落生态单元及其景观模式的营造智慧：以青藏高原秀日村为例［J］．风景园林，2019，26（08）：121-125.
[33] 刘亦师．带形城市规划思想及其全球传播、实践与影响［J］．城市规划学刊，2020（05）：109-118.
[34] 沈洁．当代中国城市移民的居住区位与社会排斥：对上海的实证研究［J］．城市发展研究，2016，23（09）：10-18.
[35] 朱政，贺清云，覃伟．长沙市居住区空间宜居程度研究［J］．地理科学，2020，40（11）：1859-1867.
[36] 李晓君，沈瑶，袁艺馨，等．儿童友好视角下老旧社区微更新策略研究［J］．中外建筑，2021（07）：15-21.
[37] 安·福赛思，詹妮弗·莫林斯基，简夏仪，等．改善老年人的住房与社区环境：规划设计如何应对衰弱与独居的挑战?［J］国际城市规划，2020（001）：8-19.
[38] 潘海参．个性化“城市意象”下的城市品牌形象塑造：以杭州为例［J］．城市发展研究，2021，28（03）：40-43.
[39] 朱新贵，黄安永．关于物业管理的几个基本问题的解释［J］．城市问题，2015（12）：82-88.
[40] 李小云．国外老年友好社区研究进展述评［J］．城市发展研究，2019，26（07）：14-19.
[41] 姚佳纯．海绵城市视野下居住区地下空间建设的探讨：以厦门市为例［J］．城市发展研究，

2017，24（02）：63-69.

[42] 罗璇，李如如，钟碧珠，等．回归“街坊”：居住区空间组织模式转变初探［J］．城市规划学刊，2019（03）：96-102.

[43] 何彦，吴晓．活动-出行视角下居住区相关设施对迁居居民生活的影响分析［J］．地域研究与开发，2021，40（04）：69-74.

[44] 吴聘奇．积极老龄化背景下中国全龄化社区规划重构研究［J］．现代城市研究，2018（08）：2-6.

[45] 王玮琳．基于《城市居住区规划设计标准》实施的背景对贵阳市旧城改造工作的思考［J］．住宅与房地产，2020（09）：241.

[46] 吴志强，李德华．城市规划原理［M］．北京：中国建筑工业出版社，2010：28-29.

[47] 李早，严冬晴，吴波．基于不同家庭结构的城市商业设施布局研究［J］．城市问题，2014（07）：69-73.

[48] 郑智成，张丽君，秦耀辰，等．基于多模式交通网络的开封市公园景点可达性［J］．地域研究与开发，2019，38（04）：60-67.

[49] 陈德绩，章征涛，王玉强．基于规划实施的民生设施整合探索：以珠海为例［J］．城市发展研究，2018，25（09）：91-98.

[50] 王艳．基于海绵城市背景下居住景观设计研究：以嘉兴中洲中央花园项目为例［D］．天津：天津大学，2018：3-5.

[51] 乔方煜．基于海绵城市理论的郑州市居住区室外环境设计研究［D］．郑州：郑州大学，2020：8-15.

[52] 王文卉，张建．基于住户体验的住区宜居性评价体系构建及应用研究：以北京居住区为例［J］．建筑学报，2021（S2）：53-59.

[53] 许定源，李迅．既有城市住区停车问题、趋势及对策［J］．城市发展研究，2021，28（06）：25-28.

[54] 黄明华，胡仕婷，赵冰婧，等．街区制模式下小学布局理论的现实困境及其继承与发展［J］．城市发展研究，2020，27（06）：43-50.

[55] 王彦君，刘科伟．近现代以来西安市社会空间结构演变研究［J］．城市发展研究，2018，25（02）：130-134.

[56] 熊倬锐．居住景观设计翻转课堂改革实证研究与探索［J］．教育观察，2020，9（10）：46-47.

[57] 李飞，张峰．居住区“多元化生态交通”的低碳化规划方法［J］．规划师，2015，31（08）：81-86.

[58] 李早，刘志岩，邵建．开发商与居民景观认知比较研究：基于合肥市的调查［J］．城市问题，2012（11）：10-14.

[59] 许霖峰．开放视角下中国居住区设计控制研究［D］．哈尔滨：哈尔滨工业大学，2020：23-25.

[60] 杨灵，张效通．老龄化城市建成环境友好度评价：以台北市与新北市为例［J］．资源科学，2020，42（12）：2406-2418.

[61] 马航，祝侃，李婧雯，等．老年人视觉退化特征下居住区步行空间的适老化研究［J］．规划师，2019，35（14）：12-17.

[62] 刘春燕．老人保护生态系统模式的本土化构建：基于G市L社区的实证研究［J］．西北师大学报（社会科学版），2016，53（05）：126-132.

[63] 郑宇，方凯伦，何灏宇，等．老幼友好视角下的健康社区微改造策略研究：以广州市三眼井社区为例［J］．上海城市规划，2021（01）：31-37.

[64] 于文波．城市社区规划理论与方法［M］．北京：国家行政学院出版社，2014.

[65] 刘佳燕，沈毓颖．面向风险治理的社区韧性研究［J］．城市发展研究，2017，24（12）：83-91.

[66] 牛强，易帅，顾重泰，等．面向线上线下社区生活圈的服务设施配套新理念新方法：以武汉市为例［J］．城市规划学刊，2019（06）：81-86.

[67] 张小羽．浅谈居住区景观的人性化设计［J］．现代园艺，2021，44（14）：65-66.

[68] 汪劲柏，常海兴．全龄友好社区的"场景化"设计策略研究：以中部某市老旧小区连片改造设计为例［J］．上海城市规划，2021（01）：38-44.

[69] 王宁．厦门海绵城市专项规划编制实践与思考［J］．城市规划，2017，41（06）：108-115.

[70] 李高翔．山地居住区规划设计策略与实践［J］．规划师，2017，33（S1）：44-48.

[71] 马文军，李亮，顾娟，等．上海市15分钟生活圈基础保障类公共服务设施空间布局及可达性研究［J］．规划师，2020，36（20）：11-19.

[72] 韩菁雯，雷长群．社区风险管理标准化流程研究：基于美国社区风险管理启示［J］．城市发展研究，2020，27（04）：7-13.

[73] 曾屿恬，塔娜．社区建成环境、社会环境与郊区居民非工作活动参与的关系：以上海市为例［J］．城市发展研究，2019，26（09）：9-16.

[74] 陈春，谌曦，罗支荣．社区建成环境对呼吸健康的影响研究［J］．规划师，2020，36（09）：71-76.

[75] 许婷，宋昆．社区居家养老模式与社区老人设施指标研究［J］．城市规划，2016，40（08）：71-76.

[76] 于立，王琪．社区适老性及医养设施建设问题与规划设计对策思考：以厦门为案例［J］．城市发展研究，2020，27（10）：26-31.

[77] 熊茜，钱勤燕，王华丽．社区养老服务体系的构建：基于居家老人需求状况的分析［J］．山东大学学报（哲学社会科学版），2016（05）：60-68.

[78] 程坦，刘丛红，刘奕杉．生活圈视角下的社区养老设施体系构建方法研究［J］．规划师，2021，37（13）：72-79.

[79] 许皓，李百浩．思想史视野下邻里单位的形成与发展［J］．城市发展研究，2018，25（04）：39-45.

[80] 刘亦师．田园城市学说之形成及其思想来源研究［J］．城市规划学刊，2017（04）：20-29.

[81] 袁奇峰，钟碧珠，贾姗，等．未来社区：城市居住区建设的有益探索［J］．规划师，2020，36（21）：27-34.

[82] 同济大学建筑城规学院．城市规划资料集［M］．北京：中国建筑工业出版社，2005.

[83] 卞洪滨．小街区密路网住区模式研究［D］．天津：天津大学，2010：13-27.

[84] 刘子铭，杨郑鑫，穆永智．新《城市居住区规划设计标准》下滨海新区控规编制实践：以中部新城南起步区控规为例［C］//中国城市规划学会．活力城乡美好人居：2019中国城市规划年会论文集．北京：中国建筑工业出版社，2019：198-211.

[85] 杨毕红，吴文恒，许玉婷，等．新城市贫困空间居住满意度及其影响因素：基于西安市企业社区的实证［J］．地理科学进展，2021，40（05）：798-811.

[86] 陈雪梅．新城市主义视野下昆明城郊居住区规划问题研究［D］．昆明：昆明理工大学，2019：5-16.

[87] 周俭．城市住宅区规划原理［M］．上海：同济大学出版社，1999.